QRMS 译丛

汽车与航空航天工程中加速试验的发展趋势

Trends in Development of Accelerated Testing for Automotive and Aerospace Engineering

【俄】列夫·M. 克利亚提斯（Lev M. Klyatis） 著
汪邦军 郭 超 金春华 等译
宋太亮 李建军 主审
章国栋 张宝珍 丁利平 审校

国防工業出版社
·北京·

著作权合同登记　图字：01-2022-4093号

图书在版编目（CIP）数据

汽车与航空航天工程中加速试验的发展趋势 / （俄罗斯）列夫·M. 克利亚提斯著；汪邦军等译. 北京：国防工业出版社，2025.1. -- ISBN 978-7-118-13176-5

Ⅰ. N33

中国国家版本馆CIP数据核字第2025L4B996号

Trends in Development of Accelerated Testing for Automotive and Aerospace Engineering，1 Edition
Lev M. Klyatis
ISBN：978-0-12-818841-5

Authorized Chinese translation published by Nationl Defense Industry Press
汽车与航空航天工程中加速试验的发展趋势（汪邦军，等译）
ISBN：978-7-118-13176-5

注　意

本书涉及领域的知识和实践标准在不断变化。新的研究和经验拓展我们的理解，因此须对研究方法、专业实践或医疗方法作出调整。从业者和研究人员必须始终依靠自身经验和知识来评估和使用本书中提到的所有信息、方法、化合物或本书中描述的实验。在使用这些信息或方法时，他们应注意自身和他人的安全，包括注意他们负有专业责任的当事人的安全。在法律允许的最大范围内，爱思唯尔、译文的原文作者、原文编辑及原文内容提供者均不对因产品责任、疏忽或其他人身或财产伤害及/或损失承担责任，亦不对由于使用或操作文中提到的方法、产品、说明或思想而导致的人身或财产伤害及/或损失承担责任。

※

国防工业出版社出版发行
（北京市海淀区紫竹院南路23号　邮政编码100048）
雅迪云印（天津）科技有限公司印刷
新华书店经售
＊
开本 710×1000　1/16　**印张** 19¾　**字数** 386千字
2025年1月第1版第1次印刷　**印数** 1—1500册　**定价** 168.00元

（本书如有印装错误，我社负责调换）

国防书店：（010）88540777　　书店传真：（010）88540776
发行业务：（010）88540717　　发行传真：（010）88540762

翻译委员会

主　审　宋太亮　李建军

审　校　章国栋　张宝珍　丁利平

翻　译　汪邦军　郭　超　金春华　于　爽　吴　强

童　辉　海　洋　柳思源　张文博

序

可靠性是武器系统的一项重要性能指标，是保证武器系统能够随时执行任务、充分发挥其作战效能和保障效能的重要因素。随着大量高新技术特别是信息技术在武器系统中的广泛应用，系统的功能不断增加，复杂程度不断提高，加之武器系统作战使用模式、作战环境等因素多变，作战使用强度不断提高，造成某些武器系统故障高发频发多发，严重制约了部队作战能力和保障能力的快速形成。

20 世纪六七十年代，产品可靠性问题引起了发达国家的重视，产品可靠性概念和技术也开始逐步引入我国。从那时起，人们开展了可靠性理论与技术的研究，编制了系列国家军用标准，并在武器系统型号工程中得到初步应用，也取得了一定的效果。从部队试验、演习、训练、使用与保障情况来看，可靠性水平不高仍是制约我国武器系统高质量发展的“瓶颈”问题。我国某些武器系统的战术技术性能指标与国外相比差距可能并不大，但是武器系统的可靠性、维修性、保障性水平与国外发达国家相比有一定差距，在某些行业领域差距还比较大。

当前，我军对部队提出了“能打胜仗”的高标准要求，实际上是对武器系统的可靠性水平提出了新的更高的要求。与此同时，武器系统执行使命任务的范围和领域不断扩大，作战使用强度也逐步加大，作战使用环境更加严酷、恶劣，加之随着系统功能和复杂程度都在进一步提高，如何保证其可靠性，长期困扰着设计研发人员，尤其是在研制进度要求急、经费投入不足、设计研发和试验验证比较薄弱的情况下，可靠性工程技术受到了严峻挑战。

传统的可靠性定义、理论和方法，比较关注可靠性的数学统计问题，大多采用概率和统计方法评价可靠性问题，加之数据比较缺乏，造成人们对可靠性技术有些神秘感，有些人认为可靠性是计算出来的。事实上，可靠性更多的是设计问题，是工程实践问题，是设计出来的、制造出来的，也是使用出来的，甚至与早期的策划和规划有关。实践证明，对于军工产品，其可靠性与结构、材料、工艺、环境、人、使用方式等因素密切相关，这些因素对可靠性的影响较大，一旦结构、材料、工艺等因素固化，其可靠性水平也就基本确定下来。与此同时，系统的结构、材料等特性随着环境、载荷等的变化，产品的状态发生变化，其可靠性也随之发生变化。当前，型号工程中亟待需要解决的问题是，如何快速准确地找到可靠性与产品结构、材料、工艺、环境、人、使用方式等影响因素的量化关系？如何在产品研发的早期，快速准确地找到产品薄弱环节？如何快速准确地评估产品可靠性水平？等等。这些问题一直困扰着研发团队。因为如果按照传统可靠性试验，试验周期长、费用高、结果可信度不高，则难以满足工程项目快速发展的要求。

本书的作者，列夫·M. 克利亚提斯教授不断探索，解决了可靠性加速试验技术这一问题。他创造性地提出了跨学科体系的加速可靠性试验和耐久性加速试验技术，可靠性预计和试验、加速试验等技术，以及现实条件下的准确物理仿真技术，可以精确地预计和评价复杂产品的可靠性与耐久性水平。克利亚提斯发表了10余部学术著作和大量学术论文，拥有多国多项专利，具有丰富的理论和实践经验。他近几年创作的三部图书，国内都引进翻译出版了。其中《加速可靠性和耐久性试验技术》(2015年)、《可靠性预计与试验》(2022年)均已由国防工业出版社引进出版，本书是其第三部作品。

希望本书的引进、翻译和出版能对提高我国武器系统可靠性水平起到积极的促进作用，也希望广大的设计研发人员、试验人员加强可靠性加速试验理论技术研究和应用实践，加强学术交流，不断提高我国武器系统可靠性理论和研究水平。

中国航空发动机集团公司发动机研究院，积极吸收借鉴国外先进可靠性分析设计技术，翻译团队能够正确理解原书英文核心要义，翻译专业水平高、语言表达准确，希望加强可靠性技术应用，为我国设计开发出更多高可靠性水平的军用航空发动机，为军队装备建设做出更大的贡献。

2022年6月

译 者 序

可靠性是武器装备的重要质量特性，对武器装备作战效能发挥起重要作用。可靠性既是一种设计特性，又是一种使用特性；既可以通过设计予以实现，又需要通过试验鉴定、生产制造、使用保障等过程予以保证，因此可靠性需要在产品的全寿命周期中予以实现。如何达到可靠性要求，发挥可靠性水平，不仅是设计工程师的责任，同时也是生产制造和使用保障人员的共同责任。然而，航空航天类产品的可靠性影响因素众多且复杂多变，而目前人们对可靠性与产品结构、材料、工艺、环境因素、使用模式等的相互联系、量化关系还没有完全掌握。加之，装备研制保进度，缩经费的压力大，可靠性问题虽然在型号研制工作中得到了高度重视，但目前我国以航空发动机为代表的航空航天类产品的可靠性水平还有待进一步提高。

国内外大量可靠性工程的实践表明，可靠性设计和可靠性试验是保证可靠性的两项重要工作，通过可靠性试验发现薄弱环节进而改进可靠性设计，在“设计—试验—改进—再设计”不断反复迭代的过程中，设计不断成熟，可靠性水平不断提高，直至满足用户的可靠性要求。但是这个实现过程，常规可靠性试验费时费钱，不能满足型号任务要求，需要研究新的解决办法。加速试验、加速可靠性试验是解决以上问题的有效途径。

为此，我们组织力量翻译本书，旨在推广有效地加速可靠性试验技术，供可靠性工程师和项目管理、质量管理人员参考，以期进一步提升航空航天类产品的可靠性水平。

本书分析了加速试验的现状和发展趋势，详细介绍了如何改善产品的加速试验过程。然而在寻求这种改进时需要谨慎，因为加速试验的变化可能是积极的，也可能是消极的。有可能会导致测试过程的退化，并成为产品工程开发中的一个退化因素。本书详细介绍了如何使加速试验更迅速、高效和准确，以影响和改善产品的有效性。实施本书提出的概念和措施会提高产品质量、可靠性、安全性、耐久性、可维护性等，并降低产品全寿命周期成本。

本书共 8 章，第 1、2 章由汪邦军翻译，第 3、4 章由郭超翻译，第 5

章由金春华翻译，第 6 章由于爽、吴强翻译，第 7 章由童辉、海洋翻译，第 8 章由柳思源、张文博翻译。全书由宋太亮、李建军主审，章国栋、张宝珍和丁利平审校。汪邦军、郭超、金春华负责全书的翻译策划、统稿等工作。

本书的翻译工作力求忠实原著，并易于理解。由于译者和审校者水平所限，书中有些翻译不当之处在所难免，恳请广大读者批评指正。

译 者

2022 年 6 月

关于作者列夫·M. 克利亚提斯

列夫·M. 克利亚提斯（Lev M. Klyatis）是SoHaR公司的高级顾问。他持有三个博士学位：工程技术的哲学博士、工程技术的技术科学博士（东欧高等博士学位），以及工程学资格博士（西欧高等博士学位）。

他主要的科学和技术研究领域是为在任何给定的时间内成功地预计产品效率开辟新的方向，包括加速可靠性和耐久性试验技术，以及现实条件下的准确物理仿真。这个方向基于新的理念，而独特的方法将为改善社会带来未来的发展。这个新方向是建立在现场/飞行状况的输入、安全性各方面和人为因素、工程文化的增进和加速产品开发的基础上的。在针对减少投诉和召回而形成新的方法论的过程中，他正式形成了关于如何避免加速试验的负面影响和当今工程中流行的错误认识的各项概念。他的方法已经在各个行业得到验证，主要是汽车、农业机械、航空航天及飞机等行业。他作为福特、戴姆勒-克莱斯勒、日产、丰田、Jatco有限公司、Thermo King、Black and Decker、NASA研究中心、Carl Schenk（德国）等公司的顾问，一直与之共享这些方法。

他被苏联最高考试委员会授予正教授资格，并被莫斯科农业工程师大学聘为正教授。他被选为美国-苏联贸易和经济委员会、联合国欧洲经济委员会、国际电工委员会（International Electrotechnical Commission，IEC）和国际标准化组织（International Standardization Organization，ISO）的成员。他还担任美国的专家，以及国际标准化组织和国际电工委员会（ISO/IEC）风险评估的安全方面的联合研究小组的专家。他曾是俄罗斯莫斯科国家企业TESTMASH的研究负责人和主席，也是国家试验中心的首席工程师。

他目前是世界质量委员会、Elmer A. Sperry奖金委员会、SAE国际G-41（前G-11）可靠性委员会、SAE国际世界大会的集成设计和制造委员会（Integrated Design and Manufacturing Committee，IDM）的成员；自2012年起担任底特律SAE世界大会的会期主席；以及SAE城市分会的理事会成员。他还是美国质量协会（ASQ）的研讨会导师。

列夫·M. 克利亚提斯创作了300多种出版物，其中包括12本书，并在全球拥有30多项专利。克利亚提斯博士经常在世界各地举行技术和科学活动演说。

前　言

如果你分析了各个工程领域，包括汽车和航空航天领域，就会发现在过去的十几年里召回、投诉和生命周期费用的数目是在增加的。安全性、可靠性、耐久性和维修性正日益成为制造商、用户，甚至是因这些缺陷而附带受损的第三方的严重问题。

为什么会发生这种情况？

这些不断增加召回的基本原因主要是安全性和与可靠性相关的问题。虽然这些确实是召回的明显原因，但它们不是根本原因。根本原因是在研究、设计和制造过程中未能预计出产品的真正运行状态。而在当今世界，预测的基本组成部分之一就是利用加速试验。

这就引发了一个问题："为什么这些预计和试验终归失败？"

答案是，虽然产品变得更加复杂了，虽然在技术应用方面的技术进步比以往任何时候都更快，但在试验领域的技术进步却益发慢得多。理想情况下，更为复杂和准确的技术需要伴随有准确进行试验方面的相应进展。而且，这种更复杂的试验需要在研究、设计和制造过程中对现场或者飞行条件进行更为准确的模拟。

但是，事实却不是这样的。仅仅将今天的汽车或卡车的技术与80~100年前的技术相比较，就可以看到巨大的技术进步。但是，将80~100年前的试验技术与今天的试验技术相比较，会看到在被使用的大部分类似的振动、腐蚀、环境（温度和湿度）因素以及其他的试验技术大多相似。这段时间的大多数进步都与控制系统的进展有关，主要反映了电子技术的进步。与多年前一样，各自分开的影响因素模拟仍是进行试验的基本方法。

所以，其结果是试验的效果（最突出的是加速试验）不能为成功的预计提供准确的初始信息，特别是对于复杂产品的长期预计。

本书详述了如何克服这一障碍，以及如何改善产品的加速试验。贯彻本书中提出的概念能提高质量、可靠性、安全性、耐久性、维修性和减少召回和投诉、生命周期费用及其他功效成分。

在寻求这种改善时，需要谨慎，因为在加速试验中的变化可以是正面的也可以是负面的。取负面趋势变化将导致试验过程的恶化，并可能成为产品工程开发中的一个削弱因素。

因此，本书聚焦于如何避免负面趋势，以及如何在试验中实现正面趋势，以影响对产品的有效性的改善。当然，只使用本书并不能完全让人知道需要做什么、如何做。但是，如果结合作者以前的书籍，如参考文献［1-4］，就能获得改善加速试验和预计所需的知识。

考虑一个实际的例子。涉及机动性工程的各个方面的专业协会 SAE International，在底特律组织了一次年度 SAE 世界大会。有来自许多国家的数以万计的汽车、航空航天和其他行业的专业人士参加了这一活动。这些与会者大多来自世界级的工业公司。在这次大会上，有一个题为“加速可靠性和耐久性试验的发展趋势”的会期，自 2012 年以来一直由本书作者主持。

在他担任主席的 2012—2019 年，大多数演示报告，特别是包括未被接受的论文提案，都与加速试验进展（过程）中的负面趋势有关（关于负面趋势的阐述可见第 4 章）。遗憾的是，这在汽车和航空航天工程中体现了到处可见的普遍情况。

汽车和航空航天工程的加速试验有两个基本概念：

（1）大多数实验室或试验场试验都是加速试验，因为它比在正常现场条件下更快地获得结果。出于同样的原因，密集的现场试验或飞行试验也是加速试验。

（2）产品的有效性高度依赖于试验的有效性。在现实生活中可以看到很多这样的例子。

对于加速试验的构成，有几个普遍存在的概念。例如，在参考文献［5］中，加速试验被表述为“在历史上，规定和分析的加速试验开始于正常运行条件下获得的（产品、系统或部件的）有关失效前时间的数据，为的是量化产品的寿命特征。在许多情况下，由于各种原因，这种寿命数据（关于失效前时间数据）是非常难于（甚至是不可能）获得的”。

这种困难的原因包括许多产品的长寿命、从产品设计到推出的可用短时期，以及试验得以被连续地使用的产品的挑战。

鉴于这些困难，再加上需要更好地了解产品的失效模式和寿命特征，可靠性从业人员不得不试图想出迫使这些产品比它们在正常使用条件下更快地失效的方法。

于是，他们试图去加速失效。结果，多年来“加速寿命试验”（Accelerated Life Testing，ALT）这个术语就经常被用来描述所有这些做法。

传统上，各种服务于不同目的的方法都称为“加速寿命试验”。虽然这种加速试验是出于对在正常使用条件下的产品寿命特性进行合格鉴定的单一目的予以设计的，但这种试验经常是在特定的、人为的条件下进行的。

各种 ALT 方法被广泛用于质量、可靠性、耐久性、维修性、保障性以及其他目标。ALT 是一种试验方法，其测试的应力大于在正常的现场/飞行应力运行中所经受的应力，为的是压缩失效前的时间并发现试验对象的问题。

加速试验被广泛用于研究、设计、制造和使用的许多领域，而且不仅仅限于工程领域。

ALT 现在已经成为获得预计产品的可靠性、安全性、耐久性和维修性的初始信息来源。本书论证了这种试验如何经常不能提供有意义的信息。这是因为产品在试验条件下的恶化过程与产品在现场条件下的恶化过程有着本质上的不同。

因此，诸如平均失效前时间等的试验数据被歪曲了，导致存在召回、可靠性和维修性等实际的产品问题没有被预测到。

在 2009—2010 年，丰田的全球召回量跃升至 900 万辆汽车和卡车。类似的情况也发生在其他汽车制造商以及其他工业领域的公司身上。这导致了数十亿美元的损失。例如，在参考文献［6］中，Steven Ewing 写道，2016 年汽车召回成本为 220 亿美元，比前一年增加了 26%；根据 Automotive News，“引用 AlixPartners 的研究，在 2016 年美国召回了惊人的 5310 万辆汽车，这导致汽车制造商和供应商的索赔与保修应计费用达到 221 亿美元，比前一年增加 26%”。

对试验的真实世界条件的不准确模拟，导致了在设计与制造过程中对产品的可靠性、安全性、耐久性和质量的不准确预计，以及这些社会和财务损失。

基于不准确 ALT 数据的预测，其长期恶化（失效）过程不同于产品在实际现场条件下的随机恶化过程。

传统上，将出于不同目的设计的各种施加应力的方法称为“加速寿命测试”。ALT 应该涉及失效的加速，其单一的目的是产品在正常使用条件下的寿命特性的量化。但是，很多 ALT 是基于传统的方法，只模拟了部分现场影响，而且没有与安全性和人为因素相综合，也没有考虑现场影响的真实非平稳随机过程。这方面的详细分析可以在作者的书（参考文献［1］）中看到。

试验工程需要变得更加机敏。作者同意 Leuridan 博士在参考文献［7］中所写的，即“需要将根本性的、创新性的、新的方法作为端到端的研发（制）过程的一部分”。

虽然这篇文章写的是飞机产品，但这同样关联到汽车、航空航天和其他工程领域。

此外，为了满足社会的期望，这些产品的下一代远为需要更加经济和环保。成功的产品开发项目必将应对新材料、新技术和更大的复杂性，同时仍然保持在预算之内，并需要更短的上市时间。

虽然传统的试验过程在设计、开发、装配和确认各阶段是极为重要的，但它们将需要进行重大的结构性改造。试验时间需要更短，试验需要应对更广泛的条件和技术，试验方法必须能够处理日益复杂的系统。

这将需要一种根本性的、创新性的方法作为重新设计和开发过程的一部分。本书将诠释这些试验如何能够更迅速地、高效地和准确地得以完成。

这将需要更为智能化的试验系统，更具连贯性和易于利用，并在更短的时间内获得更多的结果。

不断增长的产品复杂性，也更要求计算能力的提升。对于联网的系统，对于具有内置的可扩展性和用户化可能性的在不同的应用场景之间无缝地共享数据的软件，以及对于能够更易于诠释的数据[7]和被用于产品的优化而言，新的试验设备必须能够通过更多的途径进行更多的数据收集。

传统的试验策略需要予以升级和选用，鲁棒控制器将成为达到这些更高性能目标的一个重要促成因素。这就是为什么今天的开发项目集中地使用诸如MIL-SIL-HIL之类的能提供更逼真的试验配置的各种技术，而试验规划需要被制定得能完全支持这种增进了的试验过程。全系统试验需要健全的过程来分析数据以及试验与物理交互作用的相互关联，以充分了解对最终产品性能特性的影响。

另一个重要的考虑因素是，新的设计概念和技术需要经历更多的试验，以充分了解所涉及的物理现象并控制风险。应利用模型来仔细地计划对新设计的确认试验活动。

传统的开发试验可以作为确认的雏形（典型）。但是，在使用这一过程时，对真实世界条件的模拟通常是不准确的。这是一个重要的问题，专业人员需要在试验进展过程中予以解决。

汽车和航空航天工程尤其需要应对所有这些挑战的答案。需要予以评价的重要问题是基于模型的试验策略、通过试验数据的反馈更新开发策略，以及在真实世界条件下的子系统和系统的加速试验。在实现这一评价的过程中，非常重要的是要包括对真实世界条件的交互作用与综合的准确模拟。这是汽车和航天工程中加速试验进展的一个非常重要的需求。现场/飞行试验必须基于对真实世界条件的准确模拟。而且，当试验对象变得越来越复杂、越来越昂贵的同时，准确的加速试验也必须更复杂，相应的成本也要高很多。但是我们经常听说这种加速测试的开发过于昂贵，特别是与传统的 ALT 相比。

正如作者在以前的出版物中提到的，前使用（运行）试验与评价办公室（五角大楼）主任 Phillip Coule，在美国参议院中讲过[2]：“……如果在设计和制造复杂的装置比如卫星时，试图在试验中节省小钱，则由于错误而不得不更换有缺陷的产品，其最终结果可能是成千上万美元的巨大损失。”

这个评论同样适用于其他产品。或者，用更通用的语言来说，如果在任何产品的设计和制造过程中，包括汽车和航空航天，试图在试验中节省资金，并为了简便而对真实世界条件做了不正确的模拟，则最终的结果将是巨大的损失，包括可靠性、安全性、质量、耐久性、维修性、保障性、生命周期成本、利润（对于生产商和用户而言），以及其他有效性的组成部分。

这不仅关系到工程领域，而且关系到人们活动的许多其他领域（物理、化学、数学、医学、制药、教学及其他，也关系到艺术和科学的许多领域）。

不良预计的最终结果将是社会价值的降低和费用的增加，而且不仅仅是对于工程文化如此，对于社会也是如此。

正由于这些原因，在本书以及作者的其他出版物里介绍了加速试验的概念。成功预计产品效率的解决方案不仅对当代人是重要的，而且对后代人也是重要的。

在汽车和航空航天工程的加速试验的结果中，减少负面趋势和更广地实现正面趋势，将有助于产品有效性的增进，并将使产品更有益于社会。正如我们将在第2章中看到的，目前这种失败的结果仅在汽车行业就有数十亿美元的损失。

本书被认为是实施这些方法的有用工具，特别是在船舶、电子、电工和其他工程领域。

作者在以前的出版物[8-12]和其他文章中曾简要地考虑过加速测试进展趋势中的某些方面，但本书全面地考虑了在汽车和航空航天工程中达成有效加速试验的问题。

参考文献

[1] Klyatis LM. Accelerated reliability and durability testing technology. Wiley; 2012.

[2] Klyatis LM, Anderson EL. Reliability prediction and testing textbook. Wiley; 2018.

[3] Klyatis LM. Accelerated quality and reliability solutions. Elsevier; 2006.

[4] Klyatis LM. Successful prediction of product performance (quality, reliability, safety, durability, maintainability, recalls, life-sycle cost, and other components. SAE International; 2016.

[5] Pantelis Vassilion and Adamantios Mettas. Understanding accelerated life testing analysis. 2003 Annual reliability and maintainability symposium (RAMS) tutorial notes.

[6] S. Ewing. Automotive recalls cost $22 billion in 2016. That's a 26 percents increase over the previous year. January 31, 2018. Road show. Car industry.

[7] Jan L. On the right road. Aerospace Testing International. SHOWCASE 2013.

[8] Klyatis L. About trends in the strategy of development accelerated reliability and durability testing technology. SAE paper 2012-01-0206. SAE 2012 World Congress. Detropit.

[9] L. Klyatis. Development of accelerated reliability/durability testing standardization as a component of trends in development accelerated reliability/durability testing (ART/ADT). SAE 2013 World Congress and Exhibition. Paper 2013-01-0151. Detroit, MI, April 16-18, 2013.

[10] Klyatis LM. Principles of accelerated reliability testing. 1998 IEEE Workshop on accelerated stress testing proceedings. Pasadena, CA, September 22-24, pp. 1-4.

[11] Klyatis L. A new approach to physical simulation and accelerated reliability

testing in avionics. Development Forum. Aerospace Testing Expo2006 North America. Anaheim, California, November 14-16, 2006.

[12] Klyatis L. Why current types of accelerated stress testing cannot help to accurately predict reliability and durability? SAE 2011 World Congress and Exhibition. Paper 2011-01-0800. Also in book Reliability and Robust Design in automotive engineering (in the book SP-2306). Detroit, MI, April 12-14, 2011.

目　　录

第 1 章　术语和定义

摘要

很多时候，即使是试验和可靠性领域的专业人员也使用错误的术语和定义。因此，频繁地出现对所要提供的试验类型以及该试验结果实际证明的内容产生误解。甚至在已发表的文献中能经常地看到，振动试验被称为“耐久性试验”，或者经验证的地面试验被称为“可靠性”或“耐久性”试验，或者疲劳试验被称为“耐久性试验”，等等。这种混淆的术语的最终结果是试验和产品评价在产品性能预计方面不准确或令人失望。其基本原因不是试验本身的失败，而是对试验中使用的正确定义没有清楚的理解。通常情况下，这导致实验室、试验场或现场/飞行试验不同于现实世界的长期结果。这种被理解错误的术语会极大地影响在实际运行中产品有效性的质量、可靠性、安全性、耐久性和其他方面。

意识到这一点，本书作者在这里，以及在他的一些其他书籍中加了一章，题为“术语和定义”。

以下术语和定义主要基于以下来源。

（1）标准[1-11]。

（2）出版的文献[12-16]。

常见正确的术语和定义如下：

1. 加速试验（Accelerated Testing）

与现实世界中的实际服务（运行）相比，试验对象的退化过程加速了的试验。这种试验可以关联到大多数实验室试验、场地试验、强化的现场试验或实验室研究。

2. 加速可靠性试验和加速耐久性试验（Accelerated Reliability and Durability Testing，ART/ADT）

（1）试验由实验室试验和周期性现场试验的综合组合构成。实验室试验必须提供多种环境试验、机械试验、电气/电子试验和其他类型的现实世界试验的复合整体的一种同步组合。周期性现场试验涉及在实验室中不能准确模拟的因素，如产品在使用过程中技术过程的稳定性、操作者和管理方的运作与维修实践如何影响试验对象的可靠性和耐久性、真实的现场影响因素对产品安全的交互作用，以及其他对现场条件的准确模拟需要对所有综合的现场输入影响因素、安全性和人为因素的准确模拟。

（2）试验产生的退化物理学机理，该机理符合所规定的与在正常使用条件下发生的失效机理的相似性准则（如相似的金属或塑料变形的百分比，或蠕变率等）。

（3）根据规定的准则，可靠性指标测量值（失效前时间、退化度量等）与正常使用条件下相应的现实世界测量值具有高度的相关性。

注 1：加速可靠性试验或加速耐久性试验或耐久性试验，这些试验能为可靠性和耐久性的准确预计提供有用信息，因为它们是基于对现实世界条件的准确模拟。

注 2：如果可靠性试验用于在使用寿命、保修期或其他规定的周期内准确预测可靠性和耐久性，那么 ART/ADT 与可靠性试验是完全相同的。

注 3：加速可靠性试验和加速耐久性试验，就像任何类型的加速试验一样，与所施加的应力有关。更高的应力水平会导致更高的加速系数（在现场的失效前时间与 ART 期间的失效前时间之比）。现场结果和 ART 结果之间的相关性更低，意味着更不准确的预计。

注 4：加速可靠性试验（ART）和加速耐久性试验（ADT）或耐久性试验具有相同的基本目的，即准确模拟现场条件。唯一的区别是这些类型的试验的指标和试验的时长。对于可靠性试验，通常是平均失效前时间（Mean Time to Failure，MTTF），失效间隔时间和其他关注的参数，而对于耐久性，是无失效的总时间或失效引起的停用时间。

注 5：加速可靠性试验可以针对不同的时间长度，即保修期、1 年、2 年、使用寿命等。

3. 加速系数（Acceleration Coefficient）

加速系数是以按产品在使用中的时间轴所确定的时间（年、小时、周期等），与试验时间的比率。

注意：加速系数为 1 表示试验时间等于真实世界的时间，加速试验会使加速系数大于 1。

4. 真实世界条件的准确模拟（Accurate Simulation of Real-World Conditions）

（1）在模拟中，所有重要类型的真实世界的影响因素（多种环境、机械、电气和其他类型）同时起作用，并相互结合。

（2）要求对上述各影响因素进行全面模拟，并与安全性和人为因素相组合。

5. 对现场/飞行输入影响因素的准确模拟（Accurate Physical Simulation of the Field/Flight input Influences）

对现场/飞行输入影响因素的准确模拟是指所有现场/飞行影响因素同时起作用并相互结合，并被准确地模拟。

6. 对现实世界条件（Real-World Conditions）的准确物理模拟

在产品的 ART/ADT 期间，能给出相同退化的物理状态（变形、裂纹、腐蚀等）或失效的模拟，与现实世界中发生的退化或失效的差异不超过所规定的许可差异（一般通过使用加速系数实现）。

注意：对现实世界输入影响的准确物理模拟存在误导，导致了使用输出变量（振动、负载、输出电压等）时的误导，人们经常使用这些变量来代替产品的退化（变形、腐蚀、裂纹等）。

7. 许用应力（Allowable Stress）

在给定的运行环境下，一结构件可被允许的最大许可应力，该应力可防止断裂、塌陷、有害变形或不可接受的裂纹增长。

8. 准确的物理模拟（Accurate Physical Simulation）

准确的物理模拟是指试验室中的退化物理状态与现场/飞行中的退化物理状态的差异不超过允许的偏离限度。

9. 评估（Assessment）

针对特定目的，从试验、检查、问卷、调查和间接来源获得证据的系统方法，用以获取关于人、物或工作项目特性的推断结果。

10. 分类准确度（Classification Accuracy）

在利用试验对个体或事件进行分类时，既非假的正向归类也非假的负向归类而需进行判断的程度的度量。

11. 气候类别（Climate Categories）

已定义的世界气候的具体类型，材料或产品被设计成在运行、储存和运输过程中能够承受该气候。

12. 累积效应（Cumulative Effects）

在产品的寿命周期中各种应力的总体后果。

13. 试验的组合（Combination of Tests）

各项试验的组合，该组合被设计成比一个或一系列单一试验产生的效果更能真实地代表真实世界的影响。当预期在现实世界中存在这些条件时，应该鼓励进行组合试验。

注意：组合试验包括两个或多个输入影响因素。

14. 共因失效（Common Cause Failure）

由一个单一的、共同的原因引起的多个零件的失效。

15. 共模失效（Common Mode Failure）

多项产品的失效因单一原因而发生，该原因对所有的产品都是共同的。

16. 共模失效（Common Mode Failure）

多项类似产品以同样的方式失去作用的失效。

17. 共模故障（Common Mode Fault）

多个产品的故障展现出相同的故障模式。

18. 相关性（Correlation）

两个度量或者变量（如高度、重量或其他）一起变化的趋势，或与一个群组中的各个体相关联的趋势。

19. 合规性试验（Compliance Test）

用于展示一件产品的特性或性质是否符合规定要求的试验。

20. 开发（研制）（Development）

在制造之前确立充分实现技术或设计能力的过程。

注意：该过程可能包括各种部分的或完整的产品模型的建立和对它们的性能的评估。

21. 耐久性（Durability）

产品（材料、零件、单元或整个车辆）在给定的使用和维护条件下执行所需功能直至达到一个极限状态的能力，或者是对其使用寿命的度量。

注意：耐久性是可靠性的一个特例。

22. 耐久性试验（Durability Testing，DT）或加速耐久性试验（Accelerated Durability Testing，ADT）

DT 或 ADT 度量的主要输出是关于产品的使用寿命（服务寿命）的一种试验，该使用寿命可以用运行小时、年、英里（1 英里 = 1609.34m）或其他工作量来表示。应用规定的准则，这些度量结果还必须与正常使用条件下相应的真实世界的度量结果有高度的相关程度。

注 1：耐久性试验（加速耐久性试验）或加速可靠性试验（ART）的结果通常用于：

（1）获取能对产品在保修期、使用寿命期或其他规定的产品运行期间的可靠性、耐久性、安全性、召回等进行成功预计的信息。

（2）成功预计和预防产品的问题。

（3）ART 和 ADT（DT）仅在相关联的度量指标和试验时长方面有所不同。对于 ART，相关联的度量指标包括 MTTF、MTBF 等。对于 DT（ADT），其主要度量指标是使用寿命，可以用运行小时、年限、里程等表示。

注 2：

（1）耐久性试验不同于离散的振动试验和证实性场地试验，因为耐久性试验需要与相应的试验设备进行多种环境、机械、电气和其他必要的试验交互作用，并与其他系统部件交互作用。

（2）振动试验只是证实性场地试验或机械试验的一个部分。

（3）由于在文献中经常误导上述各类型试验的术语，SAE International G-11 分部，可靠性委员会准备并批准了各项试验定义，这些定义包括在标准 JA 1009/A 可靠性试验词汇和术语中。

23. 耐用性（耐力）试验（Endurance Test）

在一定的时间段内进行的试验，旨在研究产品的特性如何受到既定盈利的施加及其持续时间或重复施加的影响。

24. 环境分析（Environmental Analysis）

各项技术性活动，它们涵盖了对各种环境因素，如温度、湿度及它们的变化率对材料、子系统和部件工作有效性的影响的技术性陈述。

25. 评价和预计（Evaluation and Predicting）

评价是查明或确定在试验条件中各参数的价值或作用。若试验是在实验室或试验场地进行的，则所产生的评价结果只与实验室或试验场的条件有关，而与现实世界的条件无关。

预计是为了查明或确定产品各性能参数在未来使用的实际条件下产生的价值或作用。如果相应的方法加上在实验室中提供的试验外加现场/飞行试验都是准确的，那么该预计就与对在未来实际的现场/飞行条件下会发生什么相关联。

26. 失效机理（Failure Mechanism）

失效机理是指导致失效的物理、化学或其他过程。

27. 疲劳试验（Fatigue Testing）

疲劳试验是指用于查明承受波动性载荷的材料失效或退化性状的试验。规定的平均载荷（可能为零）和交变载荷施加到试件上，并记录产生失效所需的循环次数（疲劳寿命）。

28. 现场试验（Field Testing）

现场试验是指为检查实际正常工作中试验程序的充分性而进行的试验（有时称为真实世界试验）。通常，其包括试验管理、试验响应、试验评分和试验报告。

29. 高加速寿命试验（Highly Accelerated Life Test，HALT）

HALT 的目的是将产品暴露在极端水平的热、振动和产品特有的应力下，以尽可能快地促成失效。由于是各种极端的应力（主要是热和振动），它不能准确模拟真实的现场条件。

30. 高加速应力筛选（Highly Accelerated Stress Screen，HASS）

HASS 试验是 HALT 的不那么极端的版本，是在运送给客户之前以所制造的产品进行的试验。HASS 试验使用了来自 HALT 试验的信息生成应力筛选参数。与 HALT 一样，它也不能准确模拟真实的现场条件。

31. 人为因素（Human Factors）（总体上讲）

关注了解人与其他系统要素之间的交互作用的科学学科。

32. 人为因素（在工程中）

致力于通过应用人的能力、体力、弱点和特性的知识来改善人机界面和人的效能的科学学科。

33. 单元与零件之间的交互作用（the Interaction between Units and Details）

（1）单元和零件是整个机器的组成部分，并在机器内相互作用。如果对它们进行分开的试验，就会忽视这些相互作用，并且不能通过这种试验获得对产品现场性能的准确评价。

（2）为了实现成功的性能预计（包括单元和零件），有必要在单元和零件的设计与制造过程中准确模拟这些相互作用，并要准确模拟该组合对现实世界的影响。例如在实验室进行传动装置或发动机的可靠性/耐久性试验，就必须考虑车辆及其运行环境产生的振动和气候影响。

34. 实验室试验（Laboratory Test）

在规定的和受控的条件下进行的符合性试验，它可以模拟或不模拟现场条件。

35. 寿命周期（Life Cycle）

一个产品的时间包线，由 4 个基本阶段组成：研究和开发、生产或建造、运行，以及维护（维修）。换句话说，生命周期由时间轴（时线）组成，包括处置、设计、制造和使用。

36. 模型（Model）

一个产品或过程的相关方面实体的或抽象的表现形式，被建立起来作为计算、预计或其他产品评估的基准。

37. 现场输入影响的多环境综合体（Multi-Environment Complex of Field input Influences）

各种独立因素的组合。

38. 输入影响的环境因素（Input Influences）

在产品的寿命周期内影响产品的因素。例如，运行环境可能包括温度、湿度、污染、辐射、风、雪、雨和波动率。一些基本的输入影响因素结合起来，形成一个多方面的综合体。例如，在污染综合体中，化学污染和机械污染的结合。这些因素往往是相互关联的并在相互结合中同时地交互作用。

39. 输出变量（Output Variables）

输入的行动影响产品的直接结果。输出变量可以是负荷、张力、输出电压、振动和其他。输出变量有可能产生产品的退化（变形、裂纹、腐蚀、振动、过热）和产品的失效。

40. 质量（Quality）

质量是指产品或服务满足用户需求的能力。

注 1：在许多情况下，用户的需求会随着时间的推移而改变；这意味着需要定期审查需求以保持质量。

注 2：需求通常转化为具有规定准则的特征。例如，需求可能包括性能、合用性、可信性（可靠性、可用性、维修性）、安全性、环境、经济因素和美学等方面。

41. 预计（Prediction）

预计是预料在未来某个时间要发生的事情。预计经常是但不总是基于先前的经验或知识。

42. 在工程中对产品性能的成功预计（Successful Prediction of a Product's Performance in Engineering）

产品的预计性能与实际性能之间有高度的相关性。一般来说，它包括两个经综合了的组成部分：采用先进的方法和使用加速的可靠性和耐久性试验（ART/ADT）。

43. 真实世界（Real-World）或现场/飞行试验（Field/Flight Testing）

该试验用于检查产品在实际正常服务条件下性能的试验实施，一般包括试验管理、试验响应、试验评分和试验报告。

44. 可靠性（Reliability）

一个产品在给定条件下、在给定时间间隔内执行所需功能的能力。

注 1：通常假定该产品在该时间区间开始时就处于执行这一所需功能的状态。

注2：术语“可靠性”也用于表示一个产品在规定的条件下，在规定的时间段内执行所需功能的不合格的能力。

45. 可靠性增长（Reliability Growth）

以随着时间的推移测定产品的可靠性性能逐步提高表征的一种状况。

46. 可靠性试验（Reliability Testing）

在实际正常服务使用中进行的试验，该试验为评价试验期间可靠性指标的度量提供了初始信息。

注1：如果在任何指定的时间内（使用寿命、保修期或其他）用于进行准确的可靠性预计，那么它与加速可靠性或耐久性试验是等同的。

注2：经常不正确或具有误导性。例如，一些公司可能会在几个月内对汽车进行16万英里的试验，并声称他们可以预计该车辆在其使用寿命期内的可靠性。这是不正确的，因为它没有考虑与车辆使用寿命期内暴露时间相关的多种环境的影响。

47. 服务寿命（Service Life）

服务寿命是指从制造商发布产品到其退役的时间，包括产品服务和处置。

48. 寿命周期费用（Life Cycle Cost）

寿命周期费用是指一个系统或产品从“需求认定”到处置的总费用，包括采办费用、拥有费用和处置费用。

49. 软件（Software）

软件是指与计算机系统的运行有关的程序、过程、规则和任何相关的文档。

50. 应力试验的类型（Types of Stress Testing）

应力分为恒定应力、步进应力、循环应力和随机应力。

51. 随机应力（Random Stress）

随机应力是类型、频率、振幅、持续时间和大小通过随机过程选定的一种应力，经常用于力图模拟真实世界的各种条件。

52. 随机过程（Random Process）

随机过程是一个由时间历史记录的集合所代表的过程，其特性以选定时间的统计计算所估计的参数来描述。在本书中，将假定取自随机过程的一个或多个样本记录与完全描述所关注现象的可重复实验相关联。

53. 稳态的随机过程（Stationary Random Process）

稳态随机过程所代表的过程是一个时间历史记录的集合，其统计特性不是时间的函数，因此，相对于时间的转变是不变的。稳态的随机过程可以是遍历的，也可以是非遍历的。

54. 非稳态随机过程（Non-Stationary Random Process）

一个不能被定义为稳态的时间历史记录的集合过程。一般来说，非稳态过程的统计特性是时间的函数，并且相对于时间转变不是不变的。以此标准，如果取自一个随机过程集合的均值（一阶矩）估计或均方（二阶矩）估计或两者遍及该集合都随着时间变化，那么这个随机过程就是非稳态的。如果该集合具有一个随时间变化的确定性组分，那么该集合可视为非稳态，也可不视为非稳态，这取决于该集合的随机部分是非稳态的还是稳态的。

55. 系统工程（Systems Engineering）

系统工程是关于体系结构、设计和综合了聚在一起时可构成一个系统的各要素的学科。系统工程是基于一种综合的和跨学科的方法，其中各组成部分相互作用并相互影响。除了技术系统之外，所考虑的各系统还包括人的系统和组织系统，它们包含了直接影响到达成单位目的的关键人的因素和其他交互作用的因素。

56. 系统体系（Systems of Systems）

由本身是系统（单独设计，并能独立行动）的各组成部分组成的组合体，各组分一起工作实现共同的目标。

57. 试验开发（Test Development）

对试验进行改进、计划、构建、评价和修改的过程，包括为达到预期目的对内容、格式、管理、评分、产品特性、尺度（比例）变换和技术质量等的考虑。

58. 试验开发系统（Test Development System）

试验开发系统是一个或多个程序的总称，它可使用户成为编写者及编辑试验条款（即问题、选择、正确答案、评分情景和效果），并能维系试验定义（即如何将各条款与试验一起交付）。

59. 试验技术方法（Testing Techniques Methods）

试验技术方法是为了获取结构化的和有效率的试验协议（细节），以实现试验目标所用的方法。

60. 确认（Validation）

通过检查和提供客观证据来证实特定的预期目标的特定要求得到了满足。

注 1：在设计和开发阶段，确认关系到检查产品的过程以确定其是否符合用户需求。

注 2：到最终确认时通常是在正常运行条件下针对最终产品进行的，可能有必要在较早期的阶段进行。

61. 全寿命费用（Whole-Life Costs，WLC）

全寿命费用是指通过财务分析确定的，在资产的整个寿命期间，从购买到处置，拥有该资产的总开支。它也称为“寿命周期”费用，包括设计和制造费用、购买和安装费用、运行（使用）费用、维修、相关联的融资费用、折旧和处置费用。全寿命费用还将某些通常被忽视的费用，如与环境和社会影响因素相关的费用等考虑（计算）在内。

参考文献

[1] SAE International standard JA 1009-1 reliability testing. Glossary.（third draft）.
[2] SAE International standard. ARP 56 38 RMS terms and definitions.
[3] Available from European cooperation for space standardization（ECSS）. ECSS Secretariat, ESA ESTEC.
[4] ECSS-Q-30B. European cooperation for space standardization（ECSS）. Space product assurance. Dependability.
[5] ECSS-Q-30. Glossary of terms.
[6] ISO 9000. Quality management systems—fundamentals and vocabulary. 2000.
[7] IEC 60050 - 191. Quality vocabulary—Part 3：availability, reliability and maintainability terms—section 3.2, glossary of International terms. 1990.
[8] IEC 60050 - 191. International electrotechnical vocabulary—chapter 191：dependability and quality in service.
[9] MIL-STD-280. Definitions of item levels, item exchangeability, models and related terms.
[10] MIL-STD-721C definitions of terms for reliability and maintainability.
[11] MIL-HDBK-781 reliability test methods, plans and environments for engineering development, qualification, and production.
[12] Chan HA, Paul Parker T, Felkins C, Antony O. Accelerated stress testing. IEEE Press; 2000.
[13] Klyatis Lev M. Accelerated reliability and durability testing technology. John Wiley & Sons, Inc.; 2012.
[14] Klyatis LM, Klsyatis EL. Accelerated quality and reliability solutions. UK：Elsevier; 2006.
[15] Nelson W. Accelerated testing. New York, NY：John Wiley & Sons; 1990.
[16] Toolkit R. Commercial practices edition. Reliability Analysis Center; 1993.

第2章　加速试验的现状分析

摘要

本章将介绍加速试验开发的4个方面的总趋势，具体是：

(1) 现场/飞行加速试验。

(2) 使用计算机/软件仿真的加速试验。

(3) 使用现场条件的物理模拟进行实验室和试验场试验。

(4) 加速的可靠性和耐久性试验。

本章将对各方面进行相当详细的讨论。

2.1　引　　言

加速试验实际上是在几百年前发展起来的。加速试验有不同的方法，所选试验方法的有效性可以是正面也可以是负面的。通过加速试验所寻求的主要正面效果是从设计到上市的时间（与正常惯用的试验相比）更短，质量、可靠性、安全性、维修性、保障性、利润等的提高，生命周期费用、召回数的降低等。

加速试验的负面效果导致相反的结果。从设计到上市的时间，虽然最初看起来更短，但从长远来看，会导致产品开发方面的更长时间和更大的投资，增加开支（和生命周期费用），又会对公司的声誉具有负面影响。因此，对加速试验开发趋势（正向的和负向的）的认识和理解对于任何涉及产品开发和生产的人来说都是非常重要的，这些最终都会对用户产生影响。

许多加速试验方法都是负面的，因此无效，因为它们是基于在试验中利用非常高的应力，而且这些非常高的应力不能为准确预计产品使用寿命（或任何其他规定的时间）期内在实际世界中产品的性能提供所需的正确信息。

通过研究现有文献，可以找到在航空航天工业加速中加速试验方法（Accelerated Testing Method，ATM）方面的以往经验。许多关于ATM机的出版物都与空间探索领域有关，这大约可以追溯到1960年[1]。在参考文献［1］

中一个特别有趣的章节标题为“制定加速试验技术路线图”（DEVELOPING AN ACCELERATED TESTING TECHNOLOGY ROAD MAP）。这章的一个关键观察评论是，认可在空间活动及其诸如气象或者通信等工作项目方面的科学努力，已使相关联的工程和硬件问题分析的重要性相形见绌。但是，利用这种方法只会推迟应对与工程相关的决策，从而为机械部件的设计、试验和性能评价留下了非常有限的时间，而对未来空间任务而言，展望长久的任务，将需要付出更大的努力来解决空间硬件问题。

所参考的该出版物[1]中进一步写道：“一个很有前途的解决方案是开发一种对于加速试验技术更合理的方法。通过谨慎地增加试验条件的苛刻程度，应该可以在不改变合理的情况下加速提早失效，即这些试验中的运行条件应满足两项要求：

（1）可调整试验条件的苛刻程度，以放大失效模式。

（2）新的试验条件不得苛刻到导致部件经历不同的失效模式，即从轻微磨损转为磨损与卡死。”

但在实践中这两项要求并不总能达到。以图 2.1 为例，它描述了从干摩擦到全流体动力润滑的润滑状态。在这个例子中，给出了三个离散的变化规律。

（1）干摩擦状态。

（2）边界润滑状态。

（3）流体动力润滑状态。

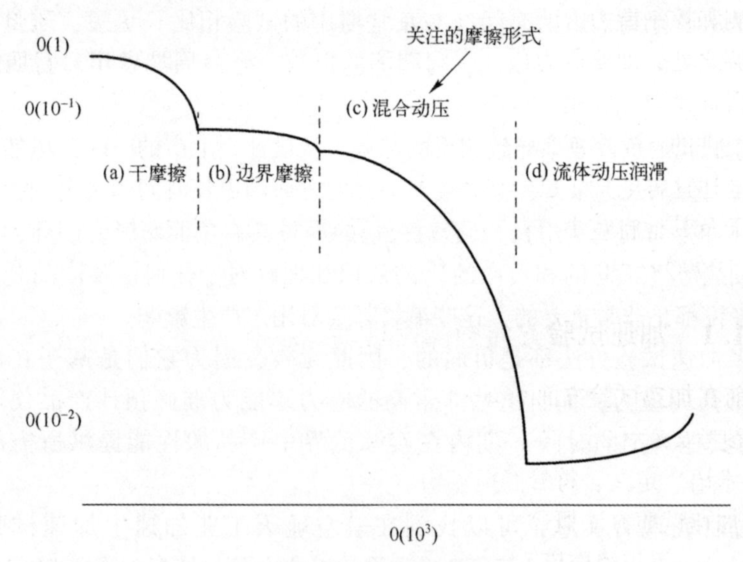

图 2.1　各种摩擦状态

在薄膜状态中，有一个从流体动力液膜润滑到混合膜区域的过渡，该区域各表面只有部分地被支撑在油膜上，并通过油膜发生显著的粗糙接触。应当注意的是，在航天飞行器中所用的大多数低速润滑接触机械装置都是在这样的条件下运行的。

作者在参考文献［1］中曾写道，除非有方法监测性能并验证失效模式，否则很难保持在某种状态内，甚至很难支持试验条件可能有助于某种运行状态的说法。

本例尝试了各种加速试验技术，包括改变速度、负载、温度、表面粗糙度、润滑剂不足等。同时，还研究了改变润滑剂类型和护圈材料的影响。虽然在这些试验上花费了大量的时间和精力，但结果并没有得出完全的解释。作者在参考文献［1］中揭示，这些试验并没有产生使之有可能在失效发生前就准确地预计即将发生失效的这类预计能力。

在这种情况下，问题不在于使用有限的仪器能力进行加速试验的构想。这些作者写到了对无损传感技术器的需求，该技术能显示即将发生的问题而不必停止试验或者在经历灾难性失效之前即可显示即将发生的问题。但是，自从该论文发表以来，许多需要的技术已经被证实了。例如在参考文献［1］的技术背景部分中所指出的，监测电机电流、速度、温度、负荷和转矩的方法均已被用于 DMA 的研究中。作者接着写道：“然而，所使用的技术并没有反映出在传感器技术方面所取得的进展。事实是，当今汽车的发动机具有更为先进的测量、监测和控制能力，就如几百万美元的卫星机械组件那样。这是必须对加速试验强调之处，即要成为预计寿命的现实工具。虽然当前的目标是地面试验，但最终目标是要能够用一些内置仪器来监测地面和轨道位置的性能，这些仪器是机械组件的一个组成部分。”

如上述这样的例子已发生过，而且将继续发生。之所以发生是因为没有在航空航天及其他行业中广泛实施作者在以往的著作里所述的策略性方法，如参考文献［27-28，30］。

2.1.1　加速试验方面的国际标准

目前在加速试验方面只有一个国际标准，即 IEC 62506。产品加速试验的方法见参考文献［2］。本标准的基本内容如下：

3. 术语、定义、符号和缩略语
4. 加速试验方法概述
    4.1　累积损伤模型
    4.2　试验加速的分类、方法和类型

5. 10. 3　加速的可靠性和验证试验

6. 产品开发中的加速试验策略

6. 1　加速试验取样计划

6. 2　关于试验应力和持续时间的一般讨论

6. 3　多应力的试验组件

6. 4　组合件的加速试验

6. 5　系统的加速应力

6. 6　试验结果分析

7. 加速试验方法的局限性

该标准还包括 7 个附件、17 个图和表。

该标准的说明：

IEC 62506 提供了关于应用各种加速试验技术来测量或提高产品可靠性的指导。认定产品或产品项在使用过程中可能经历的潜在失效模式及其缓解措施对确保该产品或产品项的可信性有重要作用。这些方法的目的是识别潜在的设计弱点，或提供有关产品的可信性信息，或在压缩或加速的时间里实现所希望的可靠性/可用性改进。该标准阐述了不可修复的和可修复的系统加速试验。它可用于序贯概率比检验、固定时长试验和可靠性改进/增长试验，其中可靠性的度量可能不同于失效发生的标准概率。该标准还延伸到目前的加速试验或生产筛选方法，这些方法将识别可能会损害产品可靠性的弱点，此弱点是由制造错误引入产品中的。

由于上述部分只是目录的一部分，包括 49 章和子章节，但总共只有 49 页，我们可以看出，其篇幅太短了，因而无法描述进行加速试验的上述方法（方法和设备）。

2. 1. 2　召回作为提供关于产品缺陷的正式信息的原始材料

就加速试验的进展而言，世界将何去何从并将如何推进？对于工程的各个方面（研究、设计、制造、使用、服务和其他），关于这些问题的回答是令人感兴趣的。

召回是提供有关产品缺陷的很有效的原材料。

产品整体质量的度量，即其质量、可靠性、耐久性、安全性和其他的产品性能属性等的最终结果可以是：

（1）作为归因于产品缺陷的道路（飞行）事故结果的召回数据（数量和费用）和伤亡人数。

（2）功能性或其他报告的产品效力降低或降低的事件。

在这两者中，召回是产品缺陷的最可靠的指标，因为当公司的产品是召回的对象时该公司必须遵从政府的报告要求。以下介绍了一些关于召回的信息，以及这一因素多年来的动态变化。

产品召回是指回收并为消费者更换有缺陷商品的过程。当一家公司宣布一次召回时，该公司或制造商将承担更换和修复有缺陷产品的费用。对于大公司来说，修理有缺陷的商品费用可能会累积到数十亿美元的损失。

我们可以阅读参考文献［3］：

“2018 年八大召回事件

1. 160 万辆，2015—2018 年，福特 F-150……

2. 130 万辆，2014—2018 年，福特 Fusion，林肯 MKZ……

3. 130 万辆，2012—2018 年，福特福克斯……

4. 807000 辆，2010—2018 年，丰田普锐斯，普锐斯 v……

5. 507600 辆，2010—2013 年，起亚 Forte、Optima、Optima 混合动力，Sedona……

6. 504000 辆，2013—2016 年，福特 Escape、Fusion……

7. 343000 辆，2021—2017 年，奥迪 A4、A4 Allroad、A5、A6、Q5……

8. 240000 辆，2017—2018 年，克莱斯勒 Pacifica。”

在参考文献［4］中我们读到：“一项突出了一连串的美国汽车召回事件的新研究表明，汽车制造商和供应商仍然专注于创新和削减费用，而汽车质量则受到重创。”该标题为“汽车行业不断增长的召回问题以及如何解决”的研究表明，对于 2016 年美国的召回应计项目，汽车制造商和供应商支付了近 118 亿美元的索赔费用，并记录了在保修方面为 103 亿美元。这总共的 221 亿美元比 2015 年估计增长了 26%。领导这项研究的全球咨询公司 AlixPartners 的企业改进总监迈克尔·赫尔德告诉《汽车新闻》，2015 年汽车制造商和供应商在索赔和保修方面的累计总金额估计为 175 亿美元。

该项研究称，2016 年美国召回的车辆数目从 2015 年的 5080 万辆增加了 4.5%，至 5310 万辆，使 2016 年成为有记录以来的最高年份。在这些召回的车辆中，有近一半归因于高田公司的有缺陷的安全气囊充气机或通用汽车的有缺点的点火开关，总计 2300 万辆。

此外，根据这项研究，自 2013 年以来，供应商分担的总召回费用从 2007 年的 5%~7%增加到 2013 年的 15%~20%，增加了 3 倍，而“在召回通告中供应商被点名的频率翻了 1 倍。”

如此，召回使公司付出了越来越多的钱，然而这些数字还不包括对消费者将汽车送到经销商处的花费，以及他们等待其汽车得到修理而损失的时间的财务影响。

这项题为“汽车行业不断增长的召回问题和如何解决”（PDF）的研究认为，汽车制造商和供应商近年来已经削减了多达 50%的质量控制支出，直接导致了更大数目的召回[5]。

但是，正如我们的研究所表明的那样，“质量控制”一词只是一个普遍用到的，但却不准确的术语。事实上，根本的需求是利用加速试验中更多的正面趋势，并消除加速试验（Accelerated Testing，AT）进展中的导致质量、可靠性、安全性和其他性能组分下降的负面趋势。

各机构不需要削减“质量控制”，而需要聚焦于因不积极地推进其产品的加速试验的负面趋势所导致的召回费用。需要考虑在推进加速试验时的负面趋势对召回费用的影响。

在上述案例中，一项重要的信息就是在 2019 年 4 月 14 日[6]发布的文章《第二次召回后，丰田普锐斯电气系统仍在过热》中有关丰田普锐斯安全性的召回问题。该文陈述了许多例子，尤其是有一个重要的例子。当一个客户（Felo）不得不把他的车拖到经销商处时，经销商还给了他一则坏消息，即更换相框大小的单元件要花费他 3000 美元。

丰田在南加州最大的经销商之一罗杰·霍根在 2017 年告诉厂家，他发现在接受过软件修改的车辆上出现了转换开关失效。当时，他拒绝转售并以折价交易拿到的大约 100 辆二手普锐斯，声称他不相信它们是安全的。2017 年 12 月，霍根向 NHTSA 提交了一份缺陷申诉书，要求进行安全调查，并对丰田提起诉讼，宣称该召回只是欺骗。奥兰治县高等法院的审讯定于次月进行。

有更多的信息表明，该车的低质量、可靠性和安全性导致了数十亿美元的损失。例如，在同一篇文章中，我们可以读到更多关于这方面的危险情况的例子。但公司并没有从根本上改善这种情况，因为他们没有使用加速可靠性和耐久性的试验技术，该技术比现在使用的简单试验更昂贵。我们可以从同一篇文章中读到：

“尽管丰田表示，有缺陷的转换开关只要进入降级模式就是安全的，但它已经将 2010—2014 年车型的保修期延长了。保有失效了转换开关的车主可以免费更换 15 年而没有里程限制。

在 10 月 4 日提交给 MHTSA 的缺陷信息报告中，丰田将该保修描述为旨在‘支持提高客户满意度’，并将其描述为与召回‘分开的工作项目’。然而，霍根认为，丰田在试图避开针对有缺陷的转换开关的数十亿美元的更换工作项目。

莱文说：‘不幸的是，一直存在制造商试图将安全性召回变成听起来像是与性能相关的技术公告。这是骗术，而且危险。’

尽管霍根在2017年12月向MHTSA申请进行缺陷调查，但该机构从未启动过正式程序。”

如参考文献［7］所述，有统计数据表述了2015年1月—2016年3月间，被美国汽车制造商出于安全和其他原因召回的汽车数量。

在此期间，通用汽车的召回事件影响了1060万辆汽车。但对该行业来说，大约有5126万辆汽车被召回，2015年是召回的大年：通用汽车、菲亚特克莱斯勒汽车和汽车供应商公司高田是主要的肇事者，而二手车经销商受负面影响最大。戴姆勒、法拉利、福特、通用、本田、斯巴鲁和儿童座椅制造商Graco以发布新的召回开启了2016年。

图2.2描绘了1969—2013年期间在美国受到主要制造商汽车受召回事件影响的车辆数目（以百万辆计）。

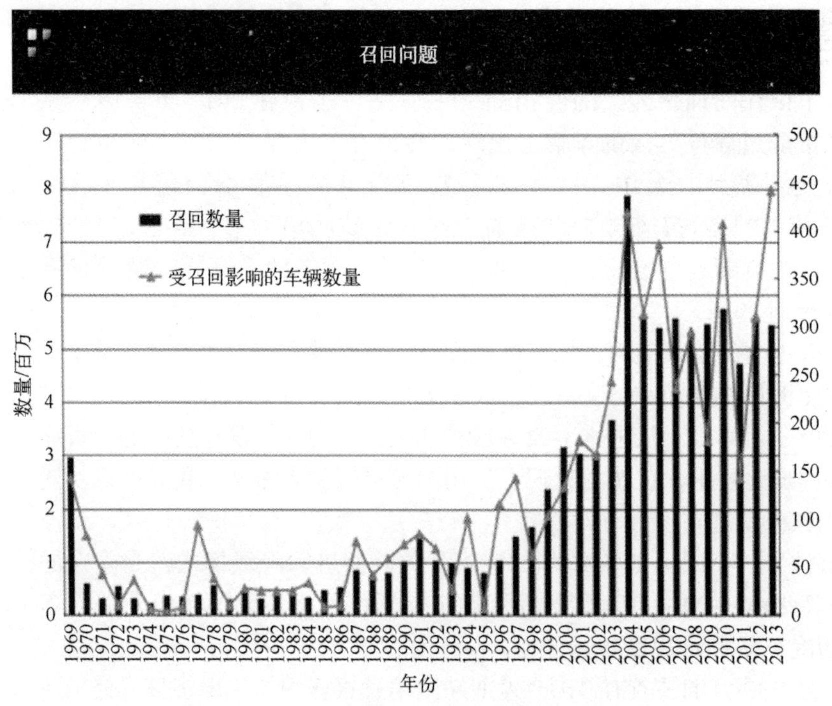

图2.2　从1969年到2013年间车辆召回的数目

（K. Suzuki，Espec Corp.，2015）

有缺陷产品影响的另一项度量是美国消费者产品安全委员会（Consumer Product Safety Commission，CPSC）从 2006 年至 2018 年征收的民事罚款总额（以数百万美元计），这在参考文献［8］中有解释。在 2015 财年，美国消费者产品安全委员会对各公司征收了总计 518 万美元的民事罚款。一个更令人忧虑的统计数据是 1950—2010 年的死亡人数估计，这归因于汽车领域不充分的安全性、质量、可靠性、耐久性和其他性能组分[11]。

这些趋势表明，需要推进和实施加速试验，以改善汽车和航空航天工程领域的质量、可靠性、耐久性、生命周期费用、利润以及产品和技术性能的其他组分。证明这一需求的公开文件就是产品召回统计数据。

如果我们审视过去十几年的产品召回统计数据，召回的数目在增加，这个度量指标既没有稳定也没有减少，而降低应是我们所期望的目标。图 2.2 中的信息证明了这一点，显示了从 1975 年至 2013 年召回数量在增加[9]。

2015 年 1 月—2016 年 3 月，受美国主要制造商的汽车召回影响的车辆数目（以百万辆计）如下：

（1）本田：13.58。

（2）通用汽车：10.6。

（3）丰田：8.42。

（4）菲亚特克莱斯勒：6.87。

（5）福特：5.41。

（6）三菱：4.89。

（7）日产：3.99。

其他的国家也出现了类似的情况，随着全世界范围的商务供应链一起，一些缺陷也是全球性的，如高田安全气囊。澳大利亚正在要求汽车制造商召回 200 多万辆装有潜在致命安全气囊的汽车[11]。正如在参考文献［10］中所述的：

“澳大利亚政府周三表示，这些汽车装有由高田（TKTDQ）制造的安全气囊。该公司处在一桩丑闻的核心，该丑闻近年来导致了全球数千万起汽车召回的事件。一个缺陷会导致安全气囊爆炸，并将碎片猛吹向驾驶员。

“此前，宝马、雪佛兰、本田（HMC）、日产（NSANF）和丰田（TM）等大的汽车品牌曾宣布自愿召回。但政府表示，这些措施还不足以应对危险，仍有大约 230 万辆装有有缺陷气囊的汽车在全国的道路上行驶。”

“……自愿召回过程在某些情况下不是有效的，一些制造商尚未采取令人满意的行动来应对已超过 6 年的老旧安全气囊出现的严重的安全性风险。”澳大利亚财政部助理迈克尔·苏卡尔说[10]。

新的强制性召回包括主要汽车制造商生产的各种车型，如福特（F）、奔驰、特斯拉（TSLA）和大众（VLKAF）。

在澳大利亚受影响的汽车总数为400万辆，即该国道路上的近1/5的乘用车。据政府称，所有有缺陷的高田安全气囊都必须在2020年底前更换。

“该公司对公司刑事指控认了罪，并同意在美国支付10亿美元罚款。该公司去年已申请破产，其大部分业务将被Key Safety Systems公司，一家位于密歇根的中国公司接管。”

在另一个例子中，福特召回了140万辆汽车，因为方向盘在驾驶时会松动甚至脱落[7]。福特表示：“问题在于方向盘螺栓可能会松动，这可能导致方向盘脱落。”

“在美国已经召回了6000多万辆汽车，是2004年年前年度记录的两倍[8]。总共已经有大约700辆召回公告，平均每天有两辆，相当于1/5的汽车在路上受到影响。

《泰晤士报》的观察发现，八大汽车制造商今年在美国召回数量超过1966年以来的平均召回数，通用汽车、本田和克莱斯勒都创造了企业纪录。”

“几年前，丰田汽车对其安全性措施进行了彻底改革，此前，丰田汽车因意外加速而被连续召回，导致了在3月被处以12亿美元的刑事处罚，这是在美国汽车制造商有史以来最大的一次处罚。该公司今年仍不得不采取进一步措施去提高对装有供应商高田生产的有缺陷安全气囊车辆的召回率。”

“虽然通用汽车花费了数十亿美元修复被召回的汽车，并设立了一项基金来赔偿点火开关事故受害者及其家庭，但该公司仍不得不采取极端措施来恢复对其产品和管理层的信任。”

“即使其内部发生了变化，该公司的质量与安全性声誉安全将需要数年时间才能重建。‘通用汽车表面上发生了变化，但它还没有付诸切实行动。’布卢门撒尔先生（参议员）称。尚不清楚，国会中会有多少两党成员支持新的安全性法令，该法令除了其他事项外，可能使汽车决策者们因故意隐瞒安全性缺陷而承担刑事责任。周二美国参议院小组将质询汽车制造商和监管机构，为什么在死亡引发的历史上最大汽车安全性召回事件数年之后，仍然有数以千万计的装有高田气囊充气机的汽车在路上行驶[10]。”

召回的车辆中，有近3000万辆汽车仍未得到修理，涉及19家汽车制造商。全球至少有22起死亡和数百起致伤与会爆炸的高田增压泵（会在轿车和卡车内突然爆出金属碎片）相关联。这一缺陷导致高田于6月申请破产保护。

召回过程“可能会再持续10~15年”，参议员杰里·摩兰是参议院商务委员会小组的负责人，该小组负责处理消费者保护和其他问题，在听证会的书面开场陈述中说道。

“……高田在 2017 年对因电信欺诈的一项重罪指控表示认罪，并同意支付 10 亿美元以解决美国司法部的调查。”

再举一个例子：“经过多年的诉讼和调查后，丰田周三宣布了 11 亿美元的和解协议，以解决诉讼指控的某些丰田和雷克萨斯车型的‘意外加速’[11]”。

丰田将设立一项基金，用于改装 320 万辆丰田和雷克萨斯汽车，使之具有可以更容易地在恐慌情况下把汽车停下的技术，这也是美国地方法院案件中谋求集体诉讼和解协议的一部分。无法进行改装的车型的所有者将收到现金巨款。那些在 2009 年底和 2010 年全年售出了他们的汽车的拥有者，由于该问题而以低价转售，将有资格获得补偿。

当《华尔街日报》《纽约时报》和其他报纸与杂志的新闻记者写道，多年来召回事件一直在增加，而其影响则是降低安全性和可靠性时，我们可能会认为撰写人可能不是工程专业人士，不了解召回数在增加的根本正确原因。但来自工程界的专业人士在他们的出版物中也写了很多相同的内容，因此我们必定会得出结论，该问题是与工程界有关的。这意味着工程专业人士和各社团尚未认识到安全性和质量（或可靠性）问题是结果而非召回的原因。

事实上，召回是对产品的性能预计不足的结果（其中产品性能包括质量、可靠性、安全性、维修性、生命周期费用、利润和其他组成部分）[27]。

还有一些进一步的例子：

“汽车制造商宝马表示，由于可能会发生导致火灾的液体泄漏，它正在扩大召回范围，以涵盖全球 160 万辆汽车。宝马周二表示，在某些柴油车辆中，冷却液可能会从减排系统一部分的废气再循环组件中泄漏出来，在高温下该泄漏可能与油烟结合而导致火灾。[12]”

“近年来现代和起亚已经飙升至 J. D. Power 质量排名的首位，并在《消费者报告》中获得了相当好的评分。但是一个围绕其车辆的数百起非碰撞火灾的报告正在酝酿危机，可能会将这些赞誉的回报置于危险之中，并重新唤起他们早年在美国为质量而挣扎时的回忆。韩国的同仁面临来自汽车安全中心的压力，后者本月再次要求他们召回近 300 万辆跨界车和轿车，以应对人们驾驶时可能发生的潜在火灾。该组织要求召回所有 2011-14 起亚索兰托、起亚 Optima、现代索纳塔和现代圣达菲车型，以及所有 2010-15 起亚 Soul”[14]。

参考文献［16］展示了 NHTSA 关于每 10 年召回和可能受影响的车辆的调查结果。它表明：“自 2011 年以来，受安全性缺陷影响的车辆召回数量急剧增加。”

下列信息是2018年的[16]：

斯巴鲁将JDM召回范围扩大到新的检查作弊案：

斯巴鲁宣布多年来首次出现季度亏损，承认检查丑闻比我们起初所想的要广泛得多。就连这家日本汽车制造商首席执行官中村智美（Tomomi Nakamura）也表示，缺乏对法规的尊重导致事情发生失控。

自2018年6月快速进展到股东大会，那也就是吉永泰之辞去斯巴鲁汽车部门首席执行官职务的时候。调查仍在进行中，到目前为止，斯巴鲁宣布在发现制动系统检查未遵照质量控制规定执行后，它将再召回10万辆汽车。

首席执行官确保这是与检查丑闻相关联的最后一次召回，斯巴鲁将承担65亿日元的维修费用。换算成美元，其总和不低于5700万美元。

但这并不是斯巴鲁面临的唯一麻烦。上个月，该汽车制造商宣布将召回40万辆汽车，以修复在Impreza和森林人中发现的发动机气门弹簧缺陷。更糟糕的是，斯巴鲁还准备提高对日本进口产品的关税，这将提高几款在美国流行的车辆型号的价格，包括森林人。

福特在北美召回150万辆福克斯车型[17]：

“自2018年初以来，包括GT Sports、F-150皮卡、福克斯电动在内的数百万辆汽车由于各种问题不得不被送回工厂。”

“这次内燃机驱动版的福克斯是最近的此类公告的核心，该公告是由福特于周四发布的。”

“必须将150万辆带有福克斯铭牌的汽车予以召回，因为运转失常的碳罐净化阀会使驾驶者因为缺乏燃料而被滞留在荒郊野外。”

宝马因EGR失火在全球召回数量增至160万[18]：

“早在8月份，宝马就表示将在韩国召回大约10万辆汽车，因为担心车辆会着火。这个数字在同个月份额外增长了可能在欧洲受到影响的30万辆汽车。

“现在，由于要对具有类似技术设置的发动机进一步检查，宝马表示将在全球范围内召回约160万辆汽车。”

“导致此次大规模召回的问题于2016年首次被发现。它与废气再循环组件（Gas Recirculation Module，EGR）和运转失常有关，在某些情况下，它可能会导致发动机起火。”

丰田召回数百万辆混动力汽车[19]：

“在因线束和软件问题召回103万辆混合动力汽车后，丰田宣布了再一次的召回，包括2430万辆同类型车。在2008年10月—2014年11月生产的旧款普锐斯和 Auris 混合动力车型受到影响。”

上海通用汽车在中国召回超过 330 万辆车[20]：

“2018 年，中国的汽车驾驶者的情况也不大好，通用汽车位居榜首。从 10 月 12 日开始，通用汽车将因悬挂系统问题在中国召回逾 330 万辆汽车。在极端运行条件下，2013—2018 年制造的车辆的悬架臂可能变形，导致车辆失控。”

航空业也面临着它们的产品与充分的或正确的加速试验相关的质量和可靠性问题，虽然在航空业中通常未见召回事件，但频发的事故或事件调查通常会导致涉事方的主动更改或发布纠正行动的“适航指令”或类似的法律文件。

在过去的几年里，商业航空公司发生过几起坠机事件。涉及旨在防止人为错误的系统，但在某些情况下会影响飞行员控制飞机的能力。

各事例中包括 SAS751 航班，其中一个被称为“自动信任恢复”（Automatic Trust Restoration，ATR）的系统成了阻止飞行员控制发动机油门一个因素；而法航 AF447 航班在事故中的促成因素是空速管。据信它已经结冰而导致准确的空速和高度信息的丧失。已知该空速管有结冰问题并已被其他几家航空公司进行了更换。最近的一个例子是狮航 610 航班，它于 2018 年 10 月坠毁。在撰写本书时，事故仍在调查中，最终报告迄今尚未发布，已为人知的事实表明，被设计成防止飞行员失误事故的一个自动控制系统有运转失常的情况并影响飞行员控制飞机的能力[15]。在印度尼西亚雅加达，愤怒的受难者亲属在由官员组织的一次会议上与该航空公司的联合创始人对峙后，调查人员终于表示，坠毁的狮航喷气式飞机的“黑匣子”数据记录器显示了它的最后 4 次飞行都存在空速指示器问题[15]。

国家运输安全委员会主席 Soerjanto Tjahjono 表示，4 个航班中每一个存在的问题都是类似的，包括致命的 2018 年 10 月 29 日的飞行，该机从雅加达起飞几分钟后坠入爪哇海，机上 189 人全部遇难。

该飞机之前的航班问题，从巴厘岛的登巴萨到雅加达，被广泛报道，“当我们打开黑匣子时，确实该技术问题是空速或飞机的速度，”Tjahjono 在新闻发布会上说。“来自黑匣子的数据显示，在登巴萨—雅加达之前的两次飞行也遇到同样的问题。”

“社交媒体上流传的谣言如此强烈，我们要在这里澄清的是，在黑匣子中有 4 个航班遇到空速指示器的问题。”

亲属们质疑为什么这架服役两个月的波音 737 MAX 8 飞机在 10 月 28 日巴厘岛飞往雅加达的航班上遇到问题后居然仍获准飞行。那次飞行在起飞后迅速下降，吓坏了乘客[15]。

在参考文献［21］中的还写道：“狮航610航班的最后时刻是在天亮后不久就从平静的印度尼西亚天空猛冲入爪哇海，这是可怕但迅速的最后时刻。”

这架在华盛顿州组装的不到3个月前交付给狮航的单通道波音飞机，看上去是机头先冲入水中的，其先进的涡扇发动机让飞机以高达400英里/h的速度，不到1min就冲进了海浪里。

虽然调查人员尚未得出610航班坠入海中的原因，但他们知道在坠机前几天，该飞机已在某些同一系统中经历过重复的问题而可能导致该机进入俯冲状态。

“……美国联邦航空管理局警告说，在新的、最畅销的MAX 8喷气机中处理的错误数据可能会导致飞机头突然俯冲。调查人员正在调查610航班，试图确定是否发生了同样情况。”

关键是传感器。

落水的飞机可能收到了来自攻角传感器的错误输入，该传感器测量的是迎面而来的风越过飞机的角度。

大攻角向飞行员指示出飞机正在机头向上飞行，并且可能需要予以调整。飞机如果不经调整就可能会失速并有空中停车的风险。

在610航班开始最后一次旅程的前两天，有反复的迹象表明飞行员得到的是错误的数据，可能来自测量飞机速度和关键角度的仪器，这会损害他们的安全飞行能力。

“……这周波音和F. A. A. 发布的建议回应不会是飞行员的自然反应。机组人员被指示关闭飞机尾部的电动稳定器，它将迫使机头向下倾斜。”

“但是，如果没有针对这种异常情况进行过专门的培训，飞行员怎么会考虑关闭该飞机的一个部分？当机组人员学习如何驾驶新型飞机时，他们通常会研究旧型号和新型号之间的差异。航空专家担心，像狮航等高飞行强度的航空公司的飞行员可能会没有足够的时间进行此类培训。”

“此外，型号之间的差异有时只有在运行了数月或数年之后才会显现出来。波音MAX 8去年才投入使用。尽管苏内加机长就其年龄而言是一位有经验的飞行员，但他可能没有时间使自己全面熟悉最新型的波音大型喷气式飞机”[21]。

在参考文献［24］中提到，“到目前为止，故障缠身的波音喷气式飞机的修理费用为10亿美元”，David Koenig写道：“波音已经估计与陷入困境的737 MAX相关的费用要增加10亿美元，并由于围绕两次造成346人死亡的坠机事故后仍然停飞的客机的不确定性，已取消了对2019年的收益预测。

“10 亿美元的数字是一个保守的初步估计。它涵盖了未来几年要增加的生产费用，但不包括公司用于修复与坠机事件有关的软件、额外的飞行员培训、向航空公司支付停飞飞机的费用，或对遇难者家属的赔偿。”

从《华尔街日报》上发表的文章“波音看到了更多的 737 费用”，2019 年 4 月[25]，我们读到了“……超过 370 架 MAX 飞机已经交付给客户，迫使航空公司在繁忙的夏季旅行季节之前取消航班并重新安排时间表”。

而且，“……自上个月埃塞俄比亚航空公司运营的 737 MAX 坠毁以来，调查人员将波音估值降低约 270 亿美元，使该公司估值约为 2120 亿美元”。[25]

该召回结果与加速试验有关，尤其是在推进加速试验时的各负面趋势。

在设计、制造和使用过程中，需要对影响产品效率的各因素进行复杂的分析，如图 2.3 所示，加速试验水平在这些过程中发挥着重要作用。可以在作者的书[28]里找到这些过程的详细说明。该书更详细地探讨了这些问题，也与汽车和航空航天工程领域中加速试验的发展趋势相关联。它还讨论了真正的召回原因，以及这些趋势是如何影响产品工程有效性的。

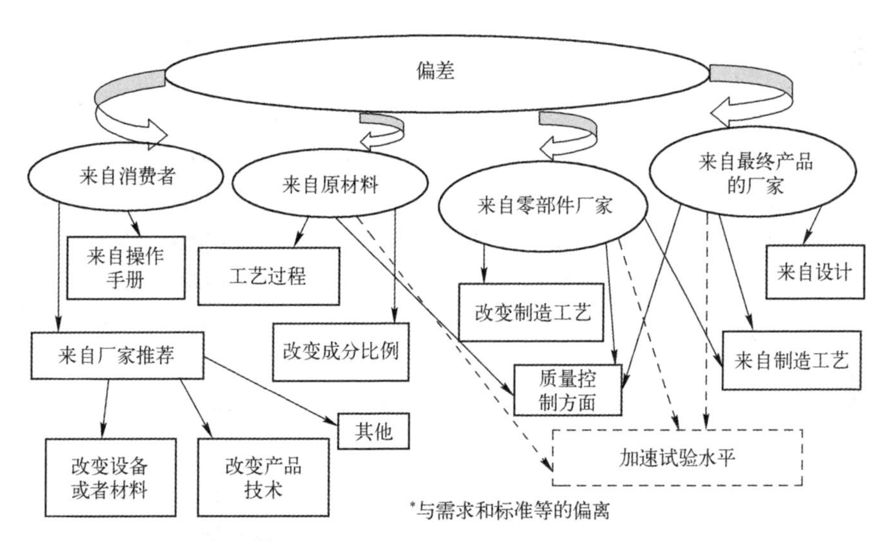

图 2.3　影响产品效率（对生产者和消费者）的各因素的复杂分析图示，该分析对于在设计、制造和使用过程中的加速试验是必要的

对于提高设计与制造的有效性，特别是对新产品而言，是针对试验该产品的真实条件的准确模拟。如果模拟没有充分反映现实世界的运行条件，则试验结果就可能与真实的结果极不相同。

管理层常常认为，在试验规程方面节省资金会让公司降低产品费用并增加利润。这种做法的谬误推理在于准确的试验费用只是生产该产品和确保其性能的费用的众多组成部分之一。如前所述，未能准确模拟真实世界的经历，同时又要节省试验过程的资金通常会导致包括设计、制造和使用在内的整个产品生命周期中增加的费用和损失。以对真实世界条件不准确的模拟或以分别地对各种条件进行试验的模拟去简化试验过程，会经常导致未来的安全性、质量和经济性问题。这是因为现实世界的条件是相互作用和相互关联的。如果这些交互作用不是模拟的一部分，它们就不能准确地模拟真实世界的结果。

甚至在专门从事试验的公司里也能发现类似的情况。例如，在关于MIRA耐久性试验[29]的记录中曾陈述过，在试验场耐久性车道和特征中，MIRA的试验场被广泛地用于整车的加速耐久性试验，并采用这些传统的耐久性路面：

(1) 比利时式路面（这里是指比利时式的砖石平铺路面）。

(2) 波纹路。

(3) 共振道。

(4) 石路。

虽然有人可能认为这已经提供了真实世界的模拟，但可能还需要有许多其他路面和特征提供一个等效于现实世界的运行条件的车道[30]。

但真正的答案包含在该陈述中：“……由于最近在许多系统性能方面的问题，必须专注于将公众面临的风险降至最低的手段。仿真和路面试验车道试验可以帮助降低这种风险。工业界仍对仿真持怀疑态度，尤其是对以传感器的仿真作为替代现场或现实世界试验的合适工具更是如此。然而，仿真对场地试验提供了许多好处，它节省了时间和金钱，非常适合危险情景的演进，并且还提供了准确的基本真实情况。”

如果我们接受此引用为真，我们如何克服工业界对仿真的怀疑态度？当然，不应该将蒙特卡罗模型作为正确的模型进行仿真。正如将在下一章的参考文献中展示的那样，对于成功的试验和高质量的预计仿真必须是准确的。

但上述参考文献并未提供推进真实世界试验的准确仿真的路线图，并且由Test Expo Show预览[74]，以及本届博览会和其他博览会的内容来看，我们没有看到在汽车和航空航天工程领域加速试验基本概念的发展趋势，尤其是关于新设计和新技术方面的。这个问题仍然存在，即“对于减少或防止召回、经济性和技术问题所需要的加速试验战略性解决方案在哪里？”

在本书中，作者将尝试论证解决此问题的途径。

2.2　加速试验发展的基本大方向

文献和工业界提供了与汽车和航空航天工程领域相关的许多加速试验（Accelerated Testing，AT）的不同方法和类型。作者将这些方法归为 4 种 AT 发展的大方向，如图 2.4 所示。

让我们依次简要描述。

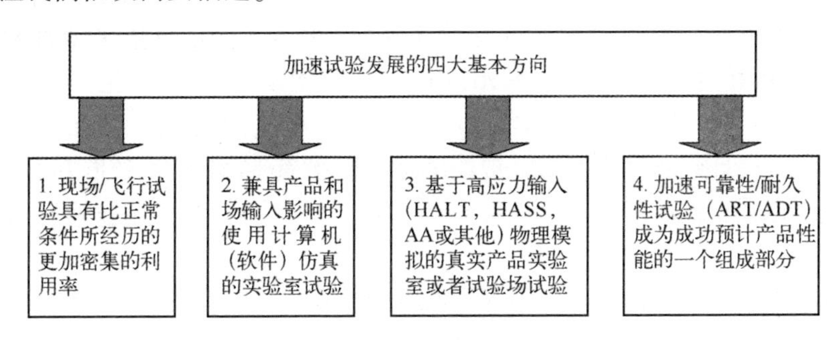

图 2.4　加速试验发展的四大方向

2.2.1　第一个大方向（现场/飞行加速试验）

第一个大方向是现场/飞行试验，具有比在正常使用中所经历的密集得多的利用率。例如，汽车通常每天使用 5～6h。如果每天使用该相同的汽车 18～20h 或更多，该试验就被认为是一种真正的加速试验，并会提供增进对汽车感兴趣的参数供耐久性研究。然而，这种方法也使非运行时间间隔比通常所经历的要短。

这种类型的试验确实提供了比常规现场运行条件下明显结果更加速了的结果。

在参考文献［30］里作者考虑了三种类型的现场试验，尽管它们之间有一些重叠。

（1）对研究和开发与工程相关的概念设计和产品原型样机的评价。

（2）在产品发布过程中与不同部门合作产品的评价。

（3）在市场投放期间或之后产品的评价，主要是出于在杂志或其他公众或行业媒体上发表报告的目的。

在第（1）种类型中，对原型样机的评价要求有高水平的无损金属探测器的知识和经验、与工程师们沟通调研结果的能力以及对保密性需求的敏锐鉴别力。一般来说，那些做这种评价的人既没有收到钱也没有收到“免费赠品”——他们这样做是出于兴趣爱好。经常在这方面做得最好的人，都会为不止一家公司进行场地试验，这些公司都高度重视它们保护商业秘密的专业声誉。不具有品牌忠诚度的人通常更喜欢这种场地试验，因为这通常能给许多公司的部门更客观的调研结果报告。

在第（2）种类型中，产品发布过程中面向工程反馈产品的评价，其各项要求是具有金属探测器的知识与经验（尤其是有些类似于关联到试验产品的知识与经验）、把调研的结果与工程师们交流的能力，以及在没有得到明确许可的情况下抑制信息泄露的能力。进行评估的人通常不会得到报酬，但经常允许保留他们所试验的单元，并在必要时随同工厂为生产规范提供升级。

通常，一旦产品完全发布，现场试验人员就有权公开讨论他们发布产品的情况，但是鼓励他们避免讨论在现场试验中出现的问题，特别是那些不能代表实际发布产品的问题。

做试验的人最好是不具有品牌忠诚度的，或对代表其进行现场试验的公司是具有某些忠诚度的，但也不要太过，以致有可能损害了向工程部门进行报告的客观性。

在第（3）种类型中，代表营销部门在产品发布过程中对产品进行评价，其要求是具有金属探测器的知识和经验，特别是同一类别的竞争对手单位，以及在诸如互联网论坛等公共环境和竞争对手宣示其产品令人满意的特性时清晰沟通的能力。现场试验人员在发布有关产品的信息时必须有良好的判断力，这些信息要表明产品是什么或将要是什么，同时避免对尚未完全确定的问题发表评论。因为这项活动主要是一种营销活动，所以从事该场地试验的人员应该有一定的品牌忠诚度，并且上述人员往往会涉及自己的商业利益，如经销权或者金属探测。惯例是允许进行现场试验的人员保留他们所试验的单元，包括必要时由工厂支付费用对该单元进行所有的更新，以使其符合全面的产品发布规范。市场营销部门可能会做出涉及其他形式补偿的约定。

在产品引入期间或引入之后的产品评价主要是出于发布“场地试验”的目的，如在杂志上发布。这需要有足够知识的人进行适合该产品的评价，在文字或视频媒体艺术领域很熟练，并有必要的关系网能把工作发布出来。

这种试验通常是由公司的营销部门安排的。摘自美国能源部的报告 INL/EXT 06-01，262[32]中的一个例子陈述道：“自 2002 年 5 月以来，共有 4 辆本田思域混合动力汽车（Hybrid Eleetric Vehicle，HEV）被分为两组在亚利桑那州进行了车队和加速可靠性试验。其中两辆车各自行驶了 2.5 万英里（车队试验），另外两辆车各自行驶了约 16 万英里（加速可靠性试验）。一辆 HEV 在

2005 年 2 月达到了 16.1 万英里，另一辆在 2005 年 4 月达到了 16.4 万英里。这两辆车的燃油效率将在测功机上再次进行试验（包括开启空调和不开启空调），对电池也将进行容量试验。这些车辆的情况说明书和维修日志给出了详细的信息，如行驶里程、燃油经济性、运行和维修要求、运营成本、生命周期费用和任何特有的驾驶问题……”[32]。

另一个例子是上面提到的最终报告中所写的：

“……该工作项目的现场试验任务之一就是商业上可用的电动汽车的加速可靠性试验。这些车辆是以在 1 年内驾驶每辆试验车辆行驶 2.5 万英里为目标运行的。由于普通车队的车辆每年行驶大约 6000 英里，加速可靠性试验则可以对车辆进行加速的生命周期分析。驾驶是在公共道路上以随机的方式进行的，以模拟正常运行。”

参考文献［33］中的报告总结了场地运行工作项目及其试验合作伙伴南加州爱迪生公司（Southern California Edisom Company，SCE）对三辆配备镍氢电池（NiMH）的丰田 RAV4 电动汽车所进行的加速可靠性试验。该三辆车被指派到位于加利福尼亚州波莫纳的 SDE 电动汽车技术中心。该报告补充道：“为了在进行试验的 1 年内积累 2.5 万英里，SCE 把车辆分配给住在车辆的最大行驶路程范围之内的长时间通勤的员工。有时，一般的司机因为休假或出差而不用他们的车。”在这种情况下，SCE 试图寻找其他人员来继续试验。

虽然这是许多加速试验领域里的一个实用例子，但实践表明，这种类型的现场试验不能用于准确的可靠性、耐久性和维修性预计。这有几个原因，包括：

（1）上述报告中的术语“加速可靠性试验”不与术语[30]的准确定义相对应。

为了获取准确地预计在给定的时期内的质量、可靠性和维修性所需的准确初始信息，需要对多个样品进行多年的现场试验。

（2）可以在参考文献［30］中找到能达成这个目的并更快、更低成本的方法和设备。

（3）公司通常每隔几年更换一次设计和制造，而且并不总是定期的。在这种情况下，先前模型的试验结果只有相对的实用性，不一定直接地适用。

正如本书后面所述，现场试验只能为认定在使用寿命期或保修期内与质量、可靠性和维修性的综合系统相关的问题提供部分初始信息。经验表明，即使在阐述了现场试验并对后续车型进行了试验之后，丰田在可靠性和安全性方面仍然存在很多问题。这些问题最终会导致比预计得更快的产品退化、产品失效、投诉和召回。

另外一个例子也取自丰田的实践。在题为“本田 Insight 的混合动力汽车寿命终止（末期）试验”的报告[33]中写道：“两辆 2004 款年丰田普锐斯混合动力汽车（HEV）于 2003 年 11 月在亚利桑那州的一个车队中进行了加速可靠性试验。每辆车将行驶 16 万英里。在每辆普锐斯混合动力汽车行驶了 16 万英里后，将在测功机上对其燃油效率进行再次试验（开启空调和不开启空调），并对电池进行容量试验。这两辆车的每张表格和维修日志都给出了诸如行驶里程、燃油经济性、运营和维修要求、运营成本、生命周期费用以及任何独特的驾驶问题。”

事实上，这种加速现场试验是由专业驾驶员在短时期内进行的（最长为 2~3 年）。但是，由于没有考虑在车辆的使用寿命期内所经历的以下交互作用，因此这个试验不能提供准确预计实际使用寿命期内的可靠性、生命周期费用和维修所必需的信息：

（1）腐蚀过程和其他输出参数，以及在使用寿命期内起作用的输入影响因素。

（2）客户的可靠性对汽车可靠性的影响，因为在上述试验中是由专业驾驶员操作的。

（3）许多其他现实情况产生的影响。

梅赛德斯-奔驰将类似的试验称为“耐久性试验”。例如，在参考文献[35]中，新的奔驰 C 级车的试验工作项目中写道：

“实际寿命试验工作涉及 280 辆汽车，跨越了各种气候和地形条件。在芬兰、德国、迪拜和纳米比亚进行了特别重要的试验。该工作项目包括对新研发汽车进行严格的‘Heide’耐久力试验，相当于普通奔驰客户每天行驶 30 万千米（18.6 万英里）。奔驰表示，在这次耐久试验的每千米大约是正常在路面驾驶强度的 150 倍。收集的数据用于控制进行底盘耐久性试验的试验台……”

当然，同样，这种试验被不恰当地称为“耐久性试验”，与上面丰田所称的“加速可靠性试验”的原因相同。

还有其他此类现场试验的例子。类似的情况也存在于福特 Otosan 的 2007 年耐久性试验中[36]。在所发表的一篇关于 2007 年 LMS 支持的福特 Otosan 研发加速耐久性试验的文章中写道：“福特 Otosan 和 LMS 的工程师为福特 Otosan 的新货运卡车的福特耐久性试验周期开发了一个压缩了的耐久性试验周期。LMS 的工程师进行了专门的数据收集，应用了大量的载荷数据处理技术，并拟定了 6~8 周的试验车道序列和 4 周的加速台架试验情景，该情景匹配了 120 万 km 道路行驶所产生的疲劳损伤。[36]”

在有关的加速飞行试验中也可以看到类似的情况。考虑涉及单独零部件的试验，即空乘人员控制面板（Flight Attendant Panel，FAP）的试验。FAP 已经从一种空乘人员与飞行员和乘客沟通的简单通信设备发展成为一种复杂的交互式控制设备，它能提供报告和控制飞机上的许多乘客舒适与便利系统。因此，参考文献［37］中写道，FAP 的设计验证需要跨学科的方法。进行试验的 TestPlant 和 Vector 两家公司结合了他们的专业工具，以便对整个系统进行高效的试验。自从空客 A320 系列首次引入精密复杂的 FAP 以来，检查和监控以及控制的功能数量一直在定期增加。这还结合了持续地使人机界面更加高效和方便的经改进了的触摸屏技术。在现代飞机中，机组人员使用 FAP 来控制和监控机舱的许多功能，其中包括照明通知、舱门状态指示、烟雾探测和温度。该单元还用于与维修相关的各功能领域，如向用于记录故障的数字式客舱日志添加条目。此外，FAB 还显示安全性信息，如烟雾探测或紧急信号。容易通过图形用户界面的 FAP 便捷、高效与可靠地运行该单元在航空公司的满意度方面起着重要的作用。

在参考文献［37］中也提到，质量保证措施必须适应基于软件的用户界面不断增长的性能。复杂逻辑必定得到应用，特别是嵌入式系统的运行给开发过程带来了新的挑战。诸如通过添加新的软件组分扩展功能，或通过适应用户界面增加灵活性都可以进一步增加这种复杂性。因此，在试验阶段必须接受这些类型的用户界面的进化方面日益增长的重要性。

为了正确地应对这种日益增长的重要性，有必要在开发的早期阶段确认各项功能。在必须启动试验时，目标硬件经常是不可用的或不完整的。通常，该确认必须在一个纯虚拟化的环境中执行，或者利用保持不变的总线模拟在被隔离的子系统上执行。

理想的用户界面是由那些以一种清晰和易于理解的方式图像化了的各项潜在的机舱应用场合（不顾它们的复杂性），以及通过提供易懂与简便的操作（适用性）予以表征的。其中的挑战在于将 FAP 系统设计得像智能手机那样。这导致 FAP 的各项设计是便于使用者的，并且对资讯娱乐使用者是触摸响应迅捷的。

飞行试验方法也可在以下文件中找到：

（1）FAA AC 23-8C（Flight Test Guide for Certification of Part 23 Airplanes FAA AC 23-8C，第 23 部飞机认证的飞行试验指南）。

（2）FAA AC 23-15A（Small Airplane Certification Compliance Program FAA AC 23-15A，小型飞机认证符合性工作项目）。

（3）FAA AC 90-89A（Amateur-built Aircraft And Ultralight Flight Testing

Handbook FAA AC 90-89A，业余建造的飞机和超轻型飞机飞行试验手册)。

(4) C. Edward Lan and Jan Roskam (Airplane Aerodynamics and Performance, Roskam Aviation Co. C. Edward Lan 和 Jan Roskam，飞机空气动力学和性能，Roskam 航空公司)。

(5) Russel M. Herrington et al. (Flight Test Engineering Handbook, Air Force Technical Report no. 6273, NTIS No. AD 636. 392 National Technical Information Service, Springfield, VA. Russel M. Herrington 等，飞行试验工程手册，空军技术报告 6273 号，NTIS 号 AD 636. 392，国家技术信息服务，弗吉尼亚州斯普林菲尔德)。

(6) National Advisory Committee for Aeronautics (Technical Note 2098) (The Effects of Stability of Spin - recovery Tail Parachutes on the Behavior of Airplanes in Gliding Flight and In Spins. By Stanley H. Scher and John W. Draper, Langley Aeronautical Laboratory, Langley Air Force Base, Va. 国家航空咨询委员会技术说明 2098，尾旋恢复尾伞稳定性对飞机滑翔和尾旋状态的影响，Stanley H. Scher 和 John W. Draper，兰利航空实验室，弗吉尼亚州兰利空军基地)。

(7) NASA Technical Memorandum 80237 (A Spin - Recovery Parachute System for Light General-Aviation Airplanes by Charles F. Bradshaw, Langley Research Center, Hampton, Virginia. NASA 技术备忘录 80237，一种用于轻型通用航空飞机的尾旋恢复降落伞系统，Charles F. Bradshaw，兰利研究中心，弗吉尼亚州汉普顿)。

(8) CS-23 Book 2 (Flight Test Guide，飞行试验指南)。

(9) USNTPS-FTM-No. 103 U. S. NAVAL TEST PILOT SCHOOL-FLIGHT TEST MANUAL-FIXED WING STABILITY AND CONTROL (Theory and Flight Test Techniques. Naval Air Warfare Center Aircraft Division, Patuxent River, MD January 1997，飞行试验手册——固定翼稳定性和控制，理论和飞行试验技术。海军空战中心飞机师，马里兰州，帕塔森特河，1997 年 1 月)。

另一个例子来自空中客车的飞行试验，可以在参考文献 [39] 中读到：

飞行和综合试验高级副总裁费尔南多·阿隆索说："空客 A 350 飞机是制造方对渐进式研发项目的首次试验，渐进式研发可以使经改进的飞机更快地投入服务。"经历了不断加长的认证期后，空客决定引入加速试验工作程序，通过交付更成熟的产品，从一开始就旨在提高客户的满意度。

据阿隆索说，在 20 世纪 80 年代，飞行试验工作项目的时间就已经增加得更长了，从 1 年增加到 14~16 个月，再增加到 20 个月。在规章变得更加复杂和更加技术性的同时，也没有新进展可作为改变认证程序或速度的催化剂。

“我们有理由去做出改变，那就是引入飞行试验，参与上游（阶段）以便更早地开展相关工作”。A 350 在 8 月中旬完成了认证飞行，其研发中的一个目标就是试图在提高安全性的同时缩短交货时间。因此，随着大型 A 380 双层四轮喷气式飞机于 2007 年投入服务，该公司建立了一个新的飞行和综合试验中心（Flight and Integration Tests Center，F&ITC），飞行员也参与了系统试验。

为了“在试验中出类拔萃，在试验中精益求精”，阿隆索要求飞行员尽可能早地在上游参与进来，以寻求飞机研发的整体性。这种理念已成为“就像第一位客户而不是设计师那样来审视飞机。记住，它是要由人驾驶来运载人的。”空中客车公司的官员说。

通过提前开始试验，将扭转认证期延长的趋势，A 350 的试验活动约为 15 个月，而 4 发的 A 380 的试验活动为 20 个月（表 2.1）。A 350 认证计划完成的速度相对较快，有可能非常快地认证未来的新飞机。

表 2.1　不同机型的认证时间

机　　型	认 证 时 间
A 300	1974 年：17 个月
A 330	1998 年：12 个月（1200 飞行小时）
A 340	1992 年：14 个月（2000 飞行小时）
A 330	1993 年：12 个月（1800 飞行小时）
A 380	2007 年：20 个月（2500 飞行小时）
A 350	2014 年：15 个月（2500 飞行小时）

在 2002 年之前，当时空客已经大量投入 A 380 的研发中，继长期的项目研究之后，提前两年推出了 A 380，该制造方将飞行和地面试验部门与绘图室分开了，包括系统的设计和试验。到 2007 年，当 A 380 投入服务时，试验机构涉及两个不同的部门：一个照管系统和客舱试验，另一个负责监管新飞机的研发和生产试验。

空中客车公司的飞行和综合试验管理层决定，为了缩短认证周期，必须更早在地面上[39]启动试验。但是，虽然有足够的投资和更具代表性的设备，可以用试验台做很多工作，但也可看到有很多东西仍然悬而未决。

试验和测量空气动力学的技术不断演进的一个例子是称为“变化的机翼”的项目。在以往，机翼表面带有无数个静压试验点，通过管束连接到吹风系统、多个传感器、风洞稳定段、金属“手套”和泄漏检测器；而在新的 A 350 上，许多多重压力传感器用胶带固定在机翼表面，并由单一的缆线连接。

航空航天业一直是数字技术的领先应用者，在过去的1/4个世纪里，在“大数据项目”下，可以捕捉到供分析用的试验信息量呈指数式增长。自1987年A 320单通道双引擎飞机首次飞行以来，记录的参数数量增加了50倍，从而有机会通过分析收集的数据来提高成熟度（表2.2）。

表2.2　空中客车大数据项目

型　号	首飞时间/年份	监控参数数量	保存数据量/TB
A 320	1987	12000	8.5
A 340	1991	14000	12.8
A 380	2005	320000	57.0
A 350	2013	670000	53.0

在首飞之前，虚拟试验使空中客车公司能够获取到该飞机令人满意的知识并优化飞行试验。在A 350上，飞行试验人员首次致力于各系统的综合试验，涉及许多模拟器和试验台，以努力核验“尽可能的多、尽可能的快，以及将飞行试验时间减少到最低限度”。

综合运行的一个明显好处是，所有各方都可以立即分享知识。按以前的做法，曾有过这样的情况，即在空中发现的问题已经是以前被地面试验工程师发现过的，而飞行试验人员没有得到相应的信息。

总的来说，这激发了通过各试验专业之间更好的沟通来改善工作程序和结果的动机。

2.2.2　第二个大方向（基于计算机/软件仿真的加速试验）

这个方向是虚拟试验，基于计算机（软件）仿真或分析/统计方法。计算机仿真是一种计算机程序，它试图模拟一个特定系统的抽象模型。

计算机仿真已经成为工程中许多系统数学建模的一个有用部分，并能洞察这些系统的运行。

1. 计算机仿真与统计分析

例如，DRI公司[41]使用多种计算机仿真和统计分析方法为其客户执行研发项目。计算机仿真方法包括多体和有限元方法求解坠毁、车辆动力学及其他课题。可将统计分析方法应用到仿真结果以及它们的州、国家和国际事故数据库。

1）计算机仿真软件

计算机仿真软件包括：

(1) LS-DYNA。

(2) MADYMO。

(3) ATB。

(4) Nastran。

(5) CarSim、TruckSim、BikeSim。

2) 统计分析软件

统计分析软件包括：

(1) SPSS。

(2) R。

(3) Matlab。

3) 常用的数据库

常用的数据库包括：

(1) FARS。

(2) Hurt。

(3) CPSC。

(4) NASS/CDS。

(5) NASS/GES。

(6) NASS/PCDS (Pedestrian Crash Data System)。

(7) MCCS (US Motorcycle Crash Causation Study，美国摩托车事故原因研究)。

2. 基于计算机的仿真

1) 车辆和驾驶员-车辆软件仿真

另一个例子是总部位于加利福尼亚州的 Dynamic Research 公司 (DRI)[41]，该公司代表其客户开发并应用了一系列汽车动力学和控制分析的计算机仿真工具。

有各种版本可为多种运载工具所用，包括：

(1) 汽车。

(2) 卡车和多用途车。

(3) 铰接式车辆。

(4) 摩托车。

(5) 全地形车辆。

(6) 公交车。

(7) 飞机。

2）人类的响应、控制建模和仿真应用（场合）

DRI 的人类响应和控制模型与仿真也适用于一系列不同的领域：

（1）驾驶员（飞行员、车手等）主动控制运载工具运动。例如，在各种道路和越野行驶、机动和控制时掌控方向盘、油门、刹车，用于驾驶员行为和操纵稳定性的预计建模。

（2）与运载工具控制相关的人体主动和被动响应（如人体肢体阻抗、小型车辆的人体主动控制等）。

（3）人体对冲击和大振幅运动的生物力学响应，用于运载工具碰撞和滚翻模拟。

（4）基于测量的生物力学力和运动，并以标准化的损伤成本术语表述的损伤电位模型、概率模型，在损伤的风险-收益分析中是有用的。

（5）人类舒适度评级模型，是统计推导的人类主体的损伤经验模型，用于在运载工具驾驶、处理噪声和振动等领域由于各可测量的物理变量引起的舒适度预计量化。

参考文献［42］写道："在不断地要缩短研发周期和降低成本的压力下，汽车制造商越来越多地探索使用分析工具的各种方法，以便在有实物（物理）原型样机可用之前的早期进行汽车设计的有意义的虚拟评价。以这种方式获得准确预计的或计算的负载的能力，提高了部件物理试验的有效性，使之能够及早地认定和消除设计缺陷，减少了对原型样机的返工和依赖的需求，并合理化了设计确认。"

虚拟试验场的方法涉及在数字化道路上"驾驶"车辆的模型。但是，该公司进一步表示，虽然这种方法具有完全依赖虚拟模型的优点，但产生的不准确负载难以通过物理试验确认。另外，半解析方法使用取自现有车辆的转轴负载来激发车辆模型。这提供了比虚拟试验场更好的结果，但建立边界条件并不完全适合于该车辆模型，因此计算的载荷仍然缺乏准确性并且难以确认。第三种方法是虚拟试验，通过将实际物理试验系统的模型集成到仿真中来激发车辆模型克服了这些问题。

虚拟试验是对物理试验的模拟，使用有限元分析工具、多体动态分析工具和 RPC 迭代技术，在研发过程的早期获得车辆系统的准确负载、运动和损坏信息。MTS 公司已经书面发表并称这种方法有若干优点[42]。

首先，由于建立物理试验系统的约束条件模型比试验场地面或轮胎更容易，虚拟试验建立了远比其他方法更有效的边界条件。其次，该公司表示，虚拟试验撬动了大量经过验证的、得到确认的物理试验工具和技术，这些工具和技术已在分析领域证明了实用性。最后，模型化的物理试验系统的建立，极大地合理化了通过后续物理试验对结果的确认，并提供了改进物理试验设置和夹具设计的机会。通过贯穿分析和物理试验专业，虚拟试验需要 CAE 工具和物理试验的先进知识、连接 RPC Pro 软件和分析模型的过程进展，以及最好是一定程度的对虚拟试验的了解和经验。

多年来，MTS 系统公司一直专注于改进虚拟试验方法，与现代汽车公司（Hyundai Motor Company，HMC）和 Thermo King 等客户进行各种演示验证项目，以评估各种方法。这些项目包括对整个车辆和子系统的虚拟试验，所有这些试验都给出了测量的道路负荷数据（Road Load Date，RLD）或与实际物理试验相关。从这些经验中收集的基本方法包括以下步骤：

（1）将试验台模型与样品模型关联起来。

（2）将模型与 RPC Pro 结合起来。

（3）在虚拟试验台上再现道路负荷数据。

（4）提取计算的荷载。

（5）建立物理组件/子系统试验。

上海汽车有限公司最近的一个演示验证项目提供了该方法的实践例子：

（1）将试验台模型与样品模型关联起来：在项目开始时，MTS 以 ADAMS、Simulink 和 ADAMS-Simulink 联合仿真格式建立了一系列试验台模型。被建模的 MTS 试验台包括各种 329 型主轴耦合道路模拟器、353.20 型多轴模拟台（Multiaxial Simulation Table，MAST）系统以及 TestLine 部件试验系统。还对一些试验台组件进行了建模，包括 FlexTest 数字控制器、MTS 作动器和伺服阀，以及将作动器位移、加速度和力转换为 DOF 位移、加速度和力的转换。

由于项目的时间限制和较复杂的联合仿真模型的仿真速度相对较慢，所以将该 ADAMS/Car 329 模型与 SAIC 全车、前悬架和后悬架等模型相结合，并最终用于大部分的虚拟试验[42]。

（2）将这些模型与 RPC Pro[42] 相结合：开发了一个虚拟试验服务器来连接 RPCPro 软件和 ADAMS/Car 329 模型。在试验期间，RPC Pro 使用此虚拟服务器将驱动文件发送到 ADAMS 模型，启动 ADAMS 仿真，并将响应文件从 ADAMS 文件夹复制到 RPC Pro 工作目录。此外，RPC Pro 中已经存在的 Matlab 接口工具用于将 RPC Pro 与联合仿真模型相结合。

（3）在虚拟试验台上重现道路载荷数据：然后使用 RPC 迭代技术重现从试验场收集的道路载荷（主轴力）数据，用于各种选择事件和机动动作。有趣的是，虚拟 329 台架上的初始 RPC 迭代没有收敛，这表明 SAIC 汽车模型存在缺陷。随后对该模型的分析确实揭露了缺陷，这些缺陷在短期内得到了纠正。随着模型的改进，RPC 迭代最终收敛，显示了跨所有全面的和部分的车辆虚拟仿真的期望和达到信号与 RMS 误差之间的相关性。

(4) 提取计算的载荷：在 RPC 迭代收敛后，可以很容易地从车辆模型中获得作为时间函数的任何机械部件或子系统的计算载荷。

MTS 对虚拟试验的不断探索表明，它是一种在研发物理部件或原型样机之前评估部件载荷的手段。一旦获得这些计算出的载荷，用于获得这些载荷的相同的 RPC Pro 工具和技术就可以用来创建和进行实体试验。有效的虚拟试验对车辆研发过程的潜在影响是相当大的。正如 MTS 所写的："实体试验的作用要演进：虽然试验对于实现车辆设计的最终确认继续是必要的，但它将越来越多地被剪裁以用于确认车型。"

3) 丰富的航空航天应用经验

依赖 40 多年来与世界领先的航空航天制造商密切合作的经验，MTS 是提供技术并快捷地适应新的试验要求以提高整体试验生产率的一种资源。

上述各过程旨在满足航空航天范围的试验要求，从结构和子组件评价到材料特性表征。无论主要焦点是新机体设计的认证试验、完成逐次飞行频谱或仔细评价各个部件的强度，MTS 的方法都可提供帮助。

如果需要的是无线领域的试验产品，Interlab 就是快速和可靠试验工作程序的来源[43]。

无线通信产品的研发和上市准入过程需要伴随强时效性和可靠的试验工作程序。

一家名为 7 layers 的公司[43]对 Interlab Test Solutions 的开发工作做出了回应，它是基于符合性和互用性试验工作程序的。

Interlab Test Solutions 特别适用于要求不同试验设备同步的试验工作程序。它们可用于产品开发目的，也可用于符合性试验工作程序，这取决于所涉及的汽车和航空航天工程的试验设备与试验案例的状况。

无线试验实验室的试验解决方案的选项有：

(1) Interlab Test Solutions 蓝牙 RF。

(2) Interlab Test Solutions DEVICE/UICC。

(3) Interlab Test Solutions TTY。

(4) 气象舱控制。

(5) Interlab 试验引擎。

(6) Interlab 功能浏览器。

Interlab 试验解决方案的主要特点有：

（1）一个图形用户界面意味着降低了试验工作程序的复杂性，而不考虑所涉及的不同试验设备。

（2）快速、直接地配置试验装置，包括试验设备配置和 OUT 描述。

（3）直接访问所有的试验，结合密集的过滤、分类、排序和复制功能。

（4）通过组合所有涉及的试验设备的判断，自动获得最终结果。

（5）可选择使用远程控制 OUT 接口进行全自动测试程序。

（6）适用于研发和符合性目的，具体取决于其验证状态。

该试验解决方案可根据需要提供进一步服务，包括设置服务、支持和维修、现场服务等。

虚拟试验的用户需要了解，虽然这在初步设计工作程序中效果良好，但这种试验不是当前可立即用于设计试验的，特别是制造试验，因为它不能准确地模拟真实世界的条件，也不能模拟所有产品的各部件的相互作用。

2.2.3　第三个大方向（利用现场条件的物理模拟的实验室和试验场试验）

这个方向是加速试验中最古老的。但在用专用设备（振动试验设备、试验舱、试车场等）以现场/飞行输入各影响因素的模拟研究或实验室及车辆时，通常情况下，产品的负载水平要高于正常使用中遇到的情况。但是，这一试验方向确实提供了对实际试验对象的现场输入影响因素的物理模拟，以及安全性问题和人为因素的一些组成部分。

遗憾的是，这种试验往往错误地分别模拟了现场输入的影响因素，如温度、湿度、辐射、污染等，或者只模拟了众多现场输入影响因素中的几个。在这种情况下，这种类型的试验不能为提供成功的预计来提供准确的初始信息，因此，质量、可靠性、耐久性或其他性能组分的加速推进可能比预计的要少。

例如，当利用这种类型的试验时，在关键的振动试验中，以具有先进的安全性特征的方式准确、可靠的控制来保护有价值的飞行硬件是至关重要的，如参考文献［44］所述。

在发射前，航天器和卫星需要进行安全性控制的振动试验。这种试验旨在使结构在发射过程中经受各种静态和动态载荷。先进的安全性特征已经被拟定和证明可以减少或消除试验中的异常情况，甚至可以保护试验件免受异常外部事件的影响，如停电。

这些面向航空航天的加速试验方法的一些分类已在参考文献［44］中介绍。下面将对其进行简要的回顾。

有多种试验方法可用于模拟在航空航天应用中遇到的各种负载源。

随机振动试验用于通过引入经由机械界面的随机振动来验证强度和结构寿命。随机试验通常在20~2000Hz的频率范围内进行。

正弦振动试验包括以低水平的试验验证自然低频，以更高频率水平的试验验证结构的强度。对响应进行监测，必要时减少或限制输入力，以确保不超过目标响应或构件载荷。这种试验以及下面详述的其他试验，都不是基于对现场条件准确模拟的，这些条件具有更复杂的随机性。

爆破冲击试验是用来验证抗级间分离引起的高频冲击波的能力。这可包括引入频率高达10kHz的高能振动。

正弦爆裂试验涉及短时恒定振幅的正弦激励。这是一种确认飞行强度设计的准静态载荷，可以作为静态载荷或离心机试验的替代。

迪飞公司的Vector单振动台控制器和Matrix多振动台控制器提供的特征集可以应对航天器和卫星试验的所有具体要求。

正弦扫频试验属于航天器和卫星合格鉴定所需的更困难试验。对航天器和卫星进行正弦扫频试验的主要目的是验证主要和次要结构的强度。合格鉴定试验包括通过所需频率5~100Hz的单次扫频，尽管有些试验要求达到150Hz。这个扫频是在三个正交轴上进行的。扫频的振幅是由运载火箭的特性决定的。

正弦扫频试验控制需要跟踪滤波器来准确地测量正弦信号的振幅和相位。跟踪滤波器的类型（固定或比例带宽）和带宽是用户可选择的，以优化频率范围和扫频参数的跟踪滤波器。航天器和卫星的正弦扫频试验通常以高扫描频率进行，每分钟可达4个八度音阶，以尽量减少共振频率处的周期数。快速扫频和低频、高阻尼共振的结合对振动控制系统来说，尤其具有挑战性。

减少特定频率范围内的振动振幅经常用于防止航天器或卫星结构的过度加载。该水平通常是通过使用运载火箭和航天器的数学模型进行耦合载荷分析来确定的。

保护有价值的航天器和卫星是最重要的。为了提供更有用的振动合格鉴定，在Data Physics公司的正弦振动控制器中加入了几个新的安全性特征，该控制器用于在NASA戈达德空间飞行中心的大型振动试验设施（Large Vibration Test Facility，LVTF）试验詹姆斯-韦伯太空望远镜。

参考文献［45］中描述了一个考虑经济方法的加速试验计划。它作为一个通用的框架被引入具有特定目标的加速试验的推进计划，如控制试验费用。该试验计划是通过考虑可靠性的先验知识制订的，包括可靠性函数及其尺度参数和形状参数，以及适当的模型来表征加速寿命。这些信息用于贝叶斯推理中以优化试验计划。在这个分析中，先验知识用来减少新产品可靠性的不确定性。建议的方法包括定义加速试验计划，同时考虑基于经济价值的目标函数，使用贝叶斯干扰来优化试验计划，并使用参数的不确定性来获得一个稳健的试验计划。

在考虑上述方法以及其他关于地面试验的信息时，应该记住，虽然可以将这些方法用于疲劳试验，但它们不适合作为可靠性试验的预计工具，因为可靠性试验是一个比疲劳分析复杂得多的过程。

上述分析也集中在两个因素上：与试验活动相关的费用和与产品的运行相关的费用。

参考文献［45］的作者试图通过扩展他们的方法来增进其试验计划，即将关于参数的各种自由度的理论表达式包括进来。为了完成这一增进，作者改进了优化的算法。所提出的方法通过一个基于样本问题的数值例子举例做了说明。

最后，作者引入了一个通用框架，以提供一个包含费用目标的加速试验计划。该费用目标函数是用试验计划的参数以理论表达式提出的。然后，将这个框架与遗传算法的结果进行了比较。

经常地，遗传算法是一个离散的随机过程，可以认为是一个马尔可夫过程。从这个过程中可以得出一些结果，从而能便捷地验证优化的效率。

作为进一步的例子，在参考文献［46］中，作者写了一份报告，包含有对现有各种预计和加速试验方法的述评，下面将对其中的一些部分进行评价。

该论文讨论了建造寿命更长的无人卫星和空间探测器的目标，这就产生了对有意义的加速试验方法的需求，以模拟在空间的长期服务。这对于与摩擦学有关的部件尤其必要，如轴承和齿轮的润滑。对能够在高度真空环境中高效地运行的重量轻、低扭矩、耐久的机械装置有着至关重要的需求。

为了真实，地面试验不仅必须反映物理条件，如负载、速度或温度，还必须模拟多种环境因素，特别是将在太空中遇到的高度真空条件。

最终的目标是将传感器纳入地面试验设备，然后再纳入卫星，以便在空间可以继续监测实际性能。

1. 加速试验方法的历史经验

在这个领域有一些以前的工作文字记载。在 20 世纪 60 年代初，许多研究机构对小型机械部件进行了大量的台架试验，如仪器尺寸的球轴承、滑环和齿轮在真空环境下的试验。

在这种试验中，温度是用于加速失效的许多因素之一。提高温度的一个明显效果是增加了真空室（箱）的压力，特别是在使用液体润滑剂或试样放气的情况下，温度也可用来调节液体润滑剂的黏度，从而模拟轻质油的性能，但这需要非常精密的仪器来测量和控制温度。

在加速寿命试验中，铅润滑的轴承以100r/min的速度运行，定期减速到16r/min，以便测量扭矩谱。该试验运行了1×10^8转，在100r/min的情况下几乎运行了700天，没有出现过大的扭矩噪声。这相当于所需寿命的6倍多。

2. 制定加速试验技术路线图

在理论上，通过谨慎地增加试验条件的严酷度，应该有可能加速早期失效而不改变实际的失效模式。这种加速试验的概念预先假定了对失效模式有合理的了解，并且这些试验中使用的运行条件满足以下两个要求[46]。

（1）试验条件的严酷度可以调节，以放大失效模式。

（2）新的试验条件不会严酷到导致部件要经历不同的模式直至失效，即从轻度磨损过渡到咬合和卡死。

对于DMA轴承的研究，使用了各种加速试验技术，包括速度、载荷、温度、表面粗糙度、润滑剂不足等。还研究了润滑剂类型和挡圈材料的影响。尽管在这些项目中投入了很多时间和工作量，但结果并没有带来完全的解决方案。在这项分析中，没有可以使之有可能在失效发生之前预计即将发生的失效结果。

经常地，问题不在于加速试验的概念，而在于所使用仪器的有限能力。需要有非破坏性传感器技术，这种技术可以在不停止试验或经历灾难性失效的情况下指示即将发生的问题。

许多这样的技术已经可用了。监测电机电流、速度、温度、负载和扭矩的方法都已用于DMA研究。然而，正在使用的技术没有反映出传感器技术方面取得的进展。事实是，今天的汽车发动机中的复杂测量、监测和控制能力比价值数百万美元的卫星的机械组件中的要多。

如果加速试验要成为一个现实的评价工具，就必须强调这一点。虽然当前的目标是关系到地面试验的，但最终的目标是要能够以同样的投资在地面和轨道上监测性能，这需要将内置（传感器）作为机械组件的一个不可分割的部分。

概括针对一个问题的试验工作项目的第一步是决定要监测和测量什么。感兴趣的运行特性如表2.3所列。

表 2.3　典型传感器的工作特性

特　　性	所用的典型传感器
声音和振动	加速器和电容式探头
温度	热电偶和热敏电阻
速度	磁性或光学拾波器
扭矩	应变计或压电传感器
滑动或滚动	电接触或声音

Horiba 和 MIRA 介绍了其在 MIRA 广阔的试验场或公共道路上的车辆加速试验和推进经验的资源[29]，其涵盖了所有车辆类别。

他们所有的活动都经过了充分的风险评估。作为试验活动的一部分，定期进行车辆检查、定期进行车辆测量、完成每日检查清单、完成保养和更新、安装记录仪器和做记录，并完成车辆核查。所有这些都可以上传到一个有安全保证的网络门户站点，供客户即时访问。

当然，地面试验不能考虑在道路上遇到的每一种可能发生的情况。

1889 年，瑞典化学家 Svante Arrhenius 提出了一个关于温度对化学反应影响的数学模型。由于化学反应是导致某些失效的原因，因此采用阿伦尼乌斯方程来模拟试验的加速度。直到现在，许多专业人员都使用阿伦尼乌斯方程，并假设失效前时间分布为指数分布。甚至许多工程书籍也继续使用这种指数分布。但是现在 Lall 等声称[47]，在工程中使用这种分布，包括在一致同意的标准中，“已经被证明是不准确的、误导的，并对费用效益和可靠的设计、制造、试验和保障有损害”。

在第 4 章中，作者验证了这个数学模型是非常古老的，当用来模拟现实生活的条件时，该方程是不准确的。因此，它不应该用于可靠性试验，包括汽车和航空航天工程产品的加速试验。

我们也经常在文献中看到，专业人员正在使用 HALT 和 HAAS 进行加速可靠性试验（ART）或加速耐久性试验（ADT）。然而，这也是不合适的，因为正如 HALT 和 HASS 的作者与发明者 Gregg Hobbs 在他的书中所写的[48]。

“参与质量保证的设计工程师和可靠性工程的学生将受益于这一独特的资源，该资源详述了加速可靠性工程的技术前景。其特点包括：

（1）涵盖了失效的物理学和有用的试验设备，使那些进入该领域的新人能够掌握 HALT 和 HASS 背后的概念。

（2）HALT 技术的概述展示了如何在项目的设计阶段使用加速应力方法快速发现设计和过程缺陷。

(3) 检查用于检测在 HALT 中暴露的缺陷的检测筛选和调制激励（发）的考察。

(4) 关于如何设置 HASS 剖面，以及如何在保持效率的同时将费用降到最低的阐述。

(5) HALT 和 HASS 的应用场合以及对常见错误的分析，突出了在实施这些方法时应避免的陷阱。”

由此我们可以看出，格雷格·霍布斯并不认为他的方法是准确模拟 ART 或 ADT 所需的现实生活条件的一种手段。但是在他之后的许多人错误地将他的方法作为进行这些类型的试验方法。

2.2.4 第四个大方向（加速可靠性/耐久性试验）

加速可靠性试验（ART）和加速耐久性试验（ADT）[30] 的发展是汽车和航空航天工程中加速试验发展的最有用趋势。这个方向为提高技术进步和推动文明社会中的技术提供了最大的机会。

重要的是要记住，这个方向与加速寿命试验（Accelerated Lift Testing，ALT）无关，它基本上是传统的方法，不能成功地预计任何产品在其使用寿命期间的性能。

相反，作者提出了这个工程产品加速试验的新方向，他称之为“加速可靠性试验和加速耐久性试验（ART/ADT）技术”。这个方向与传统的加速寿命试验非常不同。与 ALT 相比，ART/ADT 具有比 ALT 所采用的试验要求稳健得多的试验要求。因此，使用 ART/ADT 提供了关于产品在任何给定时间的成功性能预计的准确初始信息，而 ALT 不能提供这种能力。正如在底特律举行的 SAE 2012-18 世界大会上发表的技术论文所展示的那样，这个方向对于成功的新产品预计特别有用。ART/ADT 技术的基础在参考文献［30］中以及其他出版物中均有详细阐述。

以下是这个新的加速试验方向的基本概念。

(1) 提供了现场条件的准确模拟（各影响因素的数量和质量、每个影响因素随时间变化的特征以及所有影响因素的变化动态），包括安全性，以及运用给定准则的人为因素。

(2) 每天 24h 进行模拟试验，但不包括空闲时间（休息或中断）或在最小负荷下运行的时间不会造成失效。

(3) 对同时组合的每组输入影响因素（多重环境、电气、电子、机械和其他）进行准确的模拟。例如，输入的多重环境组是污染、辐射、温度、湿度、空气波动、气压和其他环境因素的复杂同时组合。

（4）利用一个复杂的系统为每种相互影响类型的现场影响因素建模。例如，污染是一个复杂的系统，由化学空气污染+机械（灰尘）空气污染组成，这两种类型的污染必须同时地予以模拟。

（5）以各种现场影响因素的特性模拟每一类型影响因素的整体范围。例如，在模拟温度时，必须模拟从最低到最高的整个温度范围、温度的变化率、变化速度的特性，以及该温度的真实随机特性（如果它是随机变化的）。

（6）利用退化物理学过程对现场条件进行准确模拟。

（7）使用系统体系的方法将系统视为相互关联。

（8）考虑试验对象的组件在系统中如何相互作用。

（9）结合定期的现场试验进行实验室试验，以之作为 ART/ADT 的一个基本组成部分。

（10）在进行了给定时间的实验室试验后，以定期的时间间隔提供定期的现场试验。

（11）重现现场运行计划和维修或修理行动的全程。

（12）保持现场和实验室条件之间的正确平衡。

（13）在分析现场和 ART/ADT 期间的退化与失效后，对模拟系统进行修正。

ART/ADT 的基本方案如图 2.5 所示。

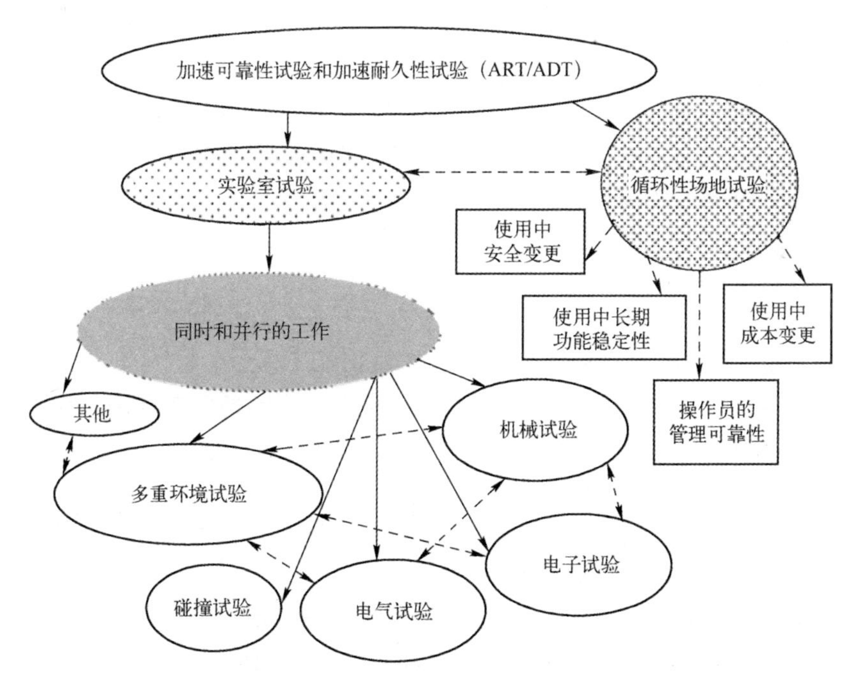

图 2.5　加速可靠性试验和加速耐久性试验（ART/ADT）的基本方案

那么，如何将真实世界的退化机制参数和加速可靠性试验和加速耐久性试验中遇到的参数进行实际比较呢？最好的做法是通过比较每个传感器的加载过程（输出变量）来实现。下面是作者的经验示例。

在这个例子中，一个共用驱动轴（传感器6）受到随机统计载荷特性（三个统计参数：数学期望值 X、标准偏差 σ^2 和相关时间 τ_k）的分析结果如表2.4所列。其结果是，ART/ADT期间的（变化）情况与现实世界的差异不超过10%。可以在图8.3~图8.5中看到这一点。

表2.4　汽车拖车零部件加载过程的统计特性

分析对象组件	参数名称	参数值		
		实际真实值	ART/ADT	
			情况编号	
			1	2
共用驱动轴	数学期望			
	$\overline{X}$ $(H \cdot M)\times10^{-1}$	20.3	19.3	21.2
	标准差 σ^2 $(H \cdot M)^2\times10^{-2}$	181.1	186.0	191.0
	相关时间 $T_k \cdot c$	0.09	0.10	0.08

对于成功的加速试验，需要提供一个对在真实世界条件下经历的其他相关因素的模拟。为了达到这个目的，需要复制影响试验对象在真实世界中暴露的情况各因素组合的复杂分析，并有效地做到这一点。

ART/ADT技术也是基于对整个车辆所有相互作用的部件（单元和细节）的准确模拟。图2.6直观地描述了这种交互作用。

因此，当ART/ADT被正确实施时，它考虑了不同部件在现场条件下的相互作用和准确模拟，包括整个车辆或其细节（取决于试验科目）。

对于有关这项技术的进一步信息感兴趣的人，他们可以在参考文献［7］中找到关于ART/ADT的细节，还可以在参考文献［27］中找到关于通过加速可靠性和耐久性试验的实施所获结果的信息。

图2.7描述了ART/ADT更高水平的加速试验，它基于对现场条件的准确模拟，成功预计了所有相关部件的产品性能（图2.8和参考文献［70］）。

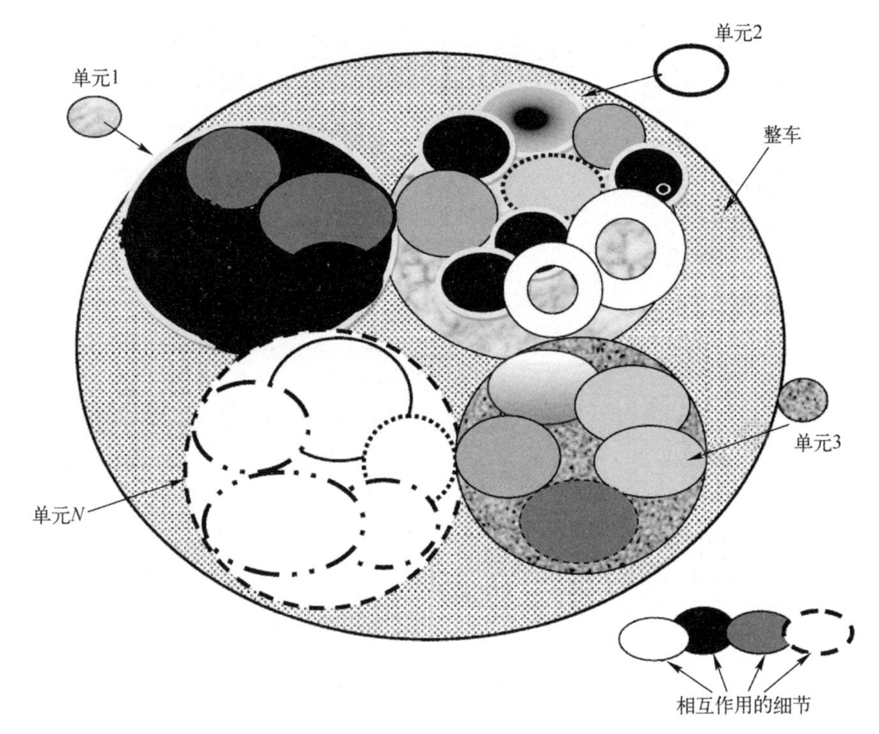

图 2.6　作为相互作用的单元和细节组合的车辆

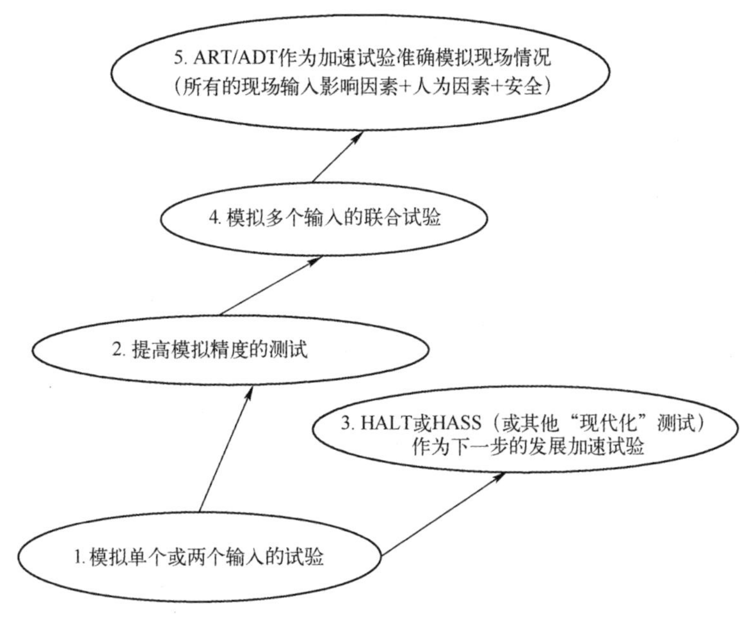

图 2.7　从分开模拟或几个输入影响因素的试验到 ART/ADT 的路径

图 2.8 Horiba 的汽车工业振动台。作者从 Horiba 仪器公司得到这张照片

2.3 加速试验的分类

在文献中看到的加速试验的分类有多种方法。让我们考虑一些普遍存在的方法。下面列出的是不同类型试验的分类方法的一个例子[49]。这些试验的每种类型都称为加速试验，每种试验都提供了关于产品和其失效机理的不同信息。

一般来说，在这个分类系统中，加速试验分为三种类型：

（1）定性试验。

（2）环境应力筛选（Environmental Stress Screening，ESS）和老炼（老化）。

（3）定量加速寿命试验。

2.3.1 定性试验

定性试验是只产生失效信息或失效模式的试验。定性试验有很多名称，包括

（1）大象试验。
（2）折磨试验。
（3）HALT（高度加速寿命试验）。
（4）摇晃和焙烧试验。

定性试验通常是在小规模样本上进行的，试样要承受单一的严酷程度的应力、或多种应力、或随时间变化的应力（即应力循环、从冷到热等）。

如果试样能够继续存在，则通过试验。如果产品失效，则将采取适当的试验措施来改进产品的设计，以消除失效的原因。定性试验主要用于揭示可能的失效模式。然而，如果这种试验设计不当，就可能导致产品由于在现实生活中永远不会遇到的失效模式而失效。通常，定性试验不是为了产生可用于后续分析或"加速寿命试验分析"的寿命数据而设计的。一般来说，定性试验并不能量化产品在正常使用条件下的寿命（或可靠性）特性。

这种类型试验的其他限制有以下两点：
（1）不能预计正常使用条件下的产品可靠性。
（2）很难确定出一个准确的加速系数。

2.3.2　ESS和老炼

环境应力筛选是涉及在加速的基础上对产品（通常是电子或机电产品）施加环境激励的过程。ESS试验中的激励包括热循环、随机振动、电应力等。ESS的目标是暴露、认定和消除潜在的缺陷，这些缺陷无法通过目视检查或电器检测发现，但它会在现场造成失效。一般来说，ESS是对整个群体进行的，不涉及抽样。

老炼是一个筛选过程，是产品承受被提高了的应力，通常该应力是在规定时期内的温度。

优点：提供了一种加速导致早期失效的缺陷手段，这对新产品特别有利。

它可以减少后续系统运行中的失效率，特别是与没有进行老炼试验时相比。

尽管如此，Bellcore最近对一种天然产品运用了三种类型的老炼和不老炼进行的研究表明，老炼与不老炼的失效率没有明显区别。由于在早期失效期的设备失效率通常比稳态期要高得多，设备制造商可以使用老炼筛选工具来认定制造过程中的缺陷，否则就会在现场发生失效。这意味着对老炼试验舱的资本投资，以及后续老炼试验的费用。一些行业研究正在进行中，以评估老炼的净经济价值。

老炼可以看作ESS的一个特例。根据军用标准，老炼是为了筛选或排除边缘器件而进行的试验。边缘器件是指具有固有缺陷或因制造失常而产生缺陷的器件，它们将导致与时间和应力有关的失效。在这些情况下，要对整个群体进行老炼。

2.3.3 定量加速寿命试验

定量加速寿命试验不像其他的定性试验方法，它由设计成要量化产品在正常使用条件下的寿命特性的定量试验构成，从而试图提供可靠性信息。可靠性信息可以包括产品在使用条件下的故障概率的确定、使用条件下的平均寿命，以及预测结果和保修费用。它还可以用来协助进行风险评估、设计比较等。

加速寿命试验可以采取“利用率加速”或“过应力加速”的形式[49]。

对于全寿命试验，需要产品的一些失效前时间的信息，因为产品的失效是人们想要了解的事件。

参考文献［49］中展示了“利用率加速”和“过应力加速”两种加速方法。这两种方法都是为了加速获得失效前时间数据而设计的。对于那些不连续运行的产品，可以通过连续试验这些产品来加速诱发失效所用的时间。有些人把这称为“利用率加速”[49]。对于“利用率加速”不切实际的产品，可以施加超过产品在正常使用条件下经历的应力水平的应力，并使用以这种方式获得的失效前时间数据来推断实际使用条件下的寿命数据。这称为“过应力加速”。

针对不同寿命分布通常用作应力函数的各参数[49]包括指数（失效率的平均值）、Weibull（尺度参数）和 Lognormal（ln 平均值或中位数）。

F. Schenkelberg 发表了其他可能的加速寿命试验（ALT）方法的分类[50]。作者考虑了 6 种方法，这些方法提供了广泛的方法以给出不同的好处和局限处。

1. 时间压缩方法

时间压缩方法仅仅比产品在正常使用过程中实际运行的时间更多地运行该产品。一个典型的例子是烤面包机。一个典型的家庭在准备早餐时，可能会以每天两次的程度使用面包机。这相当于每年使用 730 次（每年 365 天，每天两次）的使用循环数。时间压缩 ALT 只需要将烤面包机循环 730 次来复制每年的使用情况。如果每次循环周期是 20min，该试验只需要进行 10.2 天，假设试验每天连续 24h，并且不需要任何专用的试验舱或设备。在这种情况下，加速因子公式为

$$\mathrm{AF}=\frac{\text{使用时长}}{\text{试验时长}}=\frac{720}{20}=36 \tag{2.1}$$

在这种情况下，假设产品每天使用两个循环，每个年度的循环要平均运行 720min，实验室可以达到 36 的 AF。

这种方法只适用于没有使用到一定程度的产品，即没有什么时间可压缩，如参考文献［50］中所述的。例如，如果产品是一辆每天使用 18h 的出租车，那么它不会对试验有很大的好处，因为每天只运行剩余的 6h，可提供 1.33 的加速系数。虽然这确实提供了一些加速度，但仍然需要大约 274 天来复制 1 年的使用情况。

2. 建立一个应力与寿命关系的方法

第二种常见的 ALT 方法是对产品施加比预期更高的应力（如温度、电压等），从而加速失效机理的进程。以这种方法而言，困难在于正确地将使用因素和试验应力联系起来，使得来自更高的试验应力的结果提供出在实际使用条件下所要经历的有意义的预计。

如果没有现有的加速模型，ALT 设计应该首先产生数据来确定加速模型。例如，如果用温度作为加速进程的手段，并使用 Arrhenius 速率方程作为模型的形式（未知活化能），一种方法可以是使用三个更高的温度。相对于每个温度的失效前时间的图标可以提供温度和寿命之间的关系，这样就可以推断出正常使用温度下的预期寿命。这种方法的三个缺点是：

（1）必须选择适当的高应力，但应力不能过高到导致在实际使用中不存在的失效机理。

（2）较高的应力往往需要专门的设备和设置[50]。这种方法的一个主要假设是，所选择的较高应力实际上会导致失效机理加速，其方式与产品在实际使用条件下发生的情况相似。失效分析对于验证这一假设是至关重要的。

（3）通常需要在多个应力水平下的大量样本来形成这些寿命分布。

鉴于这三个缺点，这种方法可能会导致加速试验结果和现场结果之间的显著差异，从而导致在产品使用时间内对产品质量、可靠性、耐久性和维修性的不成功预计。

3. 给定加速模型法

给定加速模型法利用了许多以前建立的模型和方程式中的一个或多个，以节省提出试验模型的时间和费用，从而缩短从设计到上市的时间。Peck 关系、Norris-Landzberg 方程和 Booser 方程都是用于描述特定失效机理下应力对单元寿命影响的常用模型的例子[51]。使用这些方程中的一个，即已提出的许多其他方程中的一个，可以节省创建新模型或通过大量试验寻找各参数的时间。在某些情况下，以前的工作可能是可用的，并且以前的工作可能为特定的新产品提供模型和参数。

至少，这些模型可以提供一个规划 ALT 的框架和一个分析的结构。

虽然这种方法比以前的方法[50]使用更少的样本和资源，但它确实依赖于更多的假设，和以前的方法一样，它使用了更高的应力条件，与实际使用条件相比，这是不现实的，而且，一个关键的方面是它确实假设存在一个合适的模型。

作为这种方法的一个例子，假设失效机理是已知的，并由下式中的幂律模型正确描述：

$$f_{\text{mean life}} = kv^{-n}$$

式中：k 为常数；v 为电压；n 为幂律常数[52]。这个模型假设幂律常数是已知的，因此，它有可能使一个单一应力试验的设计得以满足持续时间和精度的要求，同时尽量减少样本量和费用考虑因素。

4. 步进应力法

可以使用步进应力 ALT 方法，但只有在导致失效的损伤与施加的应力成比例累积的情况下，即更高的应力导致更大的损伤的情况下可用。但是这种方法的结果往往不符合现实生活中的失效或退化。

步进应力法假定了马尔可夫特性，即剩余寿命分布只取决于当前的应力和失效的部分，而且损伤积累只由于应力水平的变化而发生。虽然基于这种方法描述失效机理与应力关系的模型确实有助于 ALT 的设计和分析，但这种方法主要具有理论意义，因为它与现实生活中的产品运行无关。

5. 冲击试验方法

冲击试验方法是由在研发过程中试验新产品的坚固性的需要发展而来的。最初的冲击脉冲是通过把产品扔到各种冲击介质（如沙子）上产生的，以再现冲击输入。这些早期的试验方法受到了可重复性和一致性差的问题的挑战，通常是一种通过/失败类型的试验。

后来，罗伯特·牛顿博士在 20 世纪 60 年代末提出了损伤边界理论，该理论正式确立了冲击试验方法，它目前是大多数冲击试验的框架。这个理论独立地认定了导致损害的临界加速度和临界速度水平。其结果是一项表征了产品脆弱性的损伤边界试验，可用来改进产品或通过辅助手段保护产品。一些专业人士现在认为，虽然这些试验的基本原理在今天仍然大体相同，但冲击试验方法和应用方法必须继续演进到更好地满足快速产品研发的需求。另外，还必须认识到，这种类型的试验大多与未来产品中要使用的材料有关。

使用这种方法的一个好处是能够提高试验速度[53]。为了达到这个目的，开发了提高循环速率的冲击机，从而减少了重复性疲劳冲击应用的整体试验时间。另一个好处是能够模拟复杂的事件，如爆炸或坠毁影响，特别是对电子系统和车辆乘员的影响。一些消费类电子产品，如手持设备，必须能够承受恶劣的冲击环境。手机和平板电脑用户希望这些产品即使在掉落后仍能继续运作。一个特别极端的例子是与军事应用相关的。考虑一下附着在穿透性弹药上的引信情况。为了提供引爆弹药的能力，它必须经受住极端的冲击并继续发挥作用。虽然从飞机上投掷弹药与投掷手机显然是两个明显不同的动力学事件，但从冲击试验的角度来看，彼得·布朗写道[53]，这两种情况都需要一个高速、高保真的冲击试验仪器。

对于客户电子产品的冲击试验，兰斯蒙特和其他制造商有不同的台面尺寸和提供不同性能水平的不同型号的仪器可用。例如，HSX20模型模拟了较高能量的冲击——具有最大速度变化为180英尺/s的冲击脉冲（1英尺=0.3048m）。得自该冲击台的这一结果相当于在不到40英尺的范围内从0加速到122英里/h。

兰斯蒙特还开发了一种独一无二的爆炸效应模拟器，用于座椅试验的应用场合。陆军研究实验室（Army Research Lab，ARL）和约翰·霍普金斯大学应用物理实验室都在使用垂直冲击试验系统（Vertical Impact Test System，VITS）进行座椅设计研究，以减轻爆炸产生的高能量影响。

6. 退化方法

退化方法是基于一些失效机理的特点去展现可测量的性能退化。

虽然上述建模方法可能容许使用单一的加速应力情景，但所有相同的考虑因素仍然适用于相关的模型要描述产品实际失效机理的需求。当要使用的模型未知时，使用多种应力通常会产生足够的信息来创建或选择合适的模型。与给定加速模型法一样，这将比已知失效模型的情况需要更多的样本和试验资源。统计拟合也更加复杂，所以对于相同的样本量，通常会有精度的些许损失。

上述所有加速试验的方法主要基于统计的（数学的）基础，只是作为次要因素部分地与可靠性、耐久性、维修性、生命周期和产品性能特性的其他组成部分的物理或化学本质有关。

工程师一般更愿意利用失效的统计本质，而不是失效机理的物理本质。必须始终记住，技术部件的退化和失效只是产品的质量、可靠性、维修性等以及诸如生命周期费用、利润等经济方面和产品效率的其他方面的一小部分。这些能够导致产品成功或失败的各个方面常常被忽视或忽略。这往往是因为一些参与汽车和航空航天工程产品设计与制造的一些专业人员的狭隘利益或不当的费用节约理念所致。如果对此有任何疑问，只要想想在引用的文献中，很少有人讨论或提到人为因素在解决质量和可靠性问题中的作用。即使在关于自主式车辆的文献中，其中人为因素应该是在设计控制系统时的主导因素，你也会发现人们主要从系统控制和维修、费用、可靠性等角度来设计各系统，而很少强调或考虑人为的变化，特别是当人的输入不是设计者所预测时。

因此，在汽车和航空航天工程（以及其他工程领域，而且不仅仅是工程领域，还有许多其他技术领域）中，加速试验发展的基本趋势仍然是需要发展所需的试验技术（方法和设备），以提供准确产品性能的成功预计。

如果我们只考虑加速试验的作用是产品效率的一个相互作用的组成部分，我们不仅可以成功地改进产品试验，而且还可以提高产品效率和组织机构的经济效率。太多的时候，另一种传统的方法，即加速试验（和一般的试验）被认为是一个明显单独分开的专业，与产品创建、设计和制造效率的其他组成部分没有联系。虽然这并不是说我们不能解决加速试验作为一门分离专业的问题，而是这种发展确实需要考虑上述联系。

正如前面所示，大多数关于加速试验的可用信息都与加速试验统计领域的趋势有关。但是，我们知道，加速试验的基本领域也需要发展，这是与可靠性和疲劳试验的物理本质有关。这方面的发展对于获得结果是至关重要的，这些结果将提供其准确性，并与产品使用寿命期间真实生活中经历的疲劳结果相关联。

此外，许多加速试验的统计方法主要是理论方面的估计，没有考虑现实生活中经历的过程的非平稳随机特征。

还有其他的分类系统，包括在参考文献［54］中。其中一个是特定的加速应力试验（Accelerated Stress Testing，AST)，其相关的能力/试验方法是与加速可靠性试验相关的。这个系统包括：

（1）加速的可靠性试验。

（2）加速可靠性，使用一个简单的前提和一些复杂的数学方法来实现产品在特定条件下的可靠性估计。以这个系统，随着特定应力源的增加，失效前时间会呈指数级下降，对这个效应的了解被用来设计加速可靠性试验。

（3）这种效应的一个简单例子是钢的疲劳曲线。对数变化率受到加速可靠性物理特性变化的影响。

（4）在加速可靠性试验中，几组零件在高于所期望的运行服务水平的应力水平下进行试验。

另一个是失效模式验证试验（Failure Mode Verification Testing，FMVT)。

FMVT 是一个采用高度加速试验方法获得专利的过程。FMVT 揭示了固有的设计弱点，这些弱点是通过使用失效模式和影响分析（Failure Mode and

Effects Analysis，FMEA）工艺预计的。通过将设计暴露在一组被放大的环境/应力下，在短短 1 天内产生了多种失效模式（及其序列和分布）。

FMVT 集合的专业包括：

（1）设计工程。

（2）可靠性工程。

（3）计算机建模。

（4）失效分析。

FMVT 的优点包括：

（1）认定失效模式及其根本原因。

（2）减少了试验时间和费用。

（3）补足了计划的设计迭代序列。

FMVT 的应用包括：

（1）设计验证。

（2）可靠性增长。

（3）持续改进。

（4）减少保修。

还有一个是全系统寿命试验（Full System Life Testing，FSLT）[54]。

全系统寿命试验通过模拟“真实生活”条件和加速应力试验方法提供评价最近的或拟议的产品变化。FSLT 的信息目标是要通过试验（它是一个通过/失败试验）。

FSLT 的准确性是基于以下几点：

（1）已知的强度分布。

（2）已知的服务条件和分布。

（3）有一个大的样本量。

（4）有一个准确的服务条件的再现。

FSLT 的产品应用包括：

（1）汽车驾驶舱。

（2）汽车门系统。

（3）HVAC 系统。

关于加速试验主题的讨论。

在参考文献［55］中，可以读：“阅读质量和可靠性工程文献表明，对于加速寿命试验（ALT）、高加速寿命试验（Highly Accelerated Life Testing，HALT）、高加速应力筛选（HASS）和高加速应力审核（Highly Accelerated Stress Auditing，HASA）的含义有些混乱。此外，在作为发现和消除缺陷的迭代过程一部分的试验与作为估计产品质量的手段的试验之间存在着显著的冲突。下面将回顾这些试验方法的基本原理，并阐述它们如何关联到估计和可靠性增长的统计方法。它还概述了潜在的协同增效作用，以帮助协调加速试验的各种统计和工程方法，从而以更低的费用获得更好的产品质量。”参考文献［55］定义了一种针对所制造的产品应力试验的 ALT 方法，该方法试图复制在产品的使用寿命期内通常会经历的正常磨损与撕裂，但以更短时间复制。如果产品有大量的部件，当单个部件没有经过全面试验或没有展示经证明的可靠性时，一般需要进行部件层次的试验。ALT 的难题如下：

（1）难于模拟实际的运行条件。

（2）在现实生活中，大多数产品与其他部件相互作用。

（3）在确定绝对可靠性方面少有价值。

时间的检验：加速试验方法请阅读参考文献［55］。

加速试验方法的使用是一种处理古老问题的方法，即在提供有意义的关键产品细节的同时缩短试验时间。

在几百年前正式发展起来的加速方法，通过使用更强烈的试验变量，如更高的温度、压力和湿度，以及更苛刻的振动时间表及其他，加速了试验过程。

加速试验：全局观，请阅读参考文献［55］。

随着汽车工业的继续挣扎，我们可以看到加速试验方法的使用越来越多，如 HALT，也许会转向在研发阶段投入更多的时间来解决问题。诸如有限元分析（Finite Element Analysis，FEA）和失效模式与影响分析（FMEA）等工具可以帮助支持这种转移。越来越多的计算机仿真的使用也可能证明是有益的，使试验工程师能够对更接近产品的生产版本的零件（元器件）进行试验。

作者在参考文献［55］中写道，可以做 6 件事来提高试验项目的成功率，具体来说：

（1）了解产品的现实运用以及它如何关联到各试验参数。许多试验工程师发现自己处于这样的情况，即他们正在按照某种规格进行试验，但他们不明白为什么要以特定方式进行试验。了解原因不仅会给试验结果带来意义，也会让试验工程师和技术人员了解到试验中的重要内容和原因。

（2）试验专业人员和项目经理之间的定期沟通，使每个人及早知道该项目时间安排的任何变化。通过这样做，如果在过程的早期，试验过程花费的时间比分配的时间多，那么项目经理就会知道，如果要实现投入市场的时间目标，他们必须减少其他过程的时间。

（3）频繁更新产品时间表，并重申和提醒有关各方产品试验所需的时间，特别是当项目的时间表出现延误时。

（4）试验尽可能接近生产模型的产品。这也为模拟真实使用试验装置的规划提供了好处。

（5）熟悉试验规范。这可能是困难的，特别是在有很多规范的情况下。

（6）虽然有一些被广泛使用的试验规范，如 JEDEC、IEC、ISO、MIL 和 USCAR 等（仅举几例），但这些试验规范中有许多是公司特有的。通过尽早熟悉这些试验规范的要求，可以节省宝贵的项目时间。

高度加速寿命试验（HALT）是一种试验。首先，其应力高于现实世界中施加于产品的应力；其次，只对现实世界中经历的许多类型的影响因素的一些进行模拟。

HALT 与 ALT 有统计上的差异，请参阅参考文献［55］。

缺点是：

（1）并非在每种情况下都适用，如化学退化。

（2）冰箱门的腐蚀可能不会在较短的时间内发生。

（3）将试验对象暴露在比正常条件更高的应力下，如比正常条件下会遇到的最高温度更高。

（4）只使用高湿度。

（5）更高的振动，将是在正常现场条件下遇到的最高振动。

（6）高度加速的化学/物理退化，这可能不能准确地反映运行条件，如由于高温和潮湿，电机绕组中的绝缘减弱。

（7）轴承和其他部件中的润滑剂因高湿和高温而弱化。

关于上述内容，也可参见第 4 章中的参考文献［1-12］。

2.4　疲劳加速试验

2.4.1　通常的考虑

术语“疲劳加速试验”经常用于加速试验的理论和实践中。

关于试验场试验的文献在 50 年前或更早的时候就已发表，如内华达汽车试验中心的 Kyle J. T.，Harrison H. P.[56-57]。这和其他许多资料表明，类似的试车场应力试验已用来获取试车场条件下的机械强度和疲劳评价的初始信息。但现在合格的专业人员认为，这种类型的试验不能提供必要的信息，以准确评价或预计试验对象在现实世界中的耐久性和可靠性。这是因为这种试验没有考虑所有的环境因素，如温度、湿度、污染、辐射等，这些因素会影响产品在保修期或使用寿命期内的耐久性和可靠性。这些限制包括：

(1) 往往不考虑在现场作用于产品的真实输入影响因素的随机特性。

(2) 往往不考虑模拟的控制系统输入影响因素的特点，这些特点在地面试验中是无法予以模拟的。

(3) 不考虑驾驶员和管理层显现出的影响变量对车辆的可靠性和耐久性的影响。

(4) 不考虑试验对象与其他车辆部件的交互作用，特别是单元和细节，以评价/预计其耐久性和可靠性。

(5) 许多其他无法在试验场或实验室中准确模拟的真实情况。

但这些限制往往被忽视，特别是在设计、生产和使用这种加速试验的设备或方法的公司或文献中。因此，你经常会在与可靠性或耐久性试验有关的文献中发现这种有缺陷的推理。疲劳加速试验是为材料、细节、单元和整个机器提供的。疲劳加速试验通常是在新材料开发过程中或在使用不同材料时予以提供的。材料的加速试验大多使用标准方法和实验室中的相应设备。对于细节的加速试验，人们大多使用 ASTM 标准。

本书考虑了在实验室和试验场的机器、单元和细节进行的加速疲劳试验。这些试验方法需要物理学、化学、可靠性理论、数学、统计学和其他专业的更高知识。

让我们考虑下面的这种方法[58]，它被称为循环加载和疲劳。

关于航空航天系统的疲劳和结构完整性。

历史上，负责航空和航天运载工具的设计、检查和维修的个人和组织已经认识到，潜在的微动可以成为系统失效的驱动因素的可能性（Farris 等，2000）。然而，某些航空和航天旅行事件，包括广为人知的客机机身在飞行中的灾难性解体和燃气涡轮发动机的高循环疲劳（High-Cycle Fatigue，HCF）失效，再次将工作聚焦于对航空航天结构和材料中微动损伤机理的基本原理上。为了开始了解在航空航天系统中微动损伤和结构完整性之间的联系，首先回顾一下民用和军用飞机在设计与运行模式方面的思维方式转变是重要的，这些转变最初是由 20 世纪 40 年代末和 50 年代初美国与英国飞机的几次意外坠毁引发的。这些事件都被归因于关键金属结构的循环载荷引起的疲劳裂纹，包括机翼翼梁盖和加压机身部分的部件。

在这些事件发生之前，飞机结构的设计和制造主要是考虑静强度和刚度，国家航空咨询委员会（美国航空航天局的前身）的一位官员重复了这一事实，他表明，人们对“循环载荷的疲劳”关注度是很低的，因为没有任何服务经验来证明机体结构的疲劳是一个严重的问题（库恩，1956）。

最初试图考虑循环载荷造成的疲劳损毁是通过一种称为“安全寿命”的

设计方法顾及到的。飞机的安全寿命是基于实验室中的部件疲劳寿命，这些部件应用于选定的代表飞行中条件的载荷波形之下。然后，将一个为 4 的安全系数加到所观察到的试验件的失效循环次数上，以说明在役机身部件的材料和制造质量的可变性。这种安全寿命方法是美国空军在 1958 年采用的第一个飞机结构完整性工作项目（Aircraft Structural Integrity Program，ASIP）的基础。通过提供预计和预防结构性疲劳失效的设计与试验方法，ASIP 旨在排除在役的和未来的武器系统结构性失效。

20 世纪 60 年代，F-111、F-5、B-52 和 T-30 飞机的第二轮灾难性损失，将详尽的研究聚焦到安全寿命法不能应对在高应力下的部件中相对脆性材料的使用问题上。由于无法检验和探测许多关键结构部件中的小裂缝，从而加剧了对制造过程或服役中的损坏所引发缺陷的不容忍。这一再次兴起的关注引发了处理材料、制造和服务引入的缺陷与机体疲劳性能之间关系的方法的第二次思维方式的转变。

损伤-容限设计确认初始制造质量或服役期间积累的损伤变异性的存在。这样的设计必须能够保持其结构的完整性，或者在预定的检查间隔期间对这些缺陷或损伤是“容忍的”。美国空军在 1975 年接受了损伤-容限的理念，并继续依靠其原则作为 ASIP 工作项目的基础。该方法也被纳入民用飞机的设计中，就如 DC-10 加压机身外壳的主要结构设计中采用的破损-安全方法所证明的（Swift，1971）。在正式采用损伤-容限方法之后的 20 年里，对基本疲劳机理的了解、损伤-容限结构设计、无损检验技术以及对各个飞机使用情况的全面跟踪等方面的进展，为美国空军提供了确保其机队结构完整性理念方面的信心。

可以在参考文献［59］中阅读加速疲劳试验方法的版本：

（1）在 PSA 使用的试验方法。

（2）阶梯法。

这种方法[60]是一种疲劳试验工作程序，用于计算零件抽样的疲劳阻力（耐疲劳性）。该方法基于迭代原理，其间对若干零件进行了试验。当前零件的试验取决于前一个零件的试验结果。

在该文章中，作者提出了一个计算部件疲劳极限的平均值和标准偏差的方程式，还有许多方法可以利用 Staircase 的结果来估计疲劳极限。

2.4.2　Locati 方法

Locati 方法[61]通常在可用试样很少的情况下应用。当使用这种方法时，理论上一个试样就足够了。其目的与阶梯法相同，但 Locati 工作程序是基于额外的物理假设的。

试验活动的原理是，对首个零件以 F 应力水平进行 L 次循环的试验。在这一步结束时，该水平增加了应力增量，同一零件在 L 次循环内继续承受应力。这个方案一直应用到失效出现。参考文献［61］中给出了疲劳强度的评价公式。

Locati 方法提供了失效极限的平均值和标准偏差的近似值。

2.4.3 阶梯洛雷蒂法

若每个使用阶梯（Staircase）模式的零件在目标循环次数之前没有失效（截尾的数据），就可以继续使用 Loreti 工作程序继续下去，这不会改变 Staircase 的结果。从根本上说，它是一个 Staircase 工作程序，而 Loreti 的所有参数都是基于 Staircase 工作程序的，包括：

（1）使用 Loreti 方法的第一个更高的应力水平将是 Staircase 之后的水平。Staircase 试验的水平增加了 d 的增量。

（2）Loreti 方法中使用的应力阶梯（级差）与阶梯法中使用的相同。

当一个零件在 N 次循环后没有失效，就在 L 次循环中以增加的应力水平进行试验，以此类推，直到失效。然后用定位法计算疲劳极限分布。

2.4.4 使用数值模拟的分析方法

使用数值模拟的分析方法来评估之前方法的效率。数值模拟是用这种方法建立的。使用这种方法提供了一种比较各项试验备选方案的手段，即根据估计的质量，并考虑每个试验计划所需的费用和时间。

作者[61]提出要生成样本，即试验结果基于：

（1）理论疲劳极限分布。

（2）一些假设，如零件的数量，然后使用先验分布规律。

针对以上三种方法的样本进行模拟，样本量为 7~1000 个试样不等。将计算机模拟设计成为每个工作程序分析多达 1000 个离散事件，提供多达 1000 个单独的结果，以便为每个样本提供计算的平均数和标准偏差的分布。

当使用这种方法时，首先根据“理想”的试验条件进行模拟，以检查收敛性，这意味着起始应力水平等于疲劳强度平均值，而阶梯应力等于疲劳强度标准偏差。对于使用 Locati 工作程序的方法，“理想”条件意味着 Basquin 参数等于正确的假设值。

然后，第二个过程是检验每个工作程序的任何偏差，其中使用偏移测试条件检查结果。例如：

（1）起始应力水平与真实平均水平的差异。

（2）阶梯应力值与真实标准偏差的差异。

（3）使用错误的 Basquin 参数值。

继本章之后，每章都涉及数值模拟分析在试验工作程序中的具体应用。

2.4.5　阶梯法的数值模拟

正如参考文献［61］所述，通过绘出每个参数估计的平均值（平均值和标准差）作为样本量的函数的图形，就可以评估该方法的收敛性。

随着样本量的增加，阶梯法将疲劳极限的平均值和标准偏差的误差趋势向零收敛。但是对于非常小的样本，这种方法只对平均值的估计给出可接受的结果。

对于标准差的估计，三维分析表明，对于大样本量，只要步长低于理论标准差的两倍，就不会对估计产生影响。超过这个限度，无论首个应力水平如何，标准差都被高估。对于较小的步长，只有当步长值大约等于理论标准差的两倍时，该估计才是好的。当步长远离该值时，无论首个应力水平如何，标准偏差估计的误差都分别地增加或减少。

2.4.6　Locati 的数值模拟

在 Locati 方法中，首个应力水平对平均值和标准差估计没有影响，而在 Staircase 工作程序中，对小样本量有轻微影响。

此外，我们还注意到，无论首个应力水平如何，对标准差的估计都有同样的低估。

阶梯应力大小对平均数或标准差估计都没有影响，而在 Staircase 工作程序中，两倍于理论标准差的步长可以提供更好的估计。当使用 Locati 方法时，无论步长大小，标准差的低估都是一样的。

2.4.7　阶梯 Locati 的数值模拟

与 Locati 模拟一样，Staircase-Locati 方法需要一个固定的 Basquin 参数。

汇聚 Staircase-Locati 方法被证明是一种可收敛的平均值和标准差估计方法，它与 Locati 方法一样可接受。作者观察到，在 7 个样本的最临界情况下，平均数的平均误差小于 0.2%，标准差的平均误差约为 7%。

从 Locati 的结果中，我们可以观察到，首个应力水平对平均值和标准差的估计都没有影响，而对小样本来说，阶梯法工作程序有轻微的影响。

关于上述方法得出的结论有：

(1) 发现 Staircase-Locati 和 Locati 方法对首个应力水平和阶梯应力都不敏感。因此，它们显得比基本的阶梯法更稳健。

(2) 分别地由这些方法提供的平均数和标准差计算结果，对小样本（如 7 个样本量）给出了较好的估计结果。

(3) 为了确定用 Staircase-Locati 和 Locati 试验工作程序提供的估计质量，需要进行补充分析来进一步评价 Basquin 参数。

另一种疲劳加速试验的方法可见于参考文献［62］。它也出现在《SAE 国际车辆动力学、稳定性和 NVH》杂志上。

作者写过，这种方法可以在较短的时间内通过在更高的应力水平下试验疲劳失效来评价车辆的寿命特性。这种类型的传统实验室试验使用一个刚性夹具将部件安装到振动台上。但是，这种方法对于耐久性试验实际上并不准确，就像大多数车辆那样，特别是直接与轮胎和悬挂系统相连的零件更是如此。在这项工作中，通过实验性试验和数值模拟研究了弹性支撑对被测结构模态参数的影响，如自然频率、阻尼比和振型，以及估计的结构疲劳寿命。首先，开发了一个专门设计的具有刚性和弹性支撑的缩比实验性试验台，以研究附加的弹性支撑和质量对结构模态参数变化的影响。在实验结果中表明，由于附加的弹性支撑，模态参数发生了明显的变化。此外，利用弹性支撑的模态参数可建立和调整有限元模型（Finite Element Model，FEM）。

之后，正弦扫频和随机振动的加速试验剖面结果应用于有限元模型，以比较所试验的具有弹性和刚性支撑的各结构之间的累积疲劳损伤偏差。这项工作涉及并扩大了目前使用刚性支撑基础的加速耐久性试验系统的不准确性，对于正弦扫频和随机加载条件，与具有弹性基础所经历的疲劳损伤相比，它引入了大量的变化。具有刚性支撑的试验结构的动态特性与实际情况不同。

2.4.8 飞机和卫星的疲劳试验

参考文献［63］提供了另一个关于飞机疲劳试验方法的讨论。在可预见的未来，飞机、部件和元件的疲劳试验不应该也不会改变；除此之外，随着 3D（三维）打印零件的引入，可能会有更多的需求。我们今天拥有的计算机模型不可能足够准确地考虑二次应力、制造或 3D 打印过程中嵌入的缺陷，或在产品制造时特种工艺的加速损伤影响，如离子气相沉积酸最终导致铝零件的劣质腐蚀保护和错误的费用估算。此外，所有的结构有限元模式都需要边界条件，尽管它们对于通过运行具有和不具有各种约束条件的分析来给一个问题划分边界是有用的，但它们在寻找车辆链接方面无法与真正的试验相比。如果继续强调安全性和保护公众，那么就需要进行飞机全尺寸疲劳试验，以证明所需的性能和寿命、认定故障和提供一种行之有效的方法来验证修理、处置和确定检查间隔以及操作人员的维修行动。

参考文献［64］讨论了卫星的试验。卫星是脆弱的、昂贵的并具有独特的结构，因此振动试验对于防止它们在危险的运送过程中，沦为无用的、价值数百万美元的太空垃圾碎片至关重要。美国航空航天局（NASA）正在探索火星的“好奇”号漫游车也经历了昂贵的振动试验，以确保其安全抵达并在经历了严酷的发射、超声速下降和降落伞展开时的 9g 冲击后能够正常运行。

卫星的试验充满了危险，必须尽可能安全地进行，以确保卫星、运载火箭或相关地带不受损害。更重要的是，由于时间限制和试验对象的脆弱性，在捕获数据失败后重复试验绝不是一种选择，因此试验的可靠性至关重要，以便在一次试验中记录所有必要的数据。

对于机械性的卫星合格鉴定和验收试验，数据的质量也是最重要的。在这些试验中，首先是工程模型，最后是卫星的实际飞行模型放置在大型振动器系统上并精确振动，以检查卫星在结构和模态性能方面与其 CAE 设计相符。飞行模型也要试验其对冲击和结构共振的响应，它们在重压力发射阶段会造成损害。通常情况下，以高采样率可获取到数百个通道的振动试验数据。

针对卫星合格鉴定的振动试验运用包括声学疲劳、瞬态、随机和正弦扫频分析。声学疲劳试验是在大型混响舱中进行的，在那里，极高水平的声音激励着卫星，并对其响应进行测量。随机和正弦扫频试验是在振动器上进行的，以准确确定试验对象的结构特性。为了模拟发射过程中经历的短时冲击瞬变以及长时瞬变，如太阳能电池板展开时，还必须确定卫星及其子系统对爆破冲击的响应。

合格鉴定和验收试验经常是在卫星制造商租用的专用设施中进行的。这样的设施受益于一个综合的试验数据流，该数据流在不同的级别上实现不同的功能，包括向客户显示实时结果。测量数据立即数字化，并通过局域网在设施周围传输，允许许多用户根据需要访问同一数据流。除了将大量的数据记录到磁盘上之外，基于局域网的远程工作站能对所有通道进行同时电平、时间电平及时间信号进行监测。

完整的试验工作流程是由一个专门的控制台组织的，试验工程师在这里计划试验，设置数据采集和所需的分析、校准系统、监测记录、启动后处理、可视化结果、创建报告以及存档数据。专用的合格鉴定试验软件通过清晰的用户界面，以逻辑的方式指导他们完成工作流程，该工作流程控制和协调许多应用程序。

2.5 振动试验

正如MTS公司所验证的那样，移动产品的真正振动是在6个自由度内的（见参考文献［30］的第5章）。这是直观的描述，当使用振动试验时，需要理解移动产品的真实振动是参考文献［30］中图4.23所示的行动的结果。这包括：

（1）道路的特征，包括道路的类型（混凝土、沥青、鹅卵石、土、道路剖面-路面、密度和其他性质）。

（2）试验对象的速度。

（3）风速和风向。

（4）空气密度和湿度的波动。

（5）车轮的设计和质量及其与路面的耦合。

（6）整个产品的设计和质量。

（7）其他。

上述各因素影响产品的刚度、减震器、弹性和惯性质量，最终导致移动产品的实际振动特性。

HORIBA汽车试验系统是发动机试验系统、传动系统试验系统、制动试验系统、风洞平衡和排放试验系统领域的领先供应商。

图2.8~图2.10展示了他们用于汽车行业的一些振动器。

图2.9　HORIBA的振动设备。作者从HORIBA公司得到这张照片

图 2.10　HORIBA 的振动器与控制系统。作者从 HORIBA 公司得到这张照片

美国航空航天局格伦研究中心使用的机械振动设施在参考文献［65］中有所描述。

该设施由各组件构成的振动台组成，包括一个水平振动器、一个带球形联轴器的垂直振动器和一个 20 英寸（1 英寸≈25.4mm）的模态地板。MVF 能够在垂直方向上达到 48 万磅·英尺（1 磅≈0.454kg），在每个横向方向上达到 17 万磅·英尺。MVF 的要求使其比起现有的任何设施来容量更高，提供比 ESTEC 高 50%的有效载荷容量，大过 25%的垂直力容量，和高过 50%的频率范围，是目前较大容量（航空）的振动系统。

水平振动子系统——作动器组件（Horizontal Actuator Assembly，HAA）包括：

（1）水平作动器在水平方向上驱动的工作台。

（2）由水平作动器和衬垫轴承组成（水平作动器的安装基座未被示出）。

（3）垫式轴承垂直引导工作台。

垂直作动器组件（Vertical Actuator Assembly，VAA）由以下部分组成：

（1）垂直作动器驱动的垂直振动。

（2）由垂直作动器和球形联轴器组成。

（3）球形联轴器允许水平运动。

（4）球形联轴器预紧倾覆力矩（垂直作动器锁定）。

加拿大国家研究委员会（National Research Council，NRC）的 Andre Beltempo 和国家航空研究所（National Institute for Aviation Research，NIAR）的

Waruna Seneviratne 博士在参考文献［75］中讨论了如何将 AeroPro 控制和数据采集软件中的交叉耦合补偿公用程序用于提高最复杂的飞机结构试验的速度、准确性和效率。

“以高度交叉耦合的驱动方案为特征的全尺寸结构试验台给航空航天试验工程师提出了独特的挑战。在这些复杂的配置中，多个作动器同时对试验件的同一部位施加不同的力，这就提高了发生错误的可能性，可能会危及试验进度并延误研发项目。

减少这种错误从而提高试验速度和效率的一个工具是 C^3 性能，这是 MTS AeroPro 控制和数据采集软件的一个公用程序，也称为 C 立方，即 C^3。

性能使试验团队能够有效地管理高度交叉耦合的驱动方案，而不必在试验进度安排中加入额外的时间来解决大量的、反复出现的停止和互锁问题。”

C^3 性能交叉耦合补偿技术是由加拿大国家研究委员会（NRC）和 MTS 系统公司的专家共同开发的。今天，它是 NRCeCanada 全尺寸结构试验实验室试验协议的一个标准部分，Andre Beltempo 在那里担任结构试验工程师。

“通常情况下，我们在所有试验中使用 C^3，” Beltempo 说，“在全尺寸疲劳试验中，你会看到非常复杂的作动器交互作用。这正是我们为何需要它的原因。”

Beltempo 的团队最近在为一家大型直升机制造商进行演示验证时使用了 C^3 性能。疲劳和静态试验项目聚焦于使用先进制造技术制造的复合（材料）尾梁。该试验与用于认证部件的安全寿命容差的 FAA 要求的试验是相同的。

该试验涉及 6 个作动器和 400 万个端点，通宵运行约 125 天，平均频率为 0. 5Hz。Beltempo 称，如果没有 C^3 Performance，这种试验速度是不可能的。

“如果没有交叉耦合补偿，我们不可能这么快地做到，” 他说，“对于通宵试验，我们不得不以一半的速度运行终止水平，以便不必担心无人值守的关机问题。我们对任何疲劳试验的标准方法是调整试验，应用 C-cubed，并立即再次调整它。我从来没有见过对一个刚性件的速度提高不到 2 倍的情况。”

“事实上，它不必用手操作，使我有能力专注于更重要的任务，” Beltempo 说，“如果你不得不坐在那里，靠自己计算所有的系数，那就不一样了。但你只需点击一个按钮就可以了。这是一个真正的生产率改进。”

虽然可以理解，帮助开发 C^3 性能的机构会把它作为一个协议问题应用到每个疲劳试验中，但其他实验室也在发现这个强大的公用程序解决问题的潜力。

对于威奇托州立大学国家航空研究所（NIAR）复合材料和先进材料实验室的技术总监 Waruna Seneviratne 博士来说，问题是，试验导致工作人员睡眠不足。

Seneviratne 说："我们正在进行一项疲劳试验，该试验采用非常独特的定制夹具和作动器的组合，而且我们有一个非常积极进取的试验时间表。试验进行了一整夜，我们遇到了大量烦人的错误限度诱发因素。我们的团队不得不在半夜来到实验室，查看是什么导致了试验关闭，并重新启动试验。我们已经落后了。"

该试验聚焦于评价 F/A-18 "大黄蜂" 飞机的复合材料结构的疲劳寿命，其中许多飞机已接近退役。因为该飞机的替换要到 2019 年才能准备好，美国海军需要安全地延长该飞机老化的复合材料结构的使用寿命[75]。

Seneviratne 的研究成功地确定了机翼根部的复合材料——钛合金黏合接头还留有很长的寿命。新的试验扩大了研究范围，包括整个内翼，该内翼具有一个复合材料蒙皮。该试件包括内翼、后缘襟翼和中心柱塞套，以及模拟的前缘襟翼和外翼。NIAR 的研究团队必须建造一个精心制作的高强度钢制平台，并施加重大的负载来再现积极的机动。

克雷文斯说："在第一天结束时，我们在没有对试验设备进行机械修改的情况下，运行速度加快了 20%。C^3 Performance 非常容易学习和设置；这一切都发生在软件中。你只需在每个负载通道上施加一个单位负载，就可以创建一个交叉耦合矩阵，这对每个作动器来说只是一个额外的步骤。"

为了合理化试验设置，C^3 Performance 通过采用单位负载案例来生成自动交叉耦合补偿系数，从而消除了手动输入交叉耦合数据的时间密集型作业。Seneviratne 用一个恰当的比喻来表征这个过程。

通过一些额外的调整，Seneviratne 和 Cravens 能够将试验率提高 24%，并大幅减少停机次数。

"这大大改善了我们的试验成效，" Cravens 说，"随着负载跟踪的改进，反馈中的小扰动更不可能触发误差限度，从而导致更少的试验停止。误差的减少也使我们能够在每小时内运行更多的段（数据文件空间）。"

在使用 C^3 Performance 之前，NIAR 每小时最多只能实现 375 段，每段平均有 97 次停止和 55 次互锁。使用 C^3 Performance 后，这个数字已经提高到每小时 480 段，平均 51 次停车和 15 次互锁。

"停止次数是原来的 1/3，这对我们来说是一个巨大的收获，" Seneviratne 说，"这使我们能够通宵进行试验，有些晚上没有任何中断。我们以前没有过长达 10h 的试验，这对我们的日程安排有极大的帮助。"

C^3 Performance 节省了数周时间，使 Seneviratne 的团队能够按时提供试验结果。此外，实验室的生产率也得到了提高：团队能够按一个更可预测的时间表运作，有更多的时间用于其他项目。在任何资源有限的实验室，这都是一个重要的优势。

但是，正如本书作者将在后面陈述的，也正如在他的许多其他出版物（参考文献［27-28，30］等）中陈述的那样，振动试验和疲劳试验常常被错误地称为耐久性试验。从参考文献［27，30］以及许多其他的参考文献中发表的定义可以看出，疲劳试验本身并不是产品的耐久性试验。

2.6 撞击试验

撞击（对飞机为“坠毁”）试验在本节中单独地予以考虑，因为它与加速试验发展的所有第二、第三和第四个大方向有关。

撞击试验是一种破坏性的试验，通常是为了确保各种运输方式或相关系统和部件的适毁性及碰撞相容性的安全设计标准而进行的。

撞击试验用于车辆，以帮助减少车辆撞击造成的死亡、受伤和财产损毁等损失。在美国，负责确保正确承担这项作业的一个机构是高速公路安全性保险协会（Insurance Institute for Highway Safety，IIHS），这是一个非营利性的独立科学团体和教育组织。另一个机构是高速公路损失数据研究所，它支持 IIHS 的任务。汽车保险公司支持这两个机构。

根据参考文献［66］中包含的信息，安全气囊是近几十年来最重要的安全性创新之一。

它们在碰撞中为人们提供了重要的缓冲作用。该装置通常隐藏在视线之外，但当碰撞开始时会立即充气。从 1999 年的车型开始，所有新的乘用车都必须配备正面安全气囊。侧面安全气囊没有专门的强制规定，但几乎所有制造商都将其作为标准设备，以满足联邦侧面保护要求。

正面安全气囊将正面碰撞中的驾驶员死亡人数减少 29%，将 13 岁及以上前座乘客的死亡人数减少 32%。保护头部的侧面安全气囊使汽车驾驶员在驾驶员一侧碰撞中的死亡风险降低 37%，SUV 驾驶员的死亡风险降低 52%[66]。

一些车辆现在有后窗帘式安全气囊来保护后座上的乘客，或者有前中央安全气囊来防止驾驶员和前座乘客在碰撞中相互碰撞。还有一些充气式安全带，旨在减少后座的伤害。

车辆安全性的撞击试验是一种破坏性试验，以确保不同的运输方式在撞击相容性和适毁性方面的安全设计标准得到遵守。有多种类型的车辆安全性坠毁试验，用以向车主提供必要的信息和指导。撞击试验的例子有正面碰撞试验、偏移试验、侧面碰撞试验、翻滚试验和路边硬件碰撞试验。

正面撞击是以精确的速度面对实心混凝土墙进行的试验撞击。SUV 是从正面撞击试验中专门挑选出来的。偏移试验只要求汽车前部的一部分撞击障碍物或车辆。偏移试验很重要，因为这种试验中的撞击力与正面撞击试验中的撞击力保持一致，但有必要让汽车的一小部分吸收所有的撞击力。

侧面撞击试验作为车辆安全性的碰撞试验也很重要，因为车辆的侧面撞击事故导致了高死亡率。发生这种情况是因为汽车通常没有一个显著的撞击缓冲区来缓冲乘客受伤前的所有冲击力。

翻滚试验验证了汽车在动态冲击中的自我支撑能力，特别是来自支撑车顶的支柱。路边硬件碰撞试验确保碰撞障碍物和碰撞缓冲能保护车辆乘客免受路边危险的影响。这种碰撞试验还确保一些附属物，如路标、护栏和灯杆，不会对车内人员构成危险。

世界各地有许多不同的碰撞试验项目，它们都致力于为车主和驾驶员提供有关新车和二手车安全性性能的数据。这些试验项目基于真实世界的碰撞数据提供了安全性能[66]。

为乘客配备汽车安全气囊的主要好处是，在发生汽车事故时，它们能提供额外的保护。这种附加的保护在某些情况下可能是生与死的区别。

1. 安全气囊展开的风险与受伤或死亡的风险对比

虽然有些人质疑车辆安全气囊的整体安全性，因为安全气囊展开的性质会导致胸部受伤和其他撞击伤害的情况，但这些风险是低于乘客在没有保护的情况下可能发生的严重伤害或死亡风险的。

2. 拥有乘用车安全气囊的弊端

遗憾的是，这些安全性工具可能有一些显著的不利条件。

1）潜在的伤害

安全气囊的最大缺点是，尽管它们是设计来进行保护的，但在某些情况下，展开的安全气囊可能会伤害到乘客。展开安全气囊的冲击力可以伤害到位置不当的乘客。展开性伤害对儿童和婴儿的伤害最大。安全气囊造成的伤害类型包括胸部受伤、脑震荡和颈部扭伤。

2）重置安全气囊

安全气囊展开后，可能很难为下次展开而重新放置。如果车内只有一名乘客，安全气囊展开后，你可能会在商店里花一大笔钱买新的安全气囊，而多次展开安全气囊的费用会很高。

3）虚拟假人

最早的汽车碰撞试验是不正常的，且往往是混乱的。在 20 世纪 30 年代，为了模拟高速碰撞对驾驶员的影响，研究人员用了尸体并使之经受正面碰撞和车辆翻滚。后来拟人试验装置（Anthropomorphic Test Devices，ATD）出现了，接下来是那些闪闪发光、没有脸的碰撞试验模特，然后是计算机模拟。

早期的 ATD 能够利用加速度计、力传感器和应变仪的网格提供身体上大约 20 个点的数据，而今天的碰撞试验计算机模拟则以更大的准确度监测了范围广泛的人体类型、年龄和驾驶位置上的各种类型碰撞的影响。

它们的主要好处是易理解[67]。在传统的碰撞试验中，研究人员必须事先在车辆内部的最佳位置放置摄像机，以监测撞击时发生的情况。

自 20 世纪 90 年代末以来，丰田一直处于撞击试验领域创新的前沿，当时它与丰田中央研发实验室合作[67]，开始开发其首个虚拟撞击试验假人，称为全人类安全模型（Total Human Model for Safety，THUMS）。多年来，THUMS 参与了数千次虚拟撞击，同时慢慢地获得了新的能力。2004 年，它获得了面部和骨骼结构。然后，2006 年的版本，通过演进，增加了大脑的精确建模，以了解它在各种撞击情况下可能受到的影响。

第四次 THUMS 迭代增加了内部器官的详细建模，目前的版本在 2015 年推出，增加了肌肉模型。其结果是一个包含不少于 180 万个元素的数字模型，这些元素结合起来再现了人体形态，从精确的骨骼强度到器官的结构，可用于评价软组织和骨组织的损伤。

THUMS 目前被其他主要汽车制造商，包括奥迪、沃尔沃、雷诺和戴姆勒，以及众多零部件供应商用于安全性研究。美国航空航天局（NASA）在“猎户座”的设计过程中使用了这种方法，“猎户座”是为将人类送往火星引路的航天器[67]。丰田公司的研究人员继续升级上述软件。

虚拟撞击试验假人正在被用作试验中新的和扩展的角色。但是，虽然这些虚拟撞击假人似乎已经取代了其物理试验对手，但它们不能考虑与先进的物理加速试验相关的所有差异，尤其是在成功预计产品的所有部件在碰撞试验中的表现[27]。

虽然撞击试验假人一直是公益公告、卡通、滑稽模仿的对象，甚至是一个乐队的名字，但真正的撞击试验假人作为汽车撞击试验的一个组成部分是真正的生命救星。而且，尽管汽车每年都变得更加安全，与汽车有关的死亡率也在下降，但汽车撞击仍然是美国的死亡和受伤的首要原因之一。

下面是维基百科的一些撞击试验定义和简短描述。

（1）正面撞击试验：这是大多数人在被问及撞击试验时最初想到的。车辆通常以规定的速度撞击实心混凝土墙，但也可以是车辆撞击车辆的试验。SUV 在这些试验中被单列出来已有一段时间了，因为它们经常具有很高的车高（底盘高度）。

(2) 中度重叠试验：在这种试验中，只有汽车前部的一部分与障碍物(车辆) 相撞。这是重要的，因为撞击力 (大约) 与正面撞击试验保持相同，但需要汽车的一小部分来吸收所有的力。这些试验经常是由汽车转入迎面而来的路上行驶的车辆实现的。这种类型的试验由美国公路安全保险协会 (IIHS)、欧洲新车评估项目 (New Car Assessment Program, NCAP)、澳大利亚新车评估项目 (ANCAP) 和东盟 NCAP 进行的。

(3) 小规模重叠试验：这是指只有一小部分汽车的结构撞击物体，如电线杆或树，或者是汽车猛击另一辆汽车。这是最苛刻的试验，因为它在任何给定的速度下对汽车结构加载了最大的力量。这些试验通常在前部车辆结构的15%~20%处进行。

(4) 侧面撞击试验：这些形式的事故有非常大的致死可能性，因为汽车没有一个有效的防撞缓冲区在乘客受伤前得以吸收撞击力。

(5) 翻滚试验：试验汽车在动态冲击下的自我支撑能力 (特别是固定车顶的支柱)。最近，有人提出用动态翻滚试验来代替静态撞击试验。

(6) 路边硬件撞击试验：用于确保防撞栏和防撞垫能够保护车内人员免受路边危险的影响，也确保护栏、路标、灯柱和类似的附属设施不会对车内人员造成不必要的危险。

(7) 新旧对比：往往是一辆旧且大的汽车与一辆小且新的汽车相对比，或者是同一车型的两代不同的汽车。进行这些试验是为了显示碰撞安全性方面的进步。

(8) 计算机模型：由于全尺寸撞击试验的费用，工程师经常使用计算机模型进行许多模拟的撞击试验，以便在进行真人试验之前完善他们的车辆或障碍物设计。

(9) 滑橇试验：对安全气囊和座椅安全带等部件进行试验的一种费用有效的方法是进行滑橇撞击试验。两种最常见的滑橇系统是反向发射滑橇和减速滑橇，前者是在静止状态下发射的，后者是从一个起点加速，然后用液压作动筒将之停止在撞击区域。

在汽车应用场合的安全性研究领域的另一个领先者是梅赛德斯-奔驰。在 20 世纪 50 年代末，梅赛德斯-奔驰开始面向安全性研究目的进行实际试验[68]。例如，起初，通过冲击试验进行各个部件的试验，尽管整个系统是通过冲击的方式进行试验的。其后又对部件进行了试验，如 1958 年开始使用的座椅安全带系统。1959 年，壮观的撞击试验开始了，使用梅赛德斯-奔驰汽车作为安全性研究的基准。对于这些系统性的撞击试验，试验车辆首先通过牵引系统加速，如用于发射滑翔机的牵引系统。通过梅赛德斯-奔驰的牵引装置，刚从装配线上下来的轿车可以被发射到空中。这是必要的，因为从梅赛德斯-奔驰的撞击试验开始，工程师就不只是通过将车辆撞向固定的障碍物来模拟碰撞，他们还模拟翻车。为了达到这个目的，试验车辆以75~80km/h的速度运行在一个所谓的螺旋形坡道上，这给汽车带来了必要的扭转，使它们在半空中升起并以车顶着地。这些试验导致了在车身中安装稳定结构。从1973年起，在德国辛德芬根的新试验中心进行撞击试验成为可能。在65m的加速轨道上，一个产生53000N推力的线性马达准确地将汽车拉到一个1000t的障碍物上，该障碍物置于一个非常敏感的测力平台上。1998年，随着梅赛德斯-奔驰技术中心（Mercedes-Benz Technology Center，MTC）的建立，这个撞击试验设施被彻底翻新。该设施耗资230万欧元，采用最先进的技术进行了翻新。加速轨道的长度增加到95m；从而，该设施现在可以进行各种类型的撞击试验版本。特别是，这包括偏置撞击，在这种情况下，只有车辆的部分正面宽度撞击障碍物，而这种情况在现实中比车辆正面碰撞更经常发生。试验序列不再由高速胶片相机记录，而是由视频技术记录。而且，通过视频，保持了非常高的帧率，因此可以极慢的移动评价撞击试验。在翻新过程中，该设施还配备了屋顶，因此，现在无论天气如何，都可以进行乘用车和商用车试验。

从该公司的撞击试验开始，不仅车辆被用来评估撞击的影响，而且在假人头部和胸部的测量仪器也提供了在事故中作用于驾驶员的载荷信息。沙袋和人体模型最初代替了前排乘客的位置；很快，假人也在收集前排乘客座位和后排长椅的撞击试验数据。单独的假人设计被用来测量具体的伤害，并代表不同身材和年龄的人。随着计算机能力的提高，假人可以被数学多体系统所取代。第一个带有整体车辆模型的数字撞击计算是针对124系列的E级车进行的。

梅赛德斯-奔驰撞击试验的一个目的是准确地模拟现实世界的撞击场景。因此，正面碰撞正日益被偏置碰撞所取代。1992年，首次对可变形的障碍物进行了偏置正面碰撞，提供了更接近于真实世界事故中车辆状态的结果。这项试验的效果是在欧洲为这种类型的试验开发了一种可变形的障碍物；其设计受到位于辛德芬根的梅赛德斯-奔驰安全中心试验结果的决定性影响。在引入偏置障碍物试验后，这种新的欧洲试验工作程序代表了撞击试验的又一大步。1993年，以60km/h的速度和50%的重叠度对由金属蜂窝材料制成的可变形障碍物进行的偏置撞击成为新的梅赛德斯-奔驰标准。

试验车辆在安全性研究中也发挥了重要作用。从1971年到1974年，梅赛德斯-奔驰参加了国际实验性安全车辆（Experimental Safety Vehicle，ESV）项目。这个项目的目的是根据美国国家公路交通安全管理局的安全性准则来改进乘用车。该规范要求在以下情况下降低乘客受伤的风险。

（1）迎面撞击。

（2）以 80km/h 的速度撞击固定障碍物，以 120km/h 的速度与另一车辆发生正面撞击。

（3）被时速 50km 的另一辆车从侧面撞击，被时速 120km 的另一辆车追尾，以及翻车。

这些进展通过实际撞击试验得到了验证。

在 ESV 时代之后，梅赛德斯-奔驰继续使用概念车和试验车辆来改善安全性技术。

其中一个例子是 1981 年向公众展示的 Auto 2000 研究车，该车用于试验带有一体化安全带锚的座椅、一体化座椅儿童组件并具有对行人友好的保险杠。梅赛德斯-奔驰开发部还通过其试验对概念车设立了商用车领域的标准，如 2004 年的安全性研究，该研究是基于 Sprinter 面包车的。这款概念车的特点是低矮的车窗和滚动稳定装置。2006 年，Actros 安全卡车问世，尽管不是作为一项设计研究。该车配备了主动制动辅助系统，即一种紧急制动辅助系统，并已在市场上销售。

美国航空航天局（NASA）进行了一项直升机坠毁试验项目，美国海军、美国陆军和联邦航空局希望对座椅安全性和轻质复合材料有新的了解，同时也探索新的试验方法的价值[69]。位于弗吉尼亚州汉普顿的 NASA 兰利着陆和冲击研究设施（LangD1R）的工程师试图改善座椅和安全带的适（坠）毁性，并收集关于直升机坠毁后的生存概率的相关数据。为这个项目，美国海军提供了 CH-46E“海上骑士”直升机机身，并配有座椅，机身上安装了 15 个“乘员”——13 个装有仪器的坠毁试验假人和 2 个装仪器的人体模型。海军也提供了 5 个这样的坠毁试验假人，一个人体模型和其他设备，而陆军则提供了一个人体模型和一个坠毁试验假人，该假人放置在代表医疗后送担架中病人的位置。美国联邦航空局提供了一个侧向专门的坠毁试验假人和部分数据采集系统。美国航空航天局兰利局添加了 6 个自己的假人，也作为技术专业知识方面的牵头者，并提供了自己的专用设施的使用权，该设施被称为 Gantry。然后，工程师用缆绳将直升机机身吊到空中，像钟摆一样在地面上方摆动它。当引爆装置将缆绳断开时，使机身以 30 英尺/h 的速度猛烈撞入下面的土地。该试验品配备了 350 个传感器，以采集机身加速度、坠毁和试验假人载荷的数据。超过 40 台高速和高分辨率摄像机记录了机上与外部的运动情况。

研究人员还利用了一种新的摄影方法来帮助分析从坠毁试验中收集的数据。它被称为“全场摄影测量法”，它拍摄到的直升机机身已经被剥去了通常的海军灰点涂料层，以有利于相机捕捉的油漆方案。“我们在试验品的侧面画了8000多个点，以测量机身蒙皮的整体和局部变形。”使用高速摄像机进行试验拍摄的首席专家安奈特解释说。以每秒500帧图像的速度来跟踪每一个点，确保研究人员能够绘制和确切地“看到”机身在碰撞载荷下的状态（顺带一提，本书作者在20世纪80年代也曾用类似的方法进行汽车加速可靠性试验。这一经验在作者的《可靠性预测和试验教科书》一书中由Wiley出版了，同时也被收录在参考文献［28，70］以及他的其他出版物中）。

最后，当被问及如何进一步改进试验时，Annett再次确认了所有试验工程师的“试验、试验、再试验”的口头禅。“经常性的试验总是好的，因为每次坠毁试验总是有教训要被汲取。”他说。实现更安全旅行的进展是脆弱的。它可能会被一项起草不当的法律或被对现有法规中漏洞的不当利用所扰乱，从而使车辆试验比在公共道路上更安全。当局要迅速纠正这些失误并不总是容易的，但权宜之计可以帮助尽量减少潜在的致命后果。重型四轮车的撞击试验是一个促进安全性的例子，尽管有脆弱的规则或有瑕疵的立法（四轮车是指有4个轮子的车辆）。欧洲NCAP的第一次四轮车撞击试验是在2014年进行的，有三个电动车和一个汽油车型号。这些车辆通过了型式认证，并符合欧洲立法规定的最低安全要求。然而，结果并不令人鼓舞[71]。欧洲NCAP在试验时发布的声明中写道：“所有被试验的四轮车都显示关键的安全问题，尽管有些在正面或侧面碰撞试验中表现得比其他的好。”接着是一个明确的警告。“然而，消费者应该注意，四轮车一般提供的乘客保护水平明显低于汽车所提供的。[71]”

尽管最初的欧洲NCAP撞击试验暴露出了一些弱点，但在此后的两年里，四轮车的销售和营销仍在继续，并推出了两个型号，至少有一款老型号被重新命名。今年，又有4辆四轮车接受了同样的专门撞击试验，以了解是否有任何改进，以及这些车辆的驾驶员和乘客是否得到了更好的保护。

试验协议并不像普通全尺寸汽车那样被涉及，星级评定也是基于完全不同的标准。它是正面试验，也就是全宽试验，有两个前座假人。

与全尺寸汽车的撞击试验的另一个区别是对侧面撞击的假人的选择。对于普通汽车，使用较新的WorldSID假人，但第一次四轮车试验使用了EuroSID 11进行所有侧面撞击试验，因此他们一直使用EuroSID 11，以保持这些最近试验的相同水平。

四轮车试验的绝大部分数据来自假人，由于假人的数量比普通汽车撞击试验少，所以需要的摄像机也少。

所有内燃机四轮车的重量约为450kg或更少。进行四轮车试验的三个实验室是为大到10t的车辆进行撞击试验而设计的，因此，对于这个重量，它们不需要专门的或修改的设备。

让我们再讨论一种撞击试验的方法。位于美国印第安纳州韦斯特菲尔德的先进产品评价中心（Center for Advanced Product Evaluation，CAPE），是先进车辆安全性系统制造商的一个单位。该中心设计和建造的试验台有助于确定车辆内部是否有可生存的空间，以及车辆的车身与车架监测系统是否足以承受翻车事故[72]。在CAPE进行的试验通常设计成能证明所制造的车辆符合不同机构制定的各项标准。

CAPE完成了一个试验平台的开发，可以为汽车OEM提供高达100t的车顶挤压试验。它也可用于试验越野车防滚架和赛车底盘。该试验台使用4个液压作动筒（油缸），安装在一个大尺寸压力板的4个角上，并作为4个独立的运动轴予以控制。该系统的核心是一个由Delta计算机系统公司生产的八轴RMC150电液运动控制器。CAPE使用了RMC151运动控制器的一个特殊功能，即“虚拟齿轮”，以使所有4个轴精确地同步移动，以确保压力板在加压运行中保持完全水平。4个“从动”轴跟随一个虚拟的“主”轴，主轴的设置是为了控制压力板的位置和在试验中施加的累积力。典型的加压循环工作如[72]：打开液压泵，将传感器初始化为零值。然后，4个加压缸安排在一起，系统得到一个指令，将钢制压力板向上移动并离开。车辆的驾驶室/车身放置在试验台中，降低压板，直到它达到一个刚好在驾驶室上方但又不触及驾驶室的位置。下达指令，将试验台预加载到500磅，接着下达指令，施加全部载荷，这个过程需要1~5min。允许该系统在负载下停顿30s，然后卸载到称重传感器上为零磅。最后，压板被完全移出驾驶室，试验数据通过RMC的以太网接口从运动控制器下载到网络驱动器。

使用PMCTools软件对运动步骤进行编程，该软件与Delta运动控制器一起提供。它能够使用高级指令对控制器进行编程，如虚拟传动装置。在试验运行中，CAPE试验平台中的Delta运动控制器进行数据采集，并在内部保持所有的试验数据。PMCTools软件可以操纵试验系统的操作界面功能和数据传输到连接的PC上。遗憾的是，目前所有这些类型的撞击（坠毁）试验一般都没有考虑人为因素，而人为因素是现实生活中撞击（坠毁）的基本原因之一。作者的书[28,30]涵盖了什么样的人为因素，以及如何在碰撞试验中考虑这些因素，特别是考虑在大城市里，与道路照明问题有关的，在撞击试验中没有考虑的人为因素，在本书中都有涵盖。

习　　题

1. 描述加速试验中的国际标准的基本内容。

2. 描述加速试验方法中的 IEC 62506 标准。
3. 为什么召回是关于产品有效性的可靠度量指标?
4. 展示过去几年中美国市场召回数量的变化动态。
5. 描述加速试验使用和发展的基本大方向。
6. 描述现场和飞行加速试验的第一个大方向及其具体内容。
7. 描述加速试验发展的第二个大方向（计算机/软件模拟）。
8. 描述加速试验发展的第三个大方向（实验室和试验场）。
9. 描述加速试验发展的第四个大方向（加速可靠性和耐久性试验）。
10. 讨论加速疲劳试验。
11. 描述加速撞击试验的趋势。

参考文献

[1] Frank Murray S, Heshmat Hooshang, Fusaro Robert Acclerated testing of space mechanisms. MTI Report 95TR29. April 1995.

[2] Standard IEC 62506 Ed. 1. 0 B: 2013: methods for product accelerated testing.

[3] Masterson P. Liberty mutual insurance. Car's. com. January 7, 2019.

[4] Jibrell A. Auto recall bill grew 26% to $22 billion in 2016, study says. Automotive News January 30, 2018.

[5] Ewing S. Automotive recalls cost $22 billion in 2016. That's a 26 percents increase over the previous year. January 31, 2018 [Road show. Car industry].

[6] Vortabe R. After second recall, Toyota Prius electrical system still overheating. CRS; April 14, 2019. The Twiliynt Zone.

[7] Statistics Portal. Statista 2018.

[8] U. S. CPSC—total civil penalties issued from 2006 to 2018.

[9] Ridella, SA. NHTSA. Office of Safety Traffic Research, September 20, 2012. Spring field, VA.

[10] Andrews W, Aisch G. A record year for auto recalls. New York Times December 30, 2014.

[11] Shane D. Exploding airbag crisis in Australia: 2. 3 million vehicles recalled. CNNMoney February 28, 2018. 1: 10 AM ET.

[12] BMW is recalling 1. 6 million vehicles worldwide over potential fire risk. Time October 23, 2018.

[13] Isidore C. Ford recalls 1. 4 million cars because steering wheel can come off. CNNMoney March 14, 2018.

[14] For Hyundai and Kia, Risk Goes Beyond Fire. Hard-won quality reputations at stake. Automotive News October 20, 2018.

[15] Auto Recalls. NHTSA should take steps to further. Report to Congressional Commit tees. December 2017. https://wwwgaogov/assets/690/688714. pdf.

[16] Panait M. Subaru extends JDM recall over new cases of inspection cheating. Autoe volution November 5. 2018. https://www. autoevolution. com/news/recalls/.

[17] Patrascu D. Ford recalls 1. 5 million focus models in North America. Autoevolution October 25, 2018. https://wwwautoevolutioncom/news/recalls/.

[18] Patrascu D. BMW EGR fire recall Grows to 1. 6 million cars globally, October 23, 2018. https://www. autoevolution. com/news/recalls/.

[19] Penait M. Toyota recalls millions of hybrid vehicles, October 7, 2018. https://www autoevolution. com/news/recalls/.

[20] Panait M. Shanghai GM recalls more than 3. 3 million vehicles in China. September 30, 2018. https://www. autoevolution. com/news/recalls/.

[21] Lion Air jet had same airspeed problem on last 4flights. http//a. msn. com/01/en-us/BBPm3kX?ocid=se.

[22] Beech H, Bradsher K. At doomed flight's helm, pilots may have been overwhelmed in seconds. New York Times November 8, 2018.

[23] Vlasic B, Stout H. Auto industry galvanized after record recall year. New York Times December 30, 2014.

[24] Koenig D. Boeing's troubled jet is costing $ 1billion to fix so far. The Associated Press; April 24, 2019.

[25] Gameron D, Tangel A Boeing sees more 737 costs. Wall Street Journal April 18, 2019.

[26] Shepardson D. Editing by David Gregorio. Reutors. Senators to press automakers, regulators on Takata air bag recall. New York Times March 20, 2018.

[27] Klyatis LM, Anderson EL. Reliability prediction and testing textbook. Wiley; 2018.

[28] Klyatis LM, Klyatis EL. Accelerated quality and reliability solutions. Elsevier; 2006.

[29] Horiba, MIRA. Vehicle durability testing.

[30] Klyatis LM. Accelerated reliability and durability testing technology. Wiley; 2012.

[31] Mezger S, Deng M. Efficient functional testing of flight attendant panels. Aerospace Testing International; ShowCase 2018.

[32] Honda civic fleet and accelerated reliability testing-July 2005. INL/EXT06-01262. Energy efficiency and renewable energy. U. S. Department of Energy.

[33] Arguets FJ, Wehrey SJ. Field operations program Toyota RAV4 (NiMH) accelerated reliability testing—final report. ENEL/EXT2000-00100. Idaho National Engineering and Environmental Laboratory Automotive Systems and Technology Department; March 2000.

[34] Hybrid electric vehicle end-of-life testing on Honda insight, Honda gen 1 civics and Toyota gen 1 Priuses. INL/EXT-06-1262.

[35] Birch S. 24 million KM of testing for Mercedes C-class. Automotive Engineering April 2007.

[36] LMS Supports Ford Otosan in Developing Accelerated Durability Testing Cycles. http://www. lmsintl. com/LMS-Ford-Otosan-developing accelerated-durability-testing-cycles.
[37] Mezger S, Deng M. Efficient functional testing of flight attendant panels. Aerospace Testing International; ShowCase 2018.
[38] Ralph D. Kimberlin: flight testing of fixed-wing aircraft. AIAA Education Series 2003.
[39] Gold I. Waiting for the ‘bus’. Aerospace Testing International September 2014.
[40] Mezger S, Deng M. Efficient functional testing of flight attendant panels. Aerospace Testing International; ShowCase 2018.
[41] Dynamic research, Inc. (DRI).
[42] The promise of virtual testing. MTS System, Inc.
[43] 7 layers Co: test engines.
[44] Reilly T Satellite and spacecraft vibration testing control. Aerospace Testing International SnowCase 2018.
[45] Fatemi SZ, Guerin F, Saintis L. Development of optimal accelerated test plan. RAMS Proceedings 2012.
[46] Flighttest programme - EASA - Europa EU. Example document for LSA applicants - vl of Feb. 17. 2016- [3] ABCD-GD-00. General Description Document. [4] ABCD-WB-08-00. https://www. easa. europa. eu/…/ABCD - FTP - 01 - 00% 20 -% 20Flight% 20test% 20program.
[47] Pradeep L, Pecht MG, Hakim E. Influence of temperature on microelectronics. CRC Press; 1997.
[48] Hobbs GK. Accelerated reliability engineering: HALT and HASS. Wiley; 2000.
[49] Introduction to accelerated testing types. ReliaSoft.
[50] Schenkelberg, F. Determine and design the best ALT. RAMS 2012 proceedings.
[51] Condra LW. Reliability improvement with design of experiments. New York: Marce Dekker; 2001.
[52] Yuan T, Liu X. Bayesian planning of optimal step stress accelerated life test. In: 57th annual reliability and maintainability symposium (RAMS) proceedings; 2011.
[53] Brown P. The industry view from Lansmont corporation. TEST Engineering and Management June/July 2013.
[54] Intertek. www. intertek. com/AST.
[55] Rogers, R. Accelerated life testing (ALT). NTS Detroit Laboratory.
[56] Kyle JT. Harrison HP. The use of accelerometer is simulating field conditions for accelerated testing of farm machinery. ASA Paper #60-631. Memphis; 1960.
[57] Nevada automotive test center (NATC).
[58] Farris TN, Matlik JF. Comprehensive structural integrity. 2003.
[59] Beaumont. P. Gudrin. ELantieri, P. Matteo L. Facchinetti. Borret, GM. Accelerated fatigue

test for automotive chassis parts design: an overview. RAMS 2012 proceedings.

[60] Dixon WJ, Mood AM. A method for obtaining and analyzing sensitively data. Journal of the American Statistical Association 1948; 43: 109.

[61] Boitsov BY, Obolenskii EP. Accelerated tests of determining the endurance limit as an efficient method of evaluating the accepted design and technological solutions. Strength of Materials 1983: 15.

[62] Rahman, E. Wu, N. Wu, C. Automotive components fatigue and durability testing with flexible vibration testing table 10-02-01-0004.

[63] Aerospace Vehicle. An overview. https://www. sciencedirect. com/topics/materials science/aerospace-vehicle.

[64] Bruel & Kjaer Sound & Vibration. Good closed-loop satellite vibrations. Aerospace Testing International December 2012.

[65] Otten KD, Suarez VJ, Le DK. Status of design features of the new NASA GRC mechanical VibrationFacility (MVF). IEST; 2010.

[66] Insurance institute for highway safety. Highway loss data institute. Overview.

[67] Parkin S. Crash test geniuses. Crash Test Technology International September 2016.

[68] https://media. daimler. com/marsMediaSite/…/Crash-testing-for-safety-research. xhtml.

[69] Klyatis L. Successful Prediction of Product Performance. quality, reliability, durability safety, maintainability, life-cycle cost, profit, and other components. SAE International, 2016.

[70] James A. Hit the dust. Aerospace Testing International September 2013.

[71] Edmonts S. Quarcycle testing. Crash Test Technology International September 2016.

[72] Coons B. A secret weapon for roof-crush testing. SAE Automotive Engineering May 2018.

[73] HORIBA instruments—HORIBA. www. horiba. com/us/en/scientific/horiba-instruments/.

[74] Novi, Michign Automotive testingexpo. 2018. https://testing-expo. com/usa/.

[75] MTS. Force & Motion. Aerospace testing. NO. 50. October 2018.

第3章　为准确模拟和成功进行加速试验而研究真实世界条件的情况

摘要

本章考虑了为准确模拟而需要研究的输入影响的组别。它详细考虑了多重环境（气候）的影响，为什么真实世界的模拟通常都不准确，以及为什么实验室或试验场的试验结果与真实世界的结果不一致。它将展示典型的多重环境覆盖范围，列出各种不同的环境组合情形，并考虑环境因素与机械和人的联系。它还描述了作为机械使用的外部条件的气候特征，包括用于工程分析的世界气候的分类和特征，辐射状态、热状态的特征，每天的空气温度、空气湿度和雨量、风速、大气现象、生物因素等的变化；气候因素和大气现象对材料特性以及“人-机器-机器影响的对象”这一系统的影响。还对每天和每年的气温波动与各种气候因素的快速变化影响进行了考虑，包括水（水分）、空气湿度、雾和露水的影响，以及各种基本的气候因素综合影响的特征。本章还考虑了作为大气、海洋和陆地表面之间相互作用的数学表述的气候模型，如冰和太阳。

3.1　引　　言

获得有关真实的现场/飞行条件的准确信息，是汽车、航空航天和其他产品进行成功加速试验的基本需求。如果没有这些信息，就不可能在实验室里准确模拟这些条件。在设计和制造阶段，尽早获得试验对象对于加速可靠性和耐久性试验技术尤为重要。这些是成功预测产品的质量、可靠性、耐久性、安全性、可维护性、寿命周期成本和其他性能特征的重要组成部分。加上其他一些先进的解决方案，这些基本的要求是汽车和航空航天工程领域加速试验呈现的正面趋势。

我们看到越来越多的人意识到，加速试验的成功在很大程度上取决于对真实世界条件的研究有多仔细和成功，以便为试验中模拟这些条件提供必要的正确信息。除非有正确的信息，否则对地面或飞行条件的模拟就不准确，加速试验的结果就不符合现场或飞行结果。

准确试验所需的地面或飞行条件包括：

（1）输入影响。

（2）人的因素。

（3）安全保证。

（4）其他。

所有这些都是必要的，以便准确地模拟其真实的相互作用和产品的性能。本章将详细考虑如何执行这些关键数据的采集程序。例如，关键的地面或飞行条件，也就是通常所说的环境（多重环境）条件只是基本的相互作用的地面或飞行输入影响的组别之一。从图 3.1 中可以看出，对这些条件更合适的说法是多重环境，因为在实验室里需要模拟真实世界中的许多条件，以便进行有意义的可靠性、耐久性、质量等加速试验。

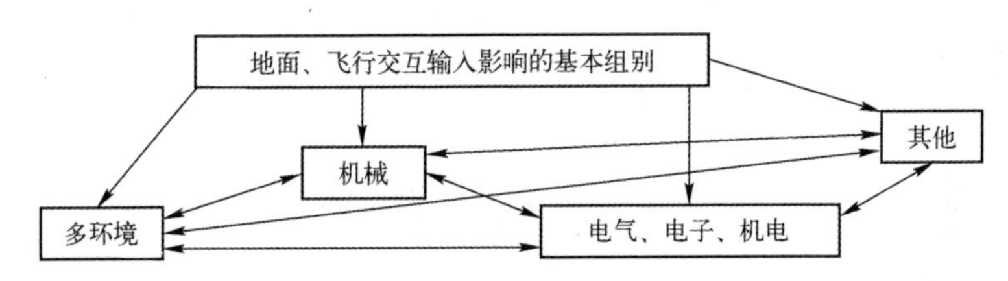

图 3.1　地面或飞行输入影响的相互作用的基本组别

在真实世界中，其他条件组与多重环境（气候）影响组共同作用。正是对所有这些多重环境影响因素的累积反应，才产生了导致产品退化和失效的输出变量（图 3.2），而这些失效又会导致可靠性、耐久性、安全性、生命周期成本和其他负面影响（见第 4 章）。这可以在参考文献［1，7，17］中详细看到。

因此，准确研究现场条件，包括多重环境条件，对汽车和航空航天工程领域加速试验的发展是至关重要的。

上述每一组别都由众多的分部组成，在作者的其他书中可以看到其更多的细节（如参考文献［1，17］）。

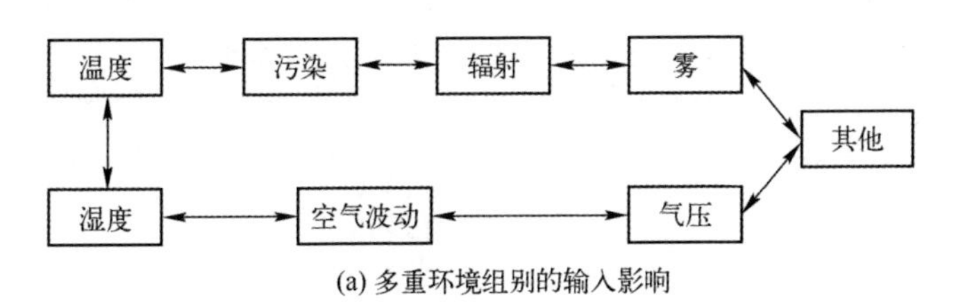

(a) 多重环境组别的输入影响

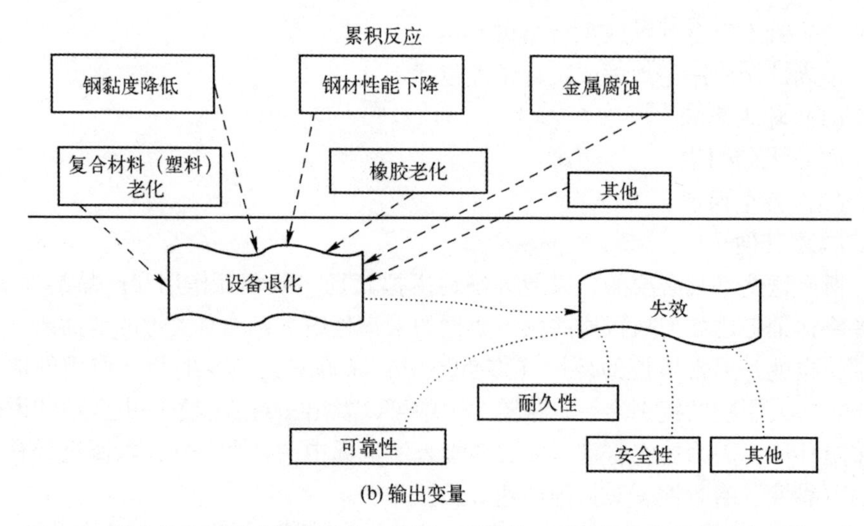

(b) 输出变量

图 3.2　图中显示了影响设备退化、故障、可靠性、耐久性安全和其他方面的一些基本地面和飞行气候（多重环境）组别的输入之间复杂的相互作用

3.2　多重环境因素

虽然有很多关于环境和多重环境试验的出版物，但其中很多都没有充分考虑产品真实的使用气候条件。也就是说，没有真实的初始信息就无法准确模拟在真实条件下试验的基本部件。这种缺乏准确的真实世界数据将影响产品的可靠性及其真实性能的其他方面。

因此，大多数时候模拟是不准确的，实验室或试验场的测试结果与真实世界的结果不一致。本章展示了如何通过仔细研究多重环境（气候）条件来提高模拟和加速试验的准确性。

鉴于设备可靠性的依赖性与生命周期中遇到的使用条件有关，在设计过程的开始就准确地确定这些条件是很重要的。影响机械可靠性的多重环境因素包括汽车和航空航天产品，都包含在表 3.1 中，它提供了一个典型环境条件的检查表。综合环境因素可能比任何单一环境因素的影响更不利于可靠性。

表 3.1　典型的多重环境覆盖检查表[1]

自　然　的	诱　发　的
反照率，行星红外 云 电磁辐射 静放电	加速度 化学品 电晕 电磁，激光

续表

自　然　的	诱　发　的
雾 冻雨 霜冻 真菌/霉菌 低、正常、高重力 冰雹 高湿 低湿 冰 电离气体 光照 地磁 流星体 空气污染 高压 低压，真空 宇宙太阳辐射 雨水 盐雾 沙尘 雨雪 雪 高温 低温 风	电磁，辐射 静放电 爆炸 结冰 磁 湿度 核辐射 冲击，爆炸冲击，热能 太空碎片 高温，航空，加热，火灾 低温，航空，冷却 湍流 蒸汽痕迹 机械振动，微声学 声学振动

在设计过程中，最基本的一点是，试验标准既要考虑单一的环境因素也要考虑组合的环境因素，以预期到必须适当地包括在系统设计剖面中的工作条件和危险。一个经常被忽视的例子是，一个产品不是在使用中而是在运输过程中可能会遇到各种不寻常的条件组合，如异常的温度、湿度、海拔、冲击和其他。设计条件需要考虑这些不寻常但真实世界中的影响，并使其可以接受[1]。

表 3.2 和表 3.3 提供了成对组合的环境因素的可靠性考虑。

表 3.2　各种环境因素的成对组合

低温加低湿	高温加臭氧	
相对湿度随着温度的降低而增加，在更低的温度下可能导致湿气变成霜或冰	温度从大约 300℉（150℃）开始，臭氧减少。高于约 520℉（270℃），臭氧在常见压力下无法存在	
低温加太阳辐射	低温加低压	低温加盐雾
低温倾向于减少太阳辐射的影响，反之亦然	这种组合可以加速通过阀座等的泄漏	低温会降低盐雾的腐蚀速率

续表

低温加低湿	高温加臭氧	
	低温加沙尘	低温加真菌
	低温会增加灰尘的渗透	低温会抑制真菌的生长。在零下的温度下，真菌处于假死状态
低温加冲击、振动	低温加加速	低温加易爆环境
低温往往会加剧冲击和振动的影响。然而，它通常只在非常低的温度下才会考虑	这种组合产生类似于低温加冲击和振动的效果	温度对爆炸环境的燃爆影响很小，但确实影响空气蒸汽比，这是一个重要的考虑因素
低温加臭氧	湿度加低压	湿度加盐雾
臭氧的影响在较低的温度下会降低，但臭氧浓度随温度降低而增加	湿度会增加低压的影响，特别是对电子或电气设备。然而，这种组合的实际效果主要取决于温度	高湿度会稀释盐的浓度，影响盐的腐蚀作用。它可能增加喷雾的覆盖范围，从而增加电导率
湿度加真菌	湿度加沙尘	湿度加太阳辐射
湿度有助于真菌和微生物的生长，但无助于它们的影响	沙尘对水有一种天然的亲和力，两者的结合会加剧恶化	湿度会增加太阳辐射对有机材料的退化效应

表 3.3　各种环境因素的组合

高温加湿度	高温加低压	高温加盐雾
高温会增加水分的渗透速度。湿度的一般恶化效应随高温而增加	环境中的各因素相互依赖。例如，随着压力降低，从材料成分里逸出的气体增加；随着温度升高，逸出也会增加。因此，两者都倾向于强化对方的影响	高温倾向于增加盐雾引起的腐蚀速率
高温加太阳辐射	高温加真菌	高温加沙尘
这是一种自然发生的组合，会导致有机材料不断退化	一定程度的高温是真菌和微生物生长的必要条件。然而，真菌和微生物在超过 160℃ （320℉）时不能生长	高温会加速沙子的侵蚀速度。然而，高温也会降低沙尘的渗透
高温加冲击、振动	高温加加速	高温加易爆环境
由于两种环境都会影响共同的材料特性，它们会加强彼此的影响。影响增强的程度取决于各环境因素在组合中的大小。塑料和聚合物比金属更容易受到这种组合的影响，除非达到极高的温度	这种组合产生的效果与高温加冲击和振动相同	温度对易爆环境的燃爆影响很小，但确实会影响空气蒸汽比，这是一个重要的考虑因素

这些可能存在的环境因素中，每一个都需要确定其对材料、细节、单元的使用和可靠性特征的影响，以及它们对整个机器设计的影响。

应确定能提供必要保护以抵御退化因素的包装技术。

在实际选择和确定环境应力模拟技术之前的环境应力识别过程，需要考虑与产品的所有寿命间隔相关的应力。这包括使用前和使用后的环境。当在制造装配、检查、测试、运输和安装过程中对测试对象施加应力时，维护环境可能会对产品的性能（可靠性和其他部分）产生重大影响。

在使用前阶段施加的压力往往被忽视，即使其可能会带来设备必须承受的特别恶劣的环境。系统或产品在运输和安装过程中所面临的环境可能比正常使用条件下所遇到的环境更严重，但却容易被忽视。另外，在系统设计中遇到的一些环境压力因素也很可能涉及在设计和制造阶段遇到的条件，而不是在实际使用中遇到的条件。

实施方法：为了确保以可靠性为导向的设计，有必要准确地确定产品在所有这些条件下所需要的环境抵抗力。

3.3　环境因素和机械

汽车和航空航天工业的大多数移动产品以及其他工业领域的许多产品主要是在户外使用，因此会暴露在自然界中。

这些产品的户外使用常常使它们受到自然发生的环境因素的不利影响。这些影响大多与大气有关，如因地而异的高、低气温，这些温度每天和每年的波动，太阳辐射，湿度，污染（机械和化学），雨，风等。

对产品的其他不利影响还有诸如雾、暴风雪、霜、地上的冰、沙尘暴、暴雨等大气现象。由于这些环境因素的破坏性影响，必须考虑材料的质量、设计的细节和使用，否则可能导致机械的可靠性和效能的恶化。上述因素不仅受到工程因素的影响，而且还受到由操作和维护机器的人员所带来的人为因素以及如道路条件、使用环境、污染物等外部影响因素的影响。由人为条件的预期变化而产生的输入以及陆地、道路、空气和空间的恶化也会影响可靠性。因此，机械的可靠性必须作为一个复杂的系统来建模，必须考虑“人-机械-机械动作的对象”的所有影响因素。该系统的成功运行也取决于操作人员的行为。对操作人员行为（不管是有意的还是无意的）重要性的认识，都必须是一个重要的因素。

对于地面车辆来说，使用的气候因素范围很广，从北极到亚热带，对于航空和航天器及其部件来说，甚至更加极端。使用环境的性质和特点将对内部材料的选择和机械的整体可靠性产生重大影响。但预测这些因素是非常复杂的。在户外或航空航天领域使用的机械可靠性和效能将在很大程度上取决于适合于在这些气候条件下使用的相应的设计水平。

这就意味着，设计必须保证在不同环境条件下达到最佳的可靠性，这反过来又要求发展环境加速试验，同时对经由积累的经验验证的机械设计和试验进行归纳，而它是针对这种特定环境条件而设计的[19]。通常情况下，电子、塑料或弹性产品对环境影响最敏感。

3.4 确定作为机械使用的外部条件的气候特征

3.4.1 建立一个具有世界气候特征的分类系统作为一个工程工具

全球气候的变化范围很大。陆上气候取决于太阳辐射效应、大气成分的循环、湿润度、物理地理特征（地形、地表等）、人类对气候条件的影响（水箱的发展、水培等）。这些因素的特征主要由地理位置决定（如地理宽度，与海洋、湖泊的距离等）。

世界的气候特征可以归纳为6个基本的小气候区（表3.4）[4]。

表3.4 世界气候区域的分类和特征[4]

区 域	特 征
温带	年绝对最高气温的中位数不高于40℃（104℉），年绝对最低温度的中位数不低于-45℃的地区
寒带	年绝对最低气温的中位数小于-45℃（-49℉）的地区
湿热带	气温组合在20℃（68℉）以上，相对湿度80%以上，白天持续12h以上，一年连续两个月以上的地区
干热带	年绝对最高气温的中位数高于40℃（104℉）的地区，与湿热带气候的小气候区无关
海洋性温寒带	位置在北纬30°以北及南纬30°以南的海洋
海洋性热带	位置在北纬30°及南纬30°之间的海洋

在使用这些表格来确定气候因素对产品材料的内部和外部区域以及机械可靠性的影响特点和强度时，还必须考虑这些因素在任何特定区域内的具体特征和分布。

3.5 辐射的特征

太阳辐射是指太阳的电磁辐射（辐射能）。到达地球表面的太阳辐射的波长在295~3000nm（1nm=10^{-9}m）。

平流层中的臭氧吸收并基本上消除了所有低于295nm的辐射能。虽然极其敏感的仪器可以检测到295nm以下的辐射，但大多数专家认为这个量可以忽略不计。

这种地面辐射通常分为三个主要的波长范围[4]：

（1）波长在295~400nm（占总辐射的6.8%）称为太阳光谱的紫外线（Ultraviolet，UV）部分。

根据ASTM G 113—94《与非金属材料的自然和人工风化试验有关的术语》，紫外线（UV）是成分的波长小于可见辐射的辐射。

（2）波长在400~800nm（占辐射总能量的55.4%）的称为太阳光谱的可见部分（Visible，VIS）。

（3）波长在800~2450nm（占辐射总能量的37.8%）的称为太阳光谱的红外线（Irfrared，IR）部分。

紫外线及其光谱范围并没有很好的定义。不过，国际光谱委员会（Commission Internationale de I'Eslairage，CIE）E2.1.2委员会做出了以下区分：UV-A=315~400nm；UV-B=280~315nm；UV-C<280nm。

可见光（人眼可以看到的辐射）在400~800nm，占太阳光谱的一半多一点。大约40%的太阳辐射包含在800nm以上的太阳光谱的红外部分。

根据信息来源的不同，光谱的紫外线和可见光部分之间的分界点可能不同。有些人认为分界点在400nm，有些人认为在385nm，还有些人认为在380nm。虽然这可以认为是一个小的差异，但在计算暴露的辐射剂量时必须搞清楚，无论是在户外还是人工条件下。385nm处的分界点和400nm处的分界点之间的差异可能超过25%，这在试图估计材料的使用寿命时可能就极其可观了（表3.5）。

表3.5 海平面上的全球太阳光谱辐照度（根据CIE文件85，表4）

光谱范围	光谱波长/nm	辐照度/(W/m^2)
紫外线B	280~315	2.19
	280~320	4.06
紫外线A	315~380	49.43
	315~385	54.25
	315~400	72.37
	320~400	70.50

续表

光谱范围	光谱波长/nm	辐照度/(W/m²)
紫外线总计	≤380	51.62
	≤385	56.44
	≤400	74.56
紫外线+可见光总计	≤780	658.53
	≤800	678.78
红外线	780~2450[a]	431.87
	800~2450[a]	411.62
总计	≤2450[a]	1090.40
注：a CIE 文件 85 的限制，表 2.4		

辐照度可以定义为单位面积上入射到表面的辐射通量，通常用 W/m^2 表示。对于这个参数，有必要指出测量的光谱范围或计算的数值，如 295~3000nm（全日光）或 295~400nm（全紫外线）。如果我们把注意力转向狭窄的波长区间，就会得到光谱辐照度，单位为（W/m^2）/nm。大多数辐射量以 kJ/m^2 或 MJ/m^2 为单位，将这种能量转换成我们更容易联系的数字（表 3.5）。

可以将用于测量太阳辐射的术语想象为装满水的浴缸。辐照度是指水从水龙头流出的速度，而辐射量是指在任何特定的时刻在浴缸里水的多少。定义波长范围的光谱辐照度则是用于填满浴缸的水的温度质量[3]。

到达地球表面的直接辐射和漫射辐射之比受到大气条件的强烈影响。水蒸气（湿度）和污染会增加漫射部分中的辐射能。沙漠气候的辐射能比例远高于亚热带气候。这是因为沙漠中的水汽比亚热带气候中的水汽少得多。相比之下，污染程度高的地方，直接辐射能急剧减少。

根据瑞利定律，短波长的辐射比长波长的辐射更容易被散射。因此，紫外线的百分比总是低于太阳总辐射的百分比。在比较太阳总辐射（包括太阳光谱的所有区域）和仅有的紫外线之间的直接辐照度百分比的图表中可以看到这种差异（图 3.3）。

在考虑在太阳的不同方位接收的辐射能量时，直接辐射和漫射辐射的影响是一个重要的考虑因素[7]。由于像佛罗里达南部这样的亚热带气候中水汽含量高，即使在晴朗的日子里，也有大约 50%的紫外线辐射被扩散。佛罗里达的许多日子都不晴朗，这导致漫射部分的辐射比例更大。像亚利桑那中部这样的沙漠气候将有更大比例的紫外线辐射是直接成分（多达 75%）。

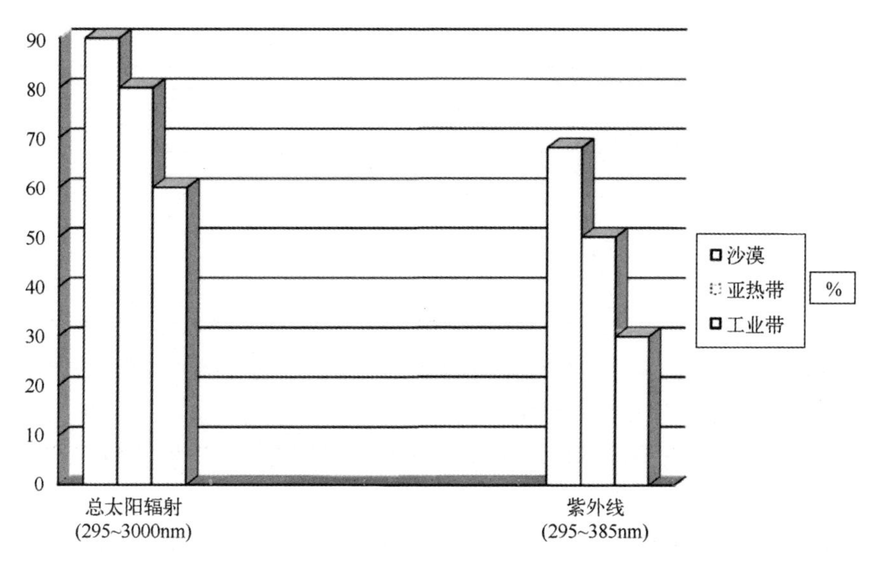

图3.3　太阳直射面积[1]

太阳辐射的大部分活性部分以平行射线的形式照射到地球表面，我们称为太阳直接辐射（S）。这种辐射大部分发生在南部地区。被空气分子和气溶胶分散后到达地球表面的那部分太阳辐射称为分散辐射（D）。直接和分散的太阳辐射与短波辐射有关（波的长度为0.17~4μm）。直接辐射和分散辐射之和称为太阳总辐射（Q）。地球上太阳辐射年总和的分布与太阳直接辐射的分布类似。

太阳辐射在大气层和地球表面重新分配。从大气层和地球表面反射的那部分太阳辐射称为反射的高频辐射（R）。被地球表面吸收的另一部分辐射称为吸收的短波辐射。吸收和反射的辐射量取决于太阳光线照射表面的颜色、结构、水分和其他属性。地表反射能力的特征称为反照率（A）(%)。反照率是表面反射的辐射量与入射的辐射量的比率。它是表面反射的辐射（R）与进入该表面的辐射总量（Q）的比率：

$$A=\frac{R}{Q}\times 100\%$$

如果表面反射更多的辐射，那么A就会增加。

一些材料和表面的反照率值（%）如表3.6所列。

表3.6　一些材料的反照率值[4]

材料类型		反照率（%）
雪	刚下的干雪	80~95
	清澈的水汽	50~55

续表

材料类型	反照率（%）
白色新漆	75
石灰石	50~65
轻砂岩	18~40
轻干沙	30~35
喷红漆的钢	34

陆上表面的反照率在一年中会发生变化，取决于雪、漆的外观和其他因素的影响。沙漠地区的反照率变化不大。

除了到达地表的短波辐射外，还有一种到达地球大气层的长波辐射，称为入射辐射 E_a。

自辐射 E_s 来自环境热量，它使地球表面的太阳辐射变暖。E_a 和 E_s 之差就是有效辐射 E_{ef}。

太阳辐射行为的基本特征是其辐射效应。一个地区的辐射效应 B 是通过测量一年中的变化量和辐射平衡的地理分布来评价的[4]，即

$$B=(S+D)(1-A)-E_{ef}=S^1+D-E_a-R-E_s$$

式中：S、S^1 为对应于垂直射线和水平面的太阳直接辐射；D 为分散辐射；A 为表面的反照率；E_{ef} 为有效辐射；E_a 为地球大气层的长波辐射；R 为从地球反射到大气层的短波辐射；E_s 为来自地球表面的长波辐射。

太阳辐射的强度取决于地理纬度、太阳的高度和大气的透明度。

3.6 空气热力效应的特征

室外空气的热力效应的特点是其分布和温度的变化。大气层下层的主要热源是由表面影响因素（土地、水、植物等）的温暖引起的。另外，活动表面从太阳中获得温暖。

地球上每个地区一年中的温度变化取决于到达地表的太阳能的量。它还取决于其他因素，如大气环流、海流、当地的地表、地表的基本成分和其他因素[6]。

虽然空气温度的中值是其分类的基本特征，但最大的空气低温和最大的空气高温是对机器可靠性的重要影响因素。这可以用最小温度和最大温度的中值 $t_{min.m}$ 和 $t_{max.m}$ 与绝对（外部）值 $t_{min.abs}$ 和 $t_{max.abs}$ 来描述。

地球上记录的最高空气温度（阴处为+58℃（136℉））出现在利比亚，最

低空气温度（-88.3℃）出现在南极洲。

3.7　空气温度的每天变化

机械的可靠性不仅受到低温和高温的影响，而且还受到一段时期内温度变化速度的影响。它可以通过每天的温度变化（幅度）进行评估。

最热的一个月和一天中最冷的小时（周期性变化）的平均值之间存在差异。在一个月内（非周期性变化），每天空气温度的中间最大值和中间最小值之间也存在差异。

每天空气温度变化最大的地区是大陆性气候高海拔地区，最低的则是在大陆性气候低的地区（受海洋影响的地区）。

对机械的材料和机械部件的张力影响最大的是最大每天温度变化幅度。

3.8　空气湿度和雨水

空气湿度取决于许多因素，包括与海洋的距离、空气温度、一年和一天中的时间、雨量等。因此，空气湿度取决于地区、一天中的时间等。

湿度值的变化主要取决于该地区的地理位置。

世界上最大雨量（12660mm/年）在东印度，最小雨量则在苏丹。

这类现象的影响的一个例子是，在相对湿度高的气候区观察到电弧炉（Electric Arc Furnace，EAF）变压器的铜绕组的损坏[7]。这种损害是由变压器内部的热量堆积造成的。由于这种已知的退化过程，已经开发了一个特殊的程序来模拟电弧炉变压器中的电力和热流。该模型已经通过测试阿瓦兹炼钢厂的 EAF 变压器的运行而得到验证。分析结果表明，该模型可用于控制变压器的热点温度。这为提高 EAF 变压器的可靠性和防止其合作绕组在强降雨地区的损坏提供了适当的机制。

3.9　风速的特征

风速和风向取决于地球附近气团环流的特点，以及气压的差异、一年中的时间、一天中的时间、表面释放和其他因素。

大气环流影响气候和天气，并取决于气团的转移。天气变化取决于气旋和反气旋的运动。风速和影响气压的变化是影响在户外工作的机器以及建筑物、桥梁等外部结构的重要特征。空气方向的变化经常影响天气变化或风暴的出现。因此，空气速度影响着机械的可靠性和结构的完整性。

3.10 大气现象

雾、露水、霜、地面上的冰或雪、空气波动、风暴和沙尘暴等大气现象对机械的可靠性产生重大影响。气体、污染物和酸雨等不寻常的大气条件可能会对产品产生全新的反应。在高度工业化的地区，酸雨可能是驱动风化过程的主要因素，也是影响各种材料的一个因素。

吹动的污物和尘土会对风化过程产生影响，而不会与材料的实际分子结构发生反应。这些影响包括污物对材料的紫外线辐射的屏蔽，它吸收了光谱的紫外线部分。在某些气候条件下，材料的表面会形成半永久性的清漆。霉菌、发霉和其他微生物制剂可能在材料退化或机器的运行可靠性方面发挥重要作用（如柴油燃料中的微生物污染，特别是在热带和亚热带气候下），尽管它们通常不被认为是风化因素。

3.11 生物因素

影响技术产品的一些生物因素是霉菌、昆虫和啮齿动物。这些因素对可靠性也有影响，特别是在热带地区（经常在机械储存期间）和对水中的船舶。

霉菌与缺乏光合作用特性的最低等植物形态有关，并由于与材料的相互联系而形成，它在其中分泌由不同酸组成的代谢产物，进而分解绝缘材料和塑料。霉菌发展的最有利条件是相对潮湿的空气（50%~85%）和温度（20~30℃（68~86℉））。如果湿度较低，没有吸湿性的营养，霉菌就无法发育。霉菌的产生也可以通过其快速的发展和巨大的种类（大约4万种）来加速。

一些类型的昆虫，特别是白蚁，以电导体绝缘为食，从而导致机器故障。从啮齿动物的行动来看也是如此。

3.12 气候因素和大气现象对材料和系统的影响

并非所有的气候因素和大气现象都对产品的可靠性、耐久性、安全性、可维护性和其他使用或性能方面有重大影响。

云的形式和成分、初霜的时间、土壤上层的温度等都是气候因素，通常对产品的可靠性和耐久性影响很小或没有影响。

通常，对车辆最重要的气候影响是太阳辐射、高低气温和温度变化、湿度、风速变化、雾、空气污染（化学、沙尘暴等）等。

这些现象对材料性能的影响也取决于上述因素的影响强度和持续时间以及它们累积的不利组合。

气候因素往往是户外使用的产品失效的主要原因。在设计中所选择材料（金属、塑料、电子产品等）的物理和化学特性必须与所遇到的气候条件相适应，否则选择会导致产品的可靠性下降。这就是考虑影响产品的气候因素是选择产品所用材料的一个重要因素的原因。

3.12.1　太阳辐射的影响

太阳辐射对金属机械部件的主要影响是这些部件和进入这些部件（车体、速度控制器等）的空气的温度升高。更复杂的过程可能发生在塑料中，这可能导致其更快速地老化。

此外，由于太阳辐射是热效应在大气层和地球表面之间界面的基本因素，空气温度的低和高对材料性能的影响主要是太阳辐射对空气热效应的影响。

光化学反应通常在温度升高时加速进行。此外，温度决定了后续反应步骤的速度。这些次级反应有时可以用阿伦尼乌斯方程来近似限定（但不准确）。

一般通用的经验法则是，材料温度每升高 10℃（50℉），反应速率就会增加 1 倍。然而，这可能不会在物理测量或外观变化中看到。

此外，在较高温度下启动的热化学反应可能根本不会发生，或者在较低温度下的反应率很低。

不受内部或外部热事件（如通过导管的液体流动或燃烧室的热量）影响的设备的金属部件的温度是环境温度、金属的太阳能吸收率、太阳辐照度和表面导电性的函数。这就是在有阳光的情况下，物体的表面温度通常会远远高于空气温度的原因。

可见光区和红外光区的太阳吸收率与颜色密切相关，从白色表面的 20%到黑色表面的 90%以上不等。因此，不同颜色的材料在暴露时将达到不同的温度。这种表面温度对颜色的依赖性也会对材料产生二次（非热化学）影响。例如，由于不同的表面温度，霉菌和其他生物生长将在不同颜色的材料上以不同的速度形成和积累。白色或浅色的材料往往比深色的材料“滋生”更多的霉菌。

在喷漆或涂层的金属表面获得的温度要比大部分塑料的高得多，因为金属的导热性和热容量通常比塑料基材高。环境空气温度、蒸发率和暴露期间周围空气的对流冷却都对材料的温度起一定作用，因此也影响其降解率。

1. 太阳辐射的热影响

太阳辐射的强度是由在一个绝对黑色的表面上，暴露在垂直射线下 1min，落在 $1cm^2$的热量（J/cm^2）来评估的。绝对黑色的表面是指其表面吸收了全部的太阳辐射。

辐照在物体的绝对黑色表面的能量 E 可以通过 Stephan-Boltzman 定律[5]来评估：

$$E=\sigma FT^4 \tag{3.1}$$

式中：σ 为比例系数或辐射常数；F 为物体的表面；T 为被辐射表面的绝对温度。

Stephan-Boltzman 定律的应用可以扩展到自然的“灰色”表面。通过更精确的计算式（3.1）中的表面辐射能力，可以引入相对辐射系数 δ。

于是，式（3.1）就变成为

$$E=\delta\sigma FT^4$$

太阳辐射使身体变暖取决于太阳辐射的强度、室外温度和体表的反射能力。反射能力取决于表面的颜色和粗糙度，表面光滑的身体能反射更多的辐射。

如果物体变暖了，它也会成为一个辐射源。我们可以在金属外壳热交换的例子中跟踪表面热交换的规律。在无光泽的黑色壳体中，没有内部的升温源（如不工作的挖掘机机身），辐射能量如图 3.4 所示。假设壳体的壁很薄，外部和内部墙壁表面的温度是相同的。

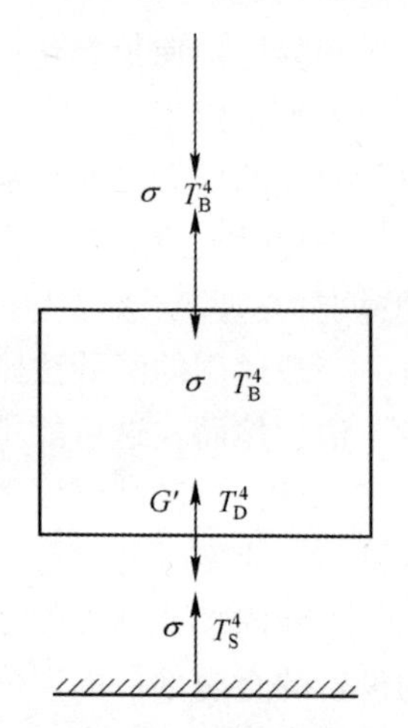

图 3.4　定义壳体墙辐射热平衡的示意图[4]

壳体的顶盖和壳体内部一样吸收太阳辐射的热量（σT_S^4）。壳体的下壁（底部）从顶盖吸收热量，并向内外辐射（σT_D^4）。将壳体放置在地面上，墙的底部辐射其热量，并可以从地面接收热量（σT_S^4）。

因此，该系统的温度平衡由以下数学依赖关系显示[4]：

$$\sigma T_B^4=\frac{\sigma}{2}\times(T_D^4-T_S^4);\quad \sigma T_D^4=\frac{1}{2}\times(1.6+\sigma T_B^4)$$

式中：T_B为壳体顶盖的温度；T_D为壳体底部的温度；T_S为地面温度；σ 为辐射常数。

物体表面的温度由物体内、物体外吸收的热量和辐射之差决定。这就是物体的热量平衡。它也可以是表面的热平衡和物体的热量平衡。

2. 表面的热平衡

一般来说，物体表面吸收热量或将热量辐射到环境中。这两个过程可以同时发生。表面吸收的热量 Q 由以下部分组成：

（1）来自所有类型的辐射（短波、长波和反射的）的热量 Q_E。

（2）来自环境热交换的热量；表面辐射的自发热量 Q_A。

（3）由于蒸发和凝结而导致的热量损失 Q_v 和 Q_K。

（4）由于身体内部的传导热 Q_L。

蒸发所需的热量从物体中扣除，但冷凝所需的热量必须加上。一般来说，通过物体表面的热量 Q 可以从下式中估算出来：

$$Q = Q_E + Q_S - Q_A - Q_v + Q_K \pm Q_L$$

静止的空气是一个绝热体，因此，当空气静止时，从表面转移走或带到表面的热量不多。当空气处于运动状态时，这种情况就会改变。

物体表面和外部空气之间存在热交换。这种热量变化的特点取决于不同类型的热传递。与此相对应的是吸收太阳辐射或辐射温暖的表面或中间面（图3.5）。通过吸收太阳辐射而没有蒸发，将产生的热量直接转移到加热表面。其中的一部分热量再辐射到外面的空气中，另一部分转移到物体内部。吸收的热量通常大于辐射，并被物体吸收。

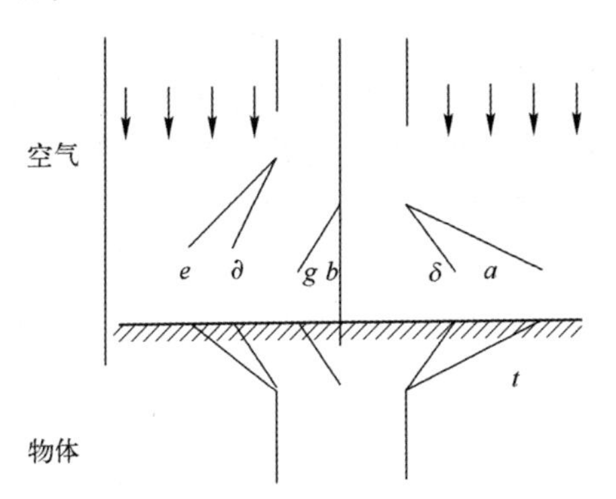

图3.5　通过不同类型的辐射来改变物体表面温度[4]：a 是吸收射线；t 是吸收射线，同时从表面蒸发水分；b 是辐射；g 是辐射并在表面形成露水或白霜；δ 是明确的蒸发，没有辐射的影响；e 是正常温度下

于是，表面温度便升高了（曲线 a）。

下式可用于确定热平衡：

$$(Q_E - Q_A) - Q_S - Q_L = 0$$

通过吸收射线并同时蒸发，部分热量转化为蒸发，因此，表面的温度以及由此产生的辐射与明确的吸收相比会减少（曲线 δ）。这个表面的热平衡条

件为

$$(Q_E - Q_A - Q_v) - Q_S - Q_L = 0$$

当物体的导热性不足以消除来自表面的热量时，或当物体正在冷却到一定程度，表面温度因蒸发而下降时，就会出现正常温度等于环境的表面。当来自蒸发的热量来自空气时，热平衡的条件：

$$-Q_v + Q_S = 0$$

3. 太阳辐射对塑料的作用

塑料越来越多地被纳入现代机器和设备的设计中。这些产品的发展趋势表明，在未来，塑料将在不同的工业领域有更广泛的应用。

在太阳辐射的作用下，复杂的光化学过程在塑料、橡胶及其组合物上发生反应。这些过程会分解化学结构。因此，材料和产品的质量都会发生变化。

太阳辐射，特别是它的紫外线部分，经常破坏塑料分子中许多非常牢固的键。因此，塑料的老化速度加快，随之而来的是产品的失效。

温暖、潮湿、空气氧气、高能量辐射和其他因素都会加速塑料的老化过程。太阳辐射导致的塑料老化速度取决于其强度、太阳光谱中紫外线辐射的百分比以及塑料的吸收特性。

研究表明，当辐射强度超过 16. 8kJ 时，分子连接的破坏和塑料的老化过程就会被激活[6]。

人们认为，塑料的老化和破坏有两个同时进行的过程。分子中的键断裂，形成分子碎片，然后在原子和分子碎片之间形成新的键。作为老化过程的结果，塑料的机械和电气性能、颜色等都会发生变化。

太阳辐射对塑料性能的影响可以通过将塑料试样置于辐射室或专门的室外条件下进行评估。例如，对于第二种类型的试样试验，最好使用 ATLAS 提供的试验站[6,18]，它是老化服务集团在美国和欧洲不同气候地区的一个分部。

在大多数情况下，各种气候因素的复合体在自然条件下作用于塑料。这些影响可以在实验室里进行模拟，用于加速评估这些因素对材料的影响，直至破坏。

材料的摩擦和介电性能的变化也可能对机械的可靠性产生影响。例如，一种制动器设计（KSP-1）在没有辐射的情况下通过摩擦制动的制动时间[11]为 4. 0s，辐射 15h 后为 4. 6s，辐射 30h 后为 5. 5s。由于材料的老化，塑料的摩擦系数减小，制动时间增加。

在某些情况下，通过改变射线吸收能力（增加其在光线下的稳定程度以及使其耐热）并给这些材料注入特殊的稳定剂来减少破坏的过程，可以减少塑料的老化过程。

3.12.2　高温的影响

由于太阳辐射的直接影响，以及在空气与将材料加热到更高温度的液体或气体之间的热交换，材料的温度会升高。当设备工作时，这些热量必须消散掉。工作状态设备（机械）的热源是发动机，在摩擦单元里，在摩擦的作用下产生热并将热从机械能传递给导热体和导电体，由它们将热从阻力散射成通过的电流。

高温对塑料和其他一些材料的特性影响最大。空气温度高会影响橡胶的弹性。例如，当温度从0℃升高到50℃（122℉）[4]时。

半导体器件的散热是提升这些器件工作温度的另一个因素[12]。不幸的是，大多数电子器件在温度升高时容易发生故障，所以器件的可靠性受到工作温度的影响。

几乎所有机件的故障都会在更高的温度时增加。

由于工作温度升高而导致的常见故障源自于：

（1）热膨胀系数（Thermal Coefficient of Expansion，TCE）。

（2）黏合材料的蠕变。

（3）腐蚀。

（4）电迁移。

（5）器件中的扩散。

参考文献［12］中详细介绍了工作温度对一些典型电子器件故障率的影响。这些曲线清楚地表明，材料的可靠性对工作温度有很强的依赖性。

为了解决这一问题，工作温度（也称为结点温度）应限制在100℃（212℉）以下，作为最坏的工作条件[13]。然而，在需要非常高可靠性的系统中，可能需要使用不超过85℃的结点温度。

这种最大允许结点温度的选择通常由元器件制造商建议，并基于其功率耗散和可靠性要求。在设计电子系统时，冷却技术和系统的冷却配置都要基于元器件允许的最大温度、散热率和环境规范[12]。

在许多产品中，最大的热量是由制动装置引起的摩擦产生的。

在这些制动装置中，当遇到正常且仅稍有增加的温度时，具有高摩擦特性的塑料支架广泛使用。但是这些材料的摩擦特性会因为材料的温度升高而降低，例如在制动引起的热量以及太阳辐射的热量作用下。其结果是，塑性材料在温度升高的情况下可能会结合或软化，液体部分来到表面，所有这些都会导致塑料的破坏或退化[1]。

导电体（电缆、电线、电气机械和仪器的捆绑物等）中使用的绝缘材料会吸收来自环境（太阳辐射和热空气）的热量以及导体发出的热量。许多不同类型的塑料、橡胶和油漆被用作绝缘材料。这些材料的老化特性取决于高温、太阳辐射、湿度和空气氧气的作用。加热和老化对绝缘塑料的影响会迅速降低其介电强度，并缩短其寿命。因此，在绝缘设计中，人们经常可以看到使用无机填料、热固性塑料和其他器件，如指定的黏合剂、浸渍剂和涂层组合物的清漆，但即使如此，如果受到高温（100~180℃）的影响，这些绝缘体的寿命也会缩短。

可燃液体、油脂、溶剂等的黏度在较高温度下也会下降。黏度的降低使润滑脂的润滑性能的质量下降，因为它减少了润滑表面之间的薄膜厚度。这会加速磨损，从而磨损表面。

温度升高也会降低用于发动机、液压系统和制动液的工业液体的黏度。它增加了液压马达、油缸和仪器的磨损，最终导致液体从高压空间泄漏到低压空间。

在高温下，工业液体中的液体油的氧化和老化也会加速。这种老化也可能因油和其他液体中密度较低的馏分的蒸发而加速。因此，它们的结构或性能特征可能会发生变化。

3.13 每天和每年的气温波动以及气候因素的快速变化的影响

低温和高温对材料产生相反的影响，而温度的快速变化（在一天或几个小时内）会增加温度波动对机械的负面影响。

通过空气温度的快速变化，会在产品的金属部件上产生额外的张力，从而诱发这些部件的不同热膨胀率[15]。

这些热张力更频繁地出现在较薄的部件上，这些部件具有柔性轮廓，因为与较厚的部件相比，部件的长度变化增加得更快。

而且，由于空气温度的快速变化，机器的大型部件会出现不规则的冷却或升温的因素。这导致了材料的额外张力。大多数张力是通过部件的快速冷却产生的。材料离散层的相对伸长或压缩可以通过以下公式进行评估[4]：

$$\varepsilon_t=\alpha_t(t_2-t_1)$$

式中：α_t为线性加宽系数；t_1为第一层的温度；t_2为第二层的温度；$t_2=t_1+(\partial t/\partial l)\Delta l$（$\Delta l$为层间距离）。

材料的比电导率受其温度影响的依赖性可以通过以下公式[16]来评估：

$$\sigma_e=\sigma_{eo}e^{at}\approx\sigma_{eo}[1-\alpha t]$$

式中：σ_{eo}为$t=0$℃时的比电导率；α为导热系数。

上述温度的快速变化会降低电机的使用寿命，尤其是电动机的。

介质渗透率受气压、湿度和温度的影响。低温和高温加上空气湿度的相应变化，在相同的空气压力下，会影响空气间隙的电介质的破坏（表3.7）。

表3.7　空气间隙击穿张力的校正系数[4]

压力/mmHg	温度/℃					
	-40	-20	0	20	40	60
845	1.07	0.99	0.93	0.87	0.82	0.77
1013	1.25	1.17	1.10	1.03	0.97	0.91
1182	1.43	1.34	1.26	1.19	1.12	1.05

当空气是绝缘体时，如电动起重机、挖掘机等，温度、湿度和气压的快速变化是影响电气设备工作的不利因素。温度快速变化产生的另一个影响是保护性油漆的开裂。

不同的热膨胀导致油漆和钢材分层。因此，会出现金属表面的刮擦和油漆层的脱落。

气室中的高压会降低发动机和变油器中化油器的工作性能。

3.14　水（水分）、空气湿度、雾和露水的影响

水在我们的环境中无处不在，无论是以湿气、雨、露水、雪还是冰雹的形式。

几乎所有在户外使用的材料都会暴露在这些影响下。

水对材料的影响有两种方式：一是水可能被合成材料吸收，二是被湿气覆盖。在第一种方式中，随着表层吸收水分，会出现体积膨胀，对干燥的次表层造成压力。干燥之后，或者说水被吸收后，表层将经历体积收缩。由于水合内层抵制这种收缩，会导致表面应力开裂。这种在水合和脱水状态之间的波动可能会导致应力裂缝。

冻融循环是另一种物理效应。由于水在冻结时会膨胀，材料中吸收的水分导致膨胀应力，从而造成涂层的剥离、开裂和脱落。雨水定期从表面冲刷污垢和污染物，对长期恶化的速度有影响，这更多的是由其频率而不是数量决定的。当雨水冲击表面时，蒸发过程迅速冷却表面，这可能导致材料的物理退化。冻雨或冰雹也可能导致材料的物理退化，因为它的冲击有强大的动能。

水也可以直接参与到涉及化学反应的性能降级。颜料涂层和聚合物中的二

氧化钛（TiO_2）的粉化就是这样一个例子。

虽然聚合物的结构可能因辐射能而改变，但如果不是由于化学方法吸收的水分循环作用，材料在表面上的实际释放也会增强。

以上述任何一种方法与水接触还可以加快氧化的速度。

水分也可以作为 pH 调节剂，特别是当它与其他环境影响结合在一起时，如考虑酸雨的影响，酸雨可能导致许多油漆和涂料的腐蚀。

空气湿度对材料产生负面影响的大小取决于水分的百分比（表 3.8）。如果空气中的水分较多（超过 90%），它要么降低材料的质量，要么渗透到这些材料内部，要么在材料表面构成水分薄膜。如果空气中的水分含量低于 50%，材料中的水分就会在空气中蒸发，导致材料的内部变化：材料变得脆弱，产生裂纹。

表 3.8　空气湿度对材料内部和设备工作条件的影响的特征[6]

高 湿 度	低 湿 度
金属腐蚀	裂纹出现，绝缘材料的微损伤
使矿物油、工业液体和燃料油饱和	—
随着乳液的形成，改变油脂的稠度	油脂变得更加固化
降低绝缘材料的体积电阻	密封材料变得更加干燥
降低绝缘体的表面电阻会增加介电系数	塑料细节处变形
空气的渗透性	—
霉菌生长	—

吸湿性材料从空气中吸收水分，如绝缘材料，它是用棉花或纸张生产的。水分可以通过三种方式渗透到材料中：通过毛细管凝结，通过渗透到聚合物的结构中（分子间），以及通过材料的裂纹和大孔进入。

随着空气温度的增加，水分渗透到材料中的速度也会增加。

渗透到材料中的水分会降低其固体阻力。

水分可能会沉淀在材料的表面形成一层薄膜。因此，材料的表面电阻大大降低（图 3.6）。最严重的下降是在绝缘体的表面电阻，它受到被气体和灰尘污染的水膜影响很大。

水分也会创造有利的条件，以加快金属表面沉淀的水分对金属的大气腐蚀。金属常见损失的 50%是由这种类型的腐蚀造成的。关于大气腐蚀的详细内容可参见参考文献［4］。

空气水分还会与液体矿物油发生反应。油中的空气水分会导致油的润滑性和防腐性下降。水分与润滑油和润滑脂的相互作用形成了一种润滑性能下降的水乳剂。

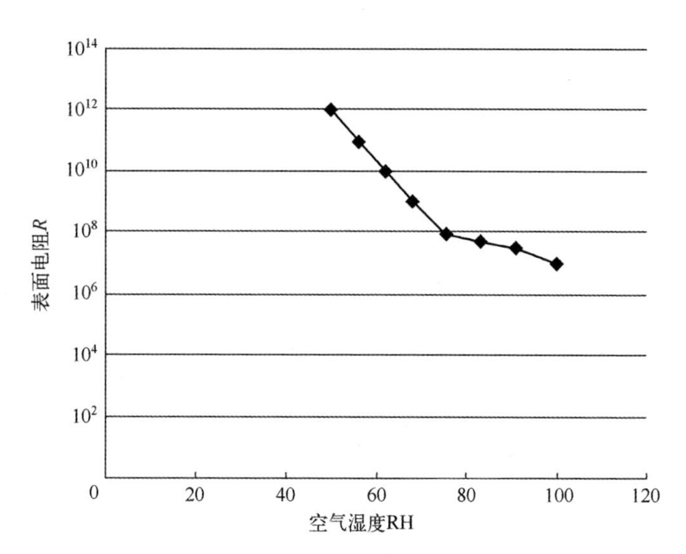

图3.6　陶瓷细部绝缘上的表面电阻R对空气湿度RH的依赖性

虽然这些问题与高湿度有关，但低空气湿度也带来了其自身的问题。低空气湿度会引起材料的干燥和弯曲。当水分在绝缘体中减少时，如在电气绕组中，绝缘体的电阻增加，但这种绝缘体的干燥可能导致裂纹，从而导致绝缘体的剥落和破坏。

3.15　基本气候（环境）因素综合影响的特征

如前所述，在现实生活中，这些不同的气候因素同时并存，从而影响产品的可靠性（图3.7）。此外，它们的作用效果在很大程度上取决于这些因素之间的相互联系。不利的组合往往对产品的可靠性产生不利的影响。

不利影响组合的例子，如空气的低温与风、湿气、低或高的空气湿度等因素结合。

不同影响因素的组合对材料和设备内部的影响最好通过使用现场条件下的被动实验和在实验室或现场条件下加速作用的实际试验的方法来进行评估。

在考虑太阳辐射、温度、水分及其对产品的次生影响时，我们必须认识到这些因素在使材料性能降级方面是共同作用的。如果独立地模拟这些因素，所产生的降级不太可能与暴露在室外条件下的材料相似，所有这些因素都在降级过程中起作用[20]。

这些主要气候因素的协同效应是变化的，它取决于暴露的材料。

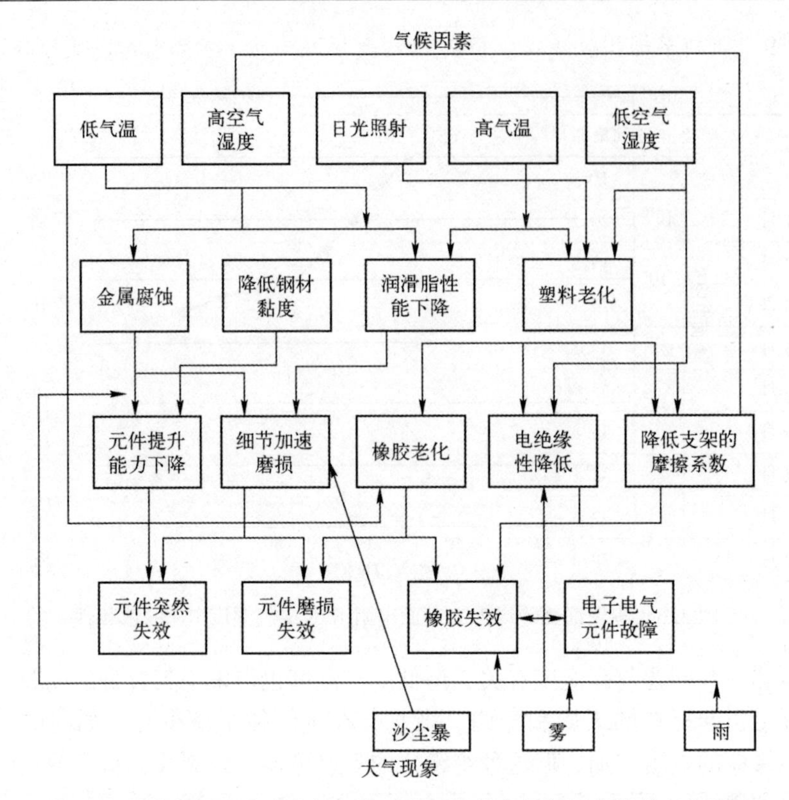

图 3.7　基本气候因素和大气现象对材料性能与机械可靠性的复杂影响

即使是产品配方的微小改变，如添加稳定剂、阻燃剂、填料等，也会极大地改变该材料的降级特性。回收材料的使用、聚合物基体中的杂质以及产品加工方法的变化是影响耐气候性能的额外变量。虽然有许多出版物研究纯聚合物、稳定剂和特定售后产品的耐用性特征，但对任何材料的耐候性的了解都不是一门精确的科学。可以说，风化因素对每种材料的影响的完全理解是永远无法实现的。

专业人士多年来一直使用第一种方法，而且有专门的试验设施来模拟许多不同的气候条件。例如，ATLAS[18]有一个分部（风化服务小组），在美国和其他国家有三个主要设施（ISO/IEC 指南），在世界各地还有几十个站点，为材料和产品试验提供最广泛的气候与环境条件。

静态气象试验能力包括使用固定或可变角度的直接暴露，以及有支撑或无支撑的架子；室内材料的玻璃下暴露；以及油漆和涂层材料的黑箱暴露。作为一个例子，表 3.9 显示了亚利桑那州凤凰城和佛罗里达州南部的月平均紫外线和总辐射暴露[10]，表 3.10 显示了世界不同地点的 ATLAS 站的年度气候学数据。

表 3.9 亚利桑那州凤凰城和佛罗里达州南部的月平均紫外线和总辐射量

单位：MJ/m^2

月份	亚利桑那州凤凰城（AZ）北纬 34°		佛罗里达州南部（FL）北纬 26°	
	UV[a]	合计	UV[a]	合计
1 月	20.1	490	20.0	505
2 月	19.8	546	22.5	545
3 月	24.7	633	26.5	618
4 月	33.3	755	28.0	612
5 月	38.6	786	28.0	609
6 月	36.8	770	25.7	543
7 月	35.1	745	24.7	532
8 月	32.5	756	24.0	543
9 月	29.3	711	22.3	540
10 月	25.8	705	21.7	555
11 月	19.2	582	18.0	490
12 月	18.3	525	18.6	496
年度总计	333.5	8004	280.0	6588

注：a 低于波长 385nm

表 3.10 国内和国际远程站点的年度气候学数据

地区	纬度	经度	海拔/m	平均环境温度/℃	平均环境相对湿度（%）	降雨量/mm	总辐射能/(MJ/m^2)
肯塔基州路易斯维尔	38°11′N	85°44′W	149	13	67	1092	5100
佛罗里达州杰克逊维尔	30°29′N	81°42′W	8	20	76	1303	5800
亚利桑那州普雷斯科特	34°39′N	112°26′W	1531	12	65	1093	7000
荷兰洛赫姆	52°30′N	6°30′E	35	9	83	715	3700
荷兰，荷兰角	51°57′N	4°10′E	6	10	87	800	3800
萨纳里，法国（班多尔）	43°08′N	5°49′E	110	13	64	1200	5500
新加坡（樟宜机场）	1°22′N	103°59′E	15	27	84	2300	6030
澳大利亚墨尔本	37°49′S	144°58′E	35	16	62	650	5385

续表

地区	纬度	经度	海拔/m	平均环境温度/℃	平均环境相对湿度（%）	降雨量/mm	总辐射能/(MJ/m²)
澳大利亚汤斯维尔	19°15′S	146°46′E	15	25	70	937	7236
加拿大渥太华	45°20′N	75°41′W	103	6	73	1910	4050
俄罗斯索契	43°27′N	39°57′E	30	14	77	1390	4980
沙特阿拉伯达兰	26°32′N	50°13′E	92	26	60	80	6946

然而，我们最好记住，不能简单地用被动试验来复制气候因素。聚合物材料的老化受到各种大气现象的影响，如太阳辐射、高低气温、湿度、臭氧和材料的张力。因此，可能会出现机械强度、电阻、摩擦系数和其他性能的下降。图 3.8 说明，由于压块在大气中的老化，钢联对压块进行制动时摩擦力矩的变化。

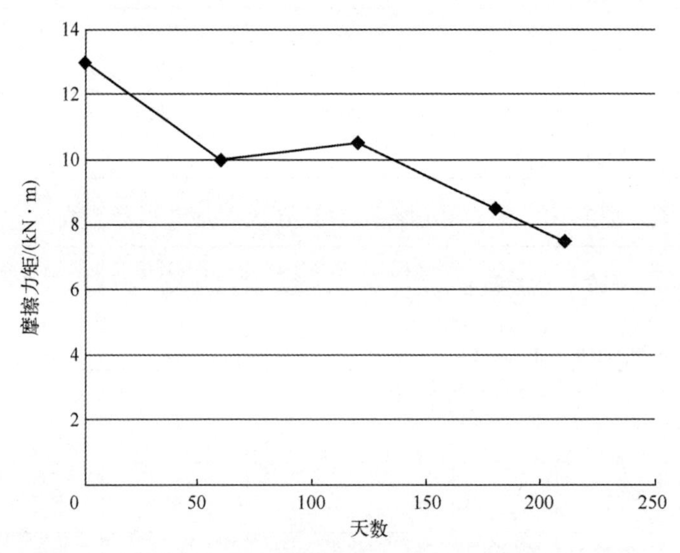

图 3.8　从大气环境下老化的持续时间来看，摩擦制动 35567 压力质量支架的摩擦力矩的变化[1,11]

如果试样只暴露在一个气候区进行大气老化，就不可能评估每个气候因素对材料性能变化的影响[11]。

虽然通过在不同气候区的处置，可以确定气候因素对相同材料性能复杂影响的共同特征和强度，但显然，不同的气候条件会影响上述指标。对这些条件的类似影响是聚氯乙烯塑性的相对延长（图 3.9），以及在橡胶变形引起的裂缝出现之前需要多长时间（图 3.10）。

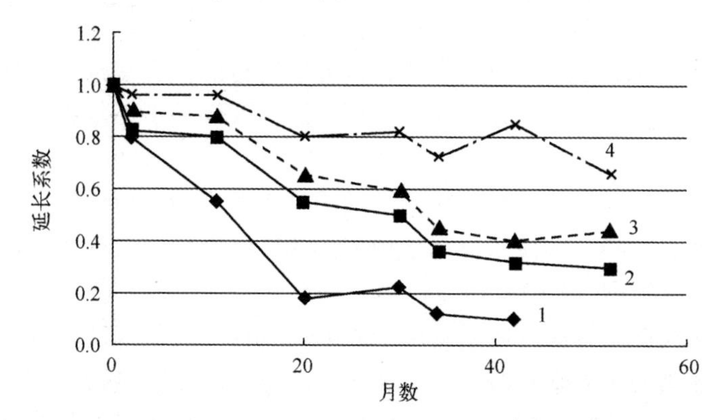

图 3.9　不同气候区材料特性的变化[1]：厚度为 1mm 的塑料试样的相对延长系数 K_2；1 为初始值；2 为平均纬度；3 为湿润亚热带；4 为干燥亚热带

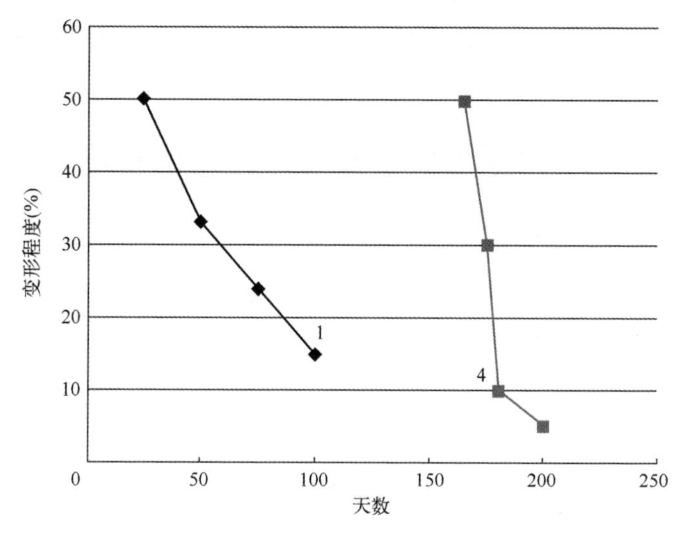

图 3.10　（接图 3.9）不同气候区域材料特性的变化[1]：1 为初始值；4 为干燥亚热带

另一个考虑因素是，一些塑料通过气候因素对其挥发性物质的作用而发生化学变化，导致这些挥发性元素释放到环境中。这也会改变原有塑料的质量。

图 3.9 和图 3.10 显示了材料随着时间的推移而老化是如何降低其延长系数特性的。还应注意的是，上述下降的特征也取决于原始质量和气候因素的强度。而且，材料的老化几乎总是一个不可逆的过程。

通过选择不同的输入影响方法和每种影响的不同强度，主动试验的试验方法提供了在各种气候条件下考察材料长期性能的可能性。在实验室进行这种类型的加速试验，使研究人员能够控制输入对所研究产品的影响。然而，为了达到这一目的，进行此类试验所需要的实验室必须十分复杂。

模拟地球气候的复杂任务是由计算机程序进行的，旨在根据大规模作用力来找出长期的气候趋势。与天气预测模型不同，气候模型不是用来预测单个风暴系统的。

而且，虽然气候模型是基于我们知道的过去发生的事情，但它们可能无法准确预测未来。一些气候模型也用于预测，如曾帮助预测对于持续数年的冷却影响的气候响应模型（图 3.11）。

需要开发模型来解决气候系统对额外温室气体如何反应的问题。据信，这些模型正确地预测了后来经观测证实的效果，包括北极和陆地上的更大变暖，夜间更大变暖，以及平流层冷却。气候模型远没有高估未来的气候变化，而是更有可能在预测时保守。

虽然以上描述了大多数战略性的常见情况，但有必要使用具体的真实世界的输入影响因素，并利用试验对象使用对应的气候条件对它进行具体类型的试验。

3.16 用于加速试验气候模型的可靠性

一些涉及气候模型的预测与本章正文中的预测不同。

气候模型是对气候系统各方面相互作用的数学表述的尝试，其中包括大气、海洋、陆地表面、冰和太阳。

显然，这是一项非常复杂的任务，所以建立模型是为了估计趋势而不是具体事件[22]。例如，气候模型可以预测冬天是否会冷，但它不能告诉你任何特定日子的温度是多少，那是天气预报。气候趋势是平均的天气，通常是 30 年或更长时间的。这些趋势很重要，因为它们消除或“平滑”了可能是极端但相当罕见的单一事件。

气候模型必须经过测试，以发现它们是否有效。因为我们不能等 30 年后再看一个模型好还是不好；模型要对照过去，对照已经发生的事情来测试。如果一个模型能够正确地预测从一个起点到过去某个地方的趋势，那么理论上就可以预期它能以合理的确定性预测未来可能发生的情况。

因此，所有这些模型首先要通过一个称为 Hindcasting 的过程进行测试。如果用于预测未来全球变暖的模型能够准确地描绘出过去的气候变化，那么就假定，如果它们把过去的情况弄对了，就没有理由认为它们对未来的预测会出错。而且，由于模型无法模拟已经发生的事情，除非在模型中加入额外的二氧化碳，因此测试表明二氧化碳必须是全球变暖的原因。所有其他已知的强迫因素都足以解释过去 30 年温度上升之前的温度变化，而没有一个因素能够解释过去 30 年的气温上升。二氧化碳确实解释了这一上升，而且完全解释了这种上升，而不需要任何额外的或尚不清楚的强迫因素。

一些已经运行了足够长时间的模型也已被证明能够得出准确的预测。

这些模型成功地预测了火山爆发导致大量一氧化碳进入大气后的气候反应。

所有的模型都有局限性和不确定性，因为它们是对复杂系统进行建模的，然而，所有的模型都可以随着时间的推移和现实世界信息来源的增加而得到改善，如卫星获得的数据。气候模型的输出可以不断完善，以增加其威力和实用性。

由于气候模型已经预测了许多现象，我们现在有了经验证据，气候模型可以为潜在的气候变化提供可靠的指导。

主流的气候模型也已经准确地预测了全球地表温度的变化[22]。

我们可以在参考文献［23］中看到对这个问题的另一种描述。由计算机程序进行的旨在发现基于大规模力的长期气候趋势的、模拟地球气候的复杂任务见参考文献［23］。

习　　题

1. 准确试验所需的地面和飞行条件是什么？

2. 给出基本的相互作用的地面和飞行输入影响因素的组别。

3. 描述从输入影响的多重环境组到失效和可靠性/耐用性、安全性和其他的路径。

4. 描述一个典型的多重环境检查表。

5. 描述一些环境试验的组合。

6. 描述针对技术应用的世界气候区的分类和特征。

7. 讨论太阳辐射效应的一些特征。

8. 描述空气热力效应的特征。

9. 描述每天的空气温度变化。

10. 描述风的一些特征。

11. 描述一些大气现象，如雾、露、霜、冰或地上的雪？

12. 生物因素如何影响技术产品？

13. 气候因素如何影响材料和“人-产品-产品影响的对象”系统?

14. 给出并描述 Stephan-Boltzman 定律的公式。

15. 描述表面热平衡涉及的要素。

16. 太阳辐射会对塑料产生什么影响?

17. 描述太阳辐射产生的高温对材料的影响。

18. 描述每天和每年的气温波动以及气候因素的快速变化对产品的一些影响。

19. 描述水(水分)、空气湿度、雾和露水的一些影响。

20. 描述一些气候因素的综合影响特征。

21. 给出基本气候因素和大气现象对材料性能和机械可靠性的复杂影响。

22. 讨论气候模型用于加速试验的可靠性。

参考文献

[1] Klyatis LM, Klyatis EL. Accelerated quality and reliability solutions. Elsevier; 2006.

[2] MIL-HDBK-217E. Reliability prediction of electronic equipment. 1990.

[3] SAE G-11. Reliability, maintainability, and supportability guidebook. 1990.

[4] Koh PI. Climate and reliability of machinery. Moscow: Mashinostroenie; 1981.

[5] Klyatis LM. Accelerated evaluation of farm machinery. Moscow: Agropromisdat; 1985.

[6] ATLAS, Materials Testing Solutions. Weathering testing guidebook. 2001.

[7] Klyatis L. Successful Prediction of Product Performance. quality, reliability, durability safety, maintainability, life-cycle cost, profit, and other components. SAE International; 2016.

[8] Klyatis, LM. Use of simulation in solving biological engineering problems-evaluating Agricultural product quality. Paper No. 94-3612. Written for presentation at the 1994 ASAE International Winter Meeting. Atlanta, GA, pp. 1-7.

[9] Klyatis LM. Environment and reliability of agricultural machinery. In: 10th annual agricultural conference. reliability evaluation & engineering session. Cedar Rapids, lowa; 1995.

[10] Weathering services. ATLAS weathering services group, Bulletin AWSG, vol. 10; 1997.

[11] Kragelsky IV. Friction and wear. Moscow: Mashgiz; 1981.

[12] Protection of electronic apparatus from influence of climatic conditions. 1970. By edition of G Ubish, Energy, Moscow.

[13] Eruchimovich SV. Research on plastics in process of aging. Moscow: VNEEAM; 1988.

[14] Holman JP. Heat transfer. New York: McGraw-Hill; 1991.

[15] Klyatis LM. Climate and reliability. In: Proceedings 56th ASQ annual quality congress, Denver; 2002. p. 131-40.

[16] Ireson W, Coombs G, Clude F, Moss RY. Handbook on reliability engineering and manage-

ment. New York: McGraw-Hill; 1995.

[17] Klyatis LM. Accelerated reliability and durability testing technology. WILEY; 2012.

[18] ATLAS. Materials testing solutions, weathering, Lightfastness corrosion, ATLA materials testing Technology (USA).

[19] Klyatis LM. Establishment of accelerated corrosion testing conditions. In: Reliability and maintainability symposium (RAMS) proceedings. Seattle, WA; January 28 - 31, 2002. p. 636-41.

[20] Scott G., Wong I., Chen, W. -z., Walters, E., Lucas, C., WasynczukO., Distributed simulation of an uninhabited aerial vehicle power system, Proceedings SAE 2004 Powe Systems Conference, November 2-4, 2004, Reno, Nevada, P-391, SAE International, pp. 235-241.

[21] Sunningham K, Foster JV, Shan GH, Stewart EC, Rivers RA, Wilborn JE, Gato W. Simulation study of a commercial transport airplane during stall and post-stall flight. SAE International 2010.

[22] How reliable are climate model? Sceptical Science. https://www. scepticalscience. com/climate-models. htm.

[23] Climate communication. How reliable are climate models? https://www. climatecommunication. org/questions/reliable-climate-models/.

第4章　加速试验发展的基本的正面和负面趋势

摘要

本章考虑了加速试验发展的趋势可能是正面或负面的，其中包括：对影响加速试验运用的负面趋势的回顾，导致加速试验改进缓慢的基本负面因素，与汽车和航空航天工程有关的加速试验发展的常见负面趋势，加速试验发展中具体战术层面的负面趋势，使用虚拟（计算机）模拟试验来取代产品和物理模拟的趋势，将指数分布定律错误地用于加速试验。本章还分析了导致产品效能提升的加速试验发展的正面趋势，其中包括加速试验中普遍的正面趋势，以及与汽车和航空航天工程中具体试验类型有关的具体的正面趋势。

4.1　引　　言

通常情况下，每一项新的技术或产品都有积极和消极的方面。如果积极的方面足够多（定量和定性地说），那么这种新的技术或产品就会被采用，并被认为是普遍积极的。如果不是，而且是净负的，那么它的成功就值得怀疑了。

如前所述，多年来，产品召回一直在增加，特别是在最近几年。这种趋势不仅体现在召回上，还体现在可靠性、可维护性、安全性的下降，因道路/飞行事故而导致的伤亡人数，以及生命周期成本的增加。

因事故而死亡的人数是一个非常重要的指标。所有这些的基本原因都是对复杂产品寿命性能的预测不准确。而且，糟糕的寿命性能预测往往是由于没有采用新的加速试验开发，特别是加速可靠性和耐久性试验技术的实施非常缓慢。

有几种措施可以用来消除在汽车和航空航天工程中发现的许多可靠性、耐久性和安全性问题，包括不同类型的试验，其目标应该是：

（1）找到真正的原因，而不是问题的结果。

（2）研究问题的原因是什么，以及你的发现正确还是不正确。

（3）决定如何能够消除造成问题的原因或至少将其减轻到可接受的程度。

（4）实施新的程序，并使用关于保证产品效能所需的试验水平的更有效的知识。

在参考文献［1-2］中可以找到使用这些操作的示例。

引用的出版物也为改善加速试验的现状提供了不同的想法。例如，在参考文献［3］中，作者简要回顾了对于加速试验的统计概念和其他概念。他还概述了一些当前和计划中的研究，以改善加速试验的规划和方法。

最近也有许多世界性的会议和研讨会，特别是在自主车辆的加速试验发展领域，这些都是可用的资源。不幸的是，在这样的计划和演示中，我们很少能找到关于发展试验趋势的相关信息。例如，2018 年 10 月在美国 Novi 举办的“自主车辆试验与发展”研讨会（北美唯一针对自主车辆与自动驾驶技术的试验与验证的会议）[4]，名义上是专门讨论试验的，议程中包括 45 个报告，但没有一个标题是关于试验发展趋势的。这种情况反映了人们普遍对试验发展趋势的重要性缺乏关注。

4.2　加速试验发展的负面趋势

4.2.1　加速试验发展的基本负面趋势

对现场条件变量进行计算机模拟，并利用这种模拟对产品进行试验，比物理模拟和试验更简单、更便宜，但它不能考虑产品部件之间的所有相互作用或整个产品在现实世界中的运行。

有两组基本的原因造成了加速试验发展中出现的负面因素（图 4.1）。

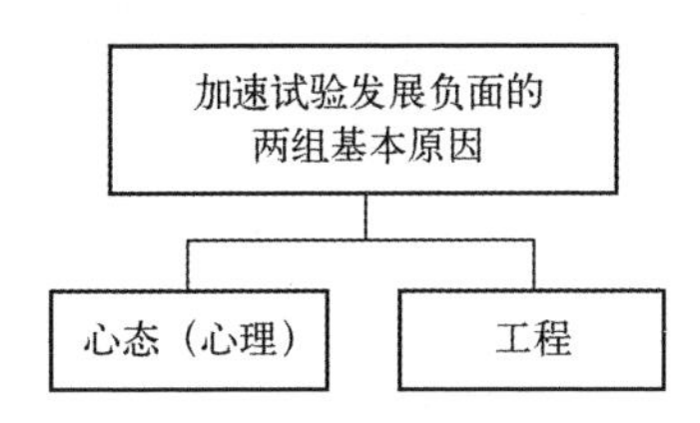

图 4.1　加速试验发展负面的两组基本原因

它们的简要描述如图 4.2 所示。这些负面因素导致了召回的两个基本原因，它从根本上说是采用了加速试验负面因素的结果，因此导致了不成功的预测，这在图 4.3 中有所描述，而从不成功的预测到召回的路径可以在图 4.4 中看到。

1. 心态原因

加速试验发展中的心态原因如下：

(1) 大多数专业人员，特别是做投资决策的高级管理人员，错误地认为

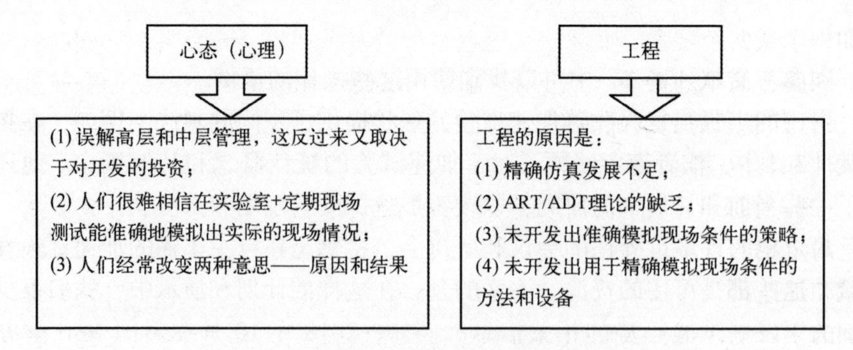

图 4.2　加速试验发展的两组基本负面原因的简要描述

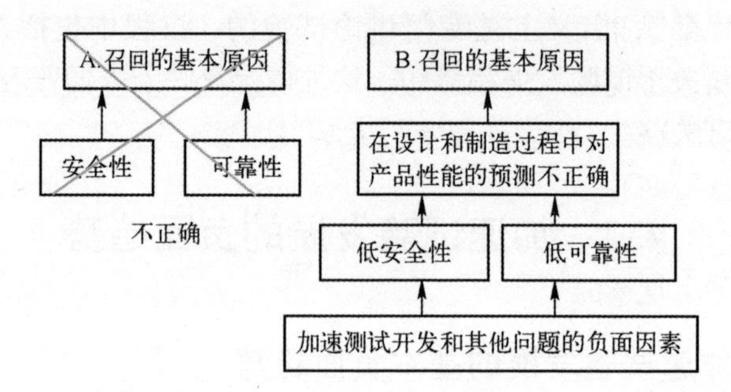

图 4.3　召回的基本原因描述（A 是经常从文献中看到的；B 是真实情况）

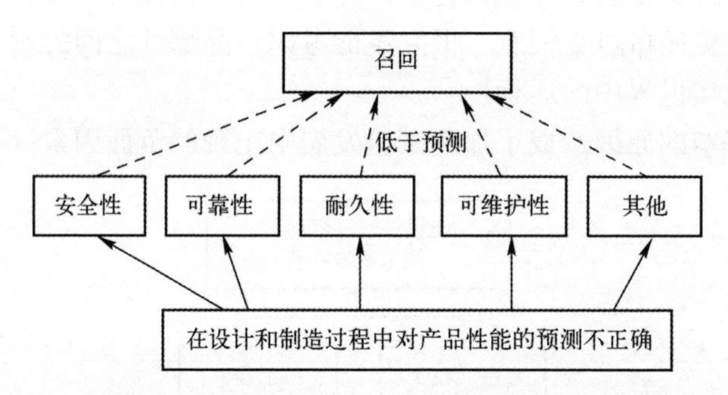

图 4.4　通过低于预测的安全性、可靠性、耐久性、可维护性和其他性能，从不成功的预测到召回的路径

使用较简单的成本较低的加速试验，也就是传统意义上的加速寿命试验就足够了，因此他们不愿意投资于更复杂的试验，即使试验对象要复杂得多。他们认为这是因为他们认为试验是一个独立的、昂贵的过程。他们没有考虑随后在设计和制造过程中产生的成本与程序，这些都是预测失败的直接结果。例如，简单的振动试验比在实验室里全面模拟现场条件的加速可靠性和耐久性试验（ART/ADT）要便宜得多。但是，振动或振动/温度试验只是基于模拟现场条

件的一个或两个要素，而忽略了这些条件的其他要素，以及它们之间的相互作用。因此，简单的振动（或振动+温度）试验不能提供研究产品的全部真实现场/飞行性能所需的准确结果。因此，试验不能提供准确预测可靠性、安全性、耐久性和其他性能所需的初始信息。

（2）管理者往往很难相信实际的现场情况可以在实验室里准确模拟，即使是与定期的现场试验相配合。但事实证明，如果做得好，有效的加速可靠性试验和加速耐久性试验（ART/ADT）与现场试验之间只有很小的区别。通过准确的多影响模拟，人们可以在实验室里研究作用于产品的大多数自然界现象，而不用进行现场/飞行试验，但速度要快得多。通常情况下，实验室（加上定期的现场）的结果和真实世界的结果之间应该有一个低水平的差异。这要假定高度准确地将现场/飞行影响因素转移到实验室里进行准确模拟。

（当然，即使这样，也可能需要一些现场/飞行的特定影响因素作为额外的试验部分进行研究）。另一个很少被考虑的因素是，与使用传统方法相比，使用 ART/ADT 时，可以节省产品的开发时间。使用 ART/ADT 可以为从设计到制造和使用整个复杂的生命周期的开发提供更短的时间和成本。

（3）人们经常混淆原因和结果。你经常会在文献中看到，安全性和可靠性问题是召回的原因。但是，事实上，安全性和可靠性问题并不是召回的原因，而是产品性能预测失败的结果。

因此，在设计和制造阶段未能正确预测真实世界的运行故障才是召回的真正原因（图 4.3）。

2. 工程原因

加速试验发展中的工程原因如下：

（1）对准确模拟现场条件的理论理解不深，发展不力。

（2）未能制定精确模拟现场条件的策略。

（3）未能在实验室和现场/飞行产品试验中包括所有重要的输入影响因素、安全性和人为因素，因而没有制定出准确模拟现场条件的方法。

（4）设备不适合于在实验室准确模拟现场条件。

下面显示的是召回事件逐年增加的基本原因（自 1980 年以来的召回数量可以在第 2 章的参考文献［7］中看到）。图 2.5 表明车辆召回在 2017 年明显增加（第 2 章参考文献［15］）。

一个基本的负面影响减缓了先进加速试验的实施，就是所有参与试验过程的管理人员、工程师和学术界的心态，认为试验的成本最小化和简单化是组织的主要目标。他们的目标往往是以更低的成本和更简单的方式实施加速试验。通常这是为试验而试验，并不是为产品的检查和开发而试验。这种方法没有考虑重要的现实世界的实际情况，诸如：

（1）更复杂的产品需要更复杂的试验方法和试验设备，以准确模拟成功加速试验所需的真实世界条件。

（2）更复杂的产品需要更复杂和准确的模拟来实现成功的加速测试。

（3）试验的准确性或不能确定真正的降级机制影响所有后续的设计、制造和使用步骤。因预测不准确而导致的失效相关成本很少计算在内，只考虑直接的试验成本和时间。与试验失败直接相关的无数其他设计、制造和使用问题很少被考虑或量化。

（4）虽然看起来在试验中节省了资金，但最终导致在使用过程中对设计和制造过程的改进，以及对客户投诉的补救或必需的产品召回的费用增加。

（5）缩短了从设计到上市的时间，但这样做依赖的是不准确的模拟和试验过程。

（6）使用“真实世界”的说法来描述试验协议，在很多情况下，这些协议与真实世界的条件或使用相差甚远。

（7）使用旧的方法，如蒙特卡罗、指数分布和其他用于近似的方法，但不能准确反映现实生活中的非平稳随机过程。

作者在他的书［1-2,6］中已经给出了这样的例子。既有战略性的也有战术性的负面趋势减缓了加速试验的发展。

加速试验发展的战略性负面趋势具有全球性的特点，不依赖于试验机器的类型或其单元。加速试验的战略性负面因素包括在工程实践中常见的以下各种情况。

（1）过快地实施虚拟加速试验，导致物理产品使用更多的计算机模拟。正如已经表明的那样，对于复杂的产品，如完整的汽车、卡车、飞机、卫星和用于星际探索的空间研究装置，计算机模拟还没有准备好，因此还不是有用的。虽然虚拟（计算机）仿真似乎可以节省上市时间和降低试验成本，但真实世界的仿真质量（准确性）较差。与先进的物理模拟和试验类型相比，复杂产品的计算机模拟精确度往往较低。

（2）管理层经常把试验过程看作不产生收入的成本，而没有考虑不准确模拟的财务影响，这导致了设计、制造和使用的最终成本增加。这种狭隘的做法经常导致设计、制造和产品支持的费用增加，但这与无效试验的结果没有关系。

（3）现实世界的条件比虚拟仿真复杂，复制成本更高，因此人们倾向于减少开发精确的物理仿真。

（4）使用与加速试验相关的错误定义的广泛做法。因此，在讨论和使用加速试验、疲劳试验、加速可靠性试验、可靠性试验、加速耐久性试验、耐久性试验、试验场试验、振动试验、腐蚀试验和其他类型的试验时，存在误解。

(5) 新产品的设计和制造的技术进步与加速试验之间的差距越来越大，因为人们对物理试验要求的发展关注较少。

(6) 加速试验作为新设计效能的一个重要组成部分，对其需求和价值思考狭隘。这在作者以前的出版物［1-2,6］中有详细描述。

(7) 维持现状的想法，不想启动开发新的物理试验方法所涉及的制度挑战和工作。为什么你要做那个摇摆不定的人？无论如何，它以前是有效的，那么，为什么要改变它？

此外，新产品的设计和制造方面的技术进步速度和复杂性正在快速增加。我们尤其在汽车和航空航天领域的新产品开发中看到了这一点。

但是，同时，加速试验领域的技术进步速度一直非常缓慢。事实上，比设计和制造领域的技术进步要慢得多。通过观察过去十几年来汽车和航空航天工程领域的设计和试验的发展，可以很容易地证明这一点。比较同一时期的加速类型和试验设备的发展，在所有类型的加速试验中，产品的发展都非常缓慢(图 4.5)。进一步地，图 2.6 认为“现代”的试验类型，如 HALT、HASS、AA 和其他试验技术只是在现实生活中遇到的一些单独影响因素的组合，而这些影响因素涉及很多。而且，在使用这些方法时，往往使用的载荷和影响因素大于实际现场载荷所经历的最大值，这些假设改变了降级物理的过程。

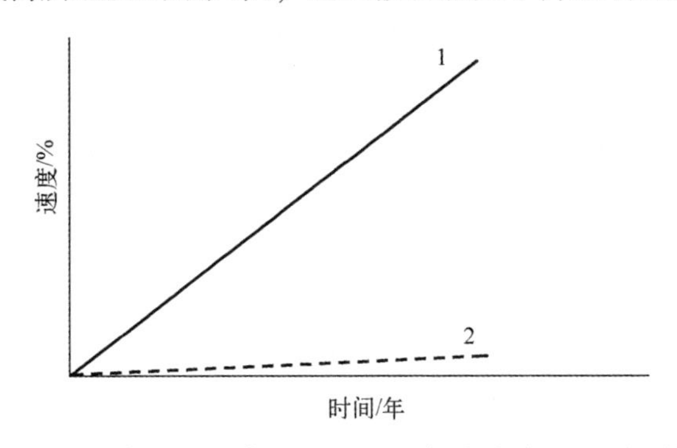

图 4.5　过去的几十年里，设计过程（1）和加速试验（2）发展的共同趋势

这意味着试验的发展需要跟上和反映产品设计与发展的进步[1]。简单地说，更复杂的设计带来了对更仔细和复杂的试验需求。

由于上述原因，设计的发展速度和试验之间的差距越来越大（图 4.5），导致设计的复杂性和试验的准确性之间的差异越来越大。

经常地，对有效试验的一个主要负面影响是为试验过程节省资金的目标。

管理层试图减少与试验相关的成本，而没有考虑试验过程的廉价所直接导致的产品质量差的成本。对图 4.5 中曲线 2 的分析表明：

（1）在过去的几十年里，试验进步的增长非常小。

（2）在过去的几十年中，曲线 2 的增长主要是由于在试验中增加了现代控制系统的实施。

（3）控制系统的增加主要是与这些系统中广泛使用的电子技术有关。

（4）加速试验的实际技术并没有改善，在许多情况下，它实际上是在减少。

（5）加速试验的进展正在恶化，因为对现场/飞行模拟的重视正在减少。

（6）仿真的有效性正在下降，因为在准确模拟现场/飞行真实条件方面的投资较少，特别是使用真实和全尺寸的部件。

（7）分析工程领域的世界大会和研讨会的报告内容，如 SAE 世界大会、可靠性和可维护性研讨会、ASQ 世界大会（以及世界质量与改进会议）、国际工程和自然科学会议（International Conferences on Engineering and Natural Science，ICENS）、SDPC 国际传感、诊断、预知和控制会议，以及其他许多会议，将证明这些趋势。虽然上述会议是全球级别的，但很少有证据表明与较低级别的会议有什么不同。

（8）希望在试验技术的发展中节省资金，这阻碍了试验技术质量的提高。

很多时候，试验开发的主要目标是通过降低试验成本来为项目节省资金，但没有考虑便宜的试验过程所导致的产品质量问题。这是一个严肃而重大的过程。

这种思想的一个例子是，虽然航空航天项目是非常昂贵的长期项目，但这个行业的公司不断寻求通过降低试验成本来节省资金。在设计和制造波音 787 飞机时，波音公司与全球 40 多个国家的公司签订了合同。例如，虽然以色列的公司设计和生产了一些部件，但他们没有关于这些部件试验的合同规定或波音公司的许可。这种情况导致了从设计到上市的时间延长。因此，为了节省试验费用，最终的结果是整个项目的费用增加，时间延长。

4.2.2 与汽车和航空航天工程相关的加速试验发展的常见负面趋势

一个常见的负面趋势是虚拟试验的使用迅速增加，同时伴随着物理试验量的减少。这种情况如图 4.6 所示。

本书作者在以前的许多出版物中都写过这方面的内容，包括参考文献［1-2,6］以及其他。这些出版物中包含的基本内容是：

（1）虚拟试验更容易，成本更低。

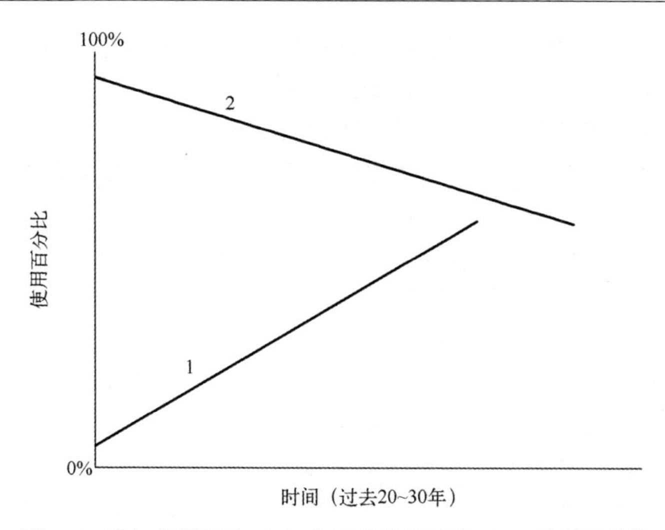

图 4.6　增加虚拟试验（1）和减少物理试验（2）的共同趋势

（2）目前在试验对象的软件编程中采用的算法仍然不能考虑复杂机械中存在的各种相互作用。一般来说，他们把模拟分离到离散的部件或单元，而这些部件或单元并不能准确地代表现实世界的相互作用。一些研究人员有时会尝试使用数学分析，如蒙特卡罗分布模型，但即使这样也不能准确地模拟产品部件（细节和单元）的真实相互作用，特别是在复杂的机械中。

（3）需要为软件编程开发算法，以更好地模拟真实世界的条件，如太阳辐射、真实部件、表面变化、波动和其他许多因素的综合影响。

（4）虽然真实世界条件的虚拟仿真在设计早期过程中是一个非常有用的工具，但企业在设计和制造阶段越来越依赖虚拟仿真。

（5）这种对成本较低的虚拟加速试验使用的增加也鼓励减少对更困难和更昂贵现场条件下物理模拟的投资和开发，以及对不同类型的加速试验的必要投资。这可以通过比较 20~30 年前的试验展览会的加速试验方法和设备与目前的试验方法和设备得出。

这些观察和其他问题也可以在其他作者的出版物中看到。

尽管许多专业人员坚持认为，虚拟试验提供了明显的好处，主要是在经济和节省上市时间方面，这种假设忽略了与物理试验相比，虚拟试验所固有的缺点。具体来说，这包括使用不准确的模拟真实世界的条件，它们与真实世界环境的互动，以及与产品其他部件的互动。

物理试验已经经历了很长的时间，发展的过程主要是在数量方面，而在质量方面要少得多。只有一部分试验考虑了产品开发的复杂性以及在现实世界中遇到的许多相互作用的部件和条件（见参考文献［1-2,6］和其他）。但这些方法很少能提高到与真正的加速可靠性和耐久性试验技术（ART/ADT）相适应的水平，因为它基于对真实世界条件的精确物理模拟。要做到这一点，它必须包括相关部件和其他产品的相互作用，既要考虑产品开发的复杂性，也要考虑在真实世界条件下遇到的许多相互作用的部件和条件的复杂性。虚拟试验很少考虑这一点。因此，虚拟试验方法目前还不能提供准确的模拟，结果是不能提供成功的预测，然后导致召回的增加和其他负面影响，如本书的序言所述。

考虑一下这个例子。John Wilson 在参考文献［7］中写道，提供召回信息的政府网站 https://www. recalls. gov 列出了 60 多次汽车召回，加上 2017 年的大约 24 次轮胎召回。这些召回涉及广泛的制造商和车辆类型。除了与汽车有关的召回，2017 年还发布了大约 300 个消费品召回事件。他写道，一般不包括在消费者召回数据中的军事和航空航天产品，随着新的高科技设计投入使用，也继续出现问题。新的、改进的运载火箭、导弹、飞机、武器系统和地面车辆仍在经历过多的现场故障。

然后，约翰·威尔逊问道："质量设计和制造发生了什么问题？为什么我们看到这么多的召回事件？"

接着，他给出了答案[7]："我想到了几个因素。与过去相比，似乎有更多的新产品推出。许多产品比过去好的时候更复杂。"更复杂的产品意味着更多的东西会出错。看看最新车型的引擎盖就知道了。

另外，今天的产品包括更多的"高科技"特征，在投放市场前可能没有经过试验和验证。从布娃娃到灯泡和电器，再加上所有的"物联网"小工具，都有问题。另一个因素是更频繁的监测和报告。

二三十年前，只有少数几个产品安全监测和报告机构，所以消费者只能使用有问题（有时是不安全）的产品。没有人知道，也没有人跟踪和报告。

在这篇参考文献中，他进一步写道，虽然这些都是促成因素，但我们也确实拥有更先进的设计和质量保证工具。导致引入现代产品的技术也可以用来改进这些产品并降低成本。例如，由于有了集成电路和数字电子产品，产品使用的离散元件要比 20 年或 30 年前少得多，但可以完成同样的功能。理论上，这应该产生更高的可靠性，因为部件更少，连接器更少且更坚固，以及对故障机制有更多的了解。

他进一步写道："……如果技术带来这样的好处，为什么我们仍然有这么多不完善或不安全的产品？作为一个从事试验业务的白胡子工程师，我倾向于指责所有花哨的高科技电子产品。然而，我认为彻底的统计分析会证明这是错误的。许多问题，即使不是大多数，实际上都是机械的。一些组件断裂、绑结、滑动、摇晃或过早磨损。那么，大多数这些问题的原因是什么？为什么这些部件不能像计算机模型所建议的那样发挥应有的作用？”

他进一步推测说，在产品开发过程中，已经消除了太多的实物产品试验。这主要是因为在计算机上建模和分析要快得多，容易得多，而且成本低。遗憾的是，虚拟试验只能像他们的程序、算法和假设那样彻底；而且他们不能预见或说明产品在现实世界使用中经历的几乎无限的各种条件误用、滥用和制造变量。

最后，约翰·威尔逊并没有提出要取消计算机化的设计和分析，甚至减少其使用的增加率。然而，他确实提出应该恢复甚至改进对实物产品的实际试验程度，而且这种试验的反馈可以进一步改进计算机模型。不幸的是，这也是事实，无论在试验方面取得多大的进展，情况仍将是，直到产品被实际使用和误用、滥用，我们将继续看到大量的召回事件。

另一个例子来自 Joachim Linday，他是梅赛德斯-奔驰公司的高级经理，负责 E 级车的整体试验，他在参考文献［8］中说：“我们的试验结果显示，E 级车的质量很好。”我们可以用计算机模拟每个引擎盖下的部件和它所处区域的温度，以及如何引入冷却空气。例如，我们可以为线束做这个。但所有这些都是设计：“为了确定一切正常工作，仍然必须进行实际试验，因为在计算机中，你没有真实世界的精确图景。”

他接着说[8]：“我认为，我们总是需要做最后的实车试验，因为客户买的不是一个电子程序，而是一辆汽车！”

图 4.7 展示了加速试验中一个更常见的负面因素，即在设计、制造和使用过程中单独模拟现场条件输入进行试验。这没有考虑真实世界的情况，在那里不同的影响因素（温度、湿度、污染、辐射、空气波动、场地表面、人为因素和其他因素）同时作用于产品并相互影响。但在实验室里是单独进行模拟和试验的。

图 4.8 描述了在模拟中只考虑一组的各种因素，特别是机械组，以及在现实世界中对材料、细节和单元的现场条件进行试验。各种不同机械类型的影响和试验在其相互作用中同时进行，而不是像通常在实验室试验中那样单独进行。

类似的情况也存在于其他组（多环境、电气（电子）等）加速试验的条件。

通常实行的加速试验的一个负面方面是对现场条件的不准确模拟，不仅是对整个车辆或机器的复杂部件，而且在对简单的单元、细节和材料的加速试验中也不准确模拟这些条件。

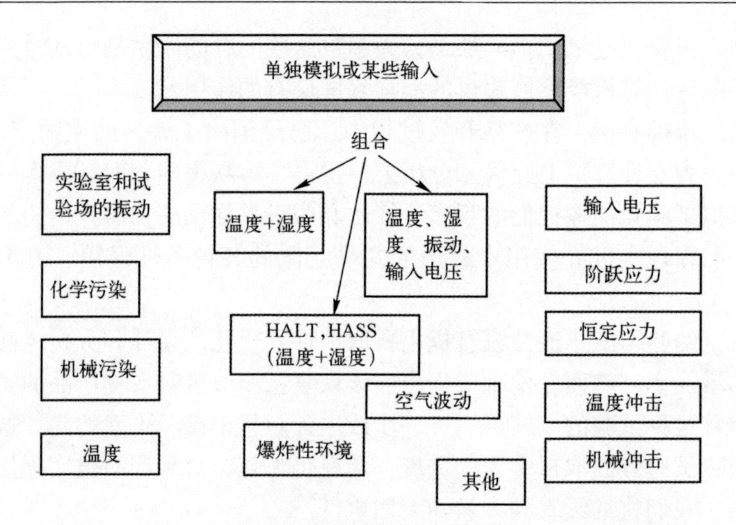

图 4.7 适合在设计、制造和使用过程中模拟试验现场输入的一些独立输入（或一些输入）的图示

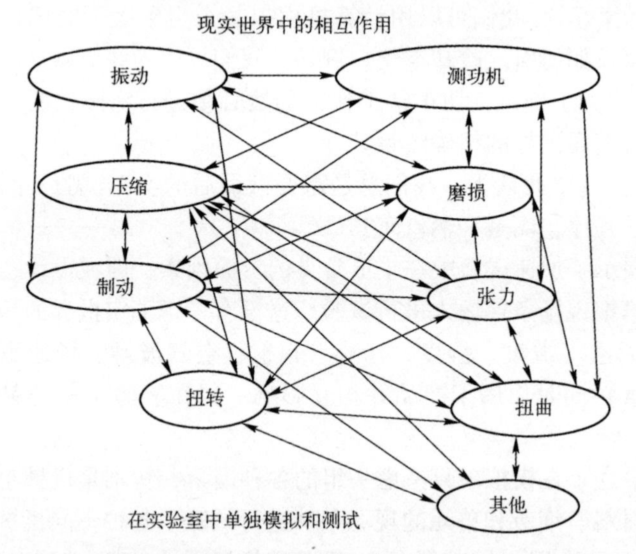

图 4.8 描述了机械加速试验中应该包括的复杂影响因素，但在试验材料和车辆部件时并不常见

同样地，关于腐蚀试验的许多影响因素的例子如图 4.9 所示，在现实世界中，腐蚀是多种影响因素作用的结果：

(1) 化学污染。

(2) 机械污染。

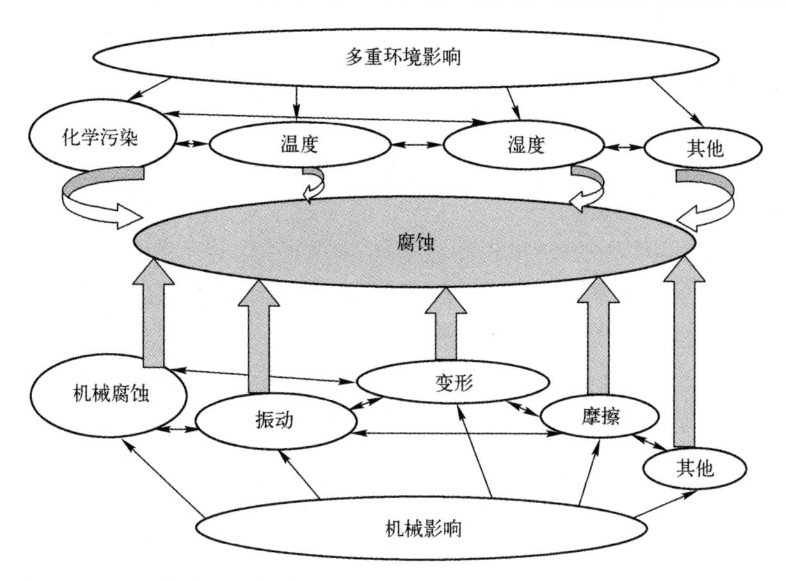

图 4.9　显示腐蚀是由多种环境和机械输入影响因素相互作用的结果图示

（3）水分。

（4）温度。

（5）振动。

（6）变形。

（7）摩擦。

（8）其他。

但在实践中，许多公司和组织进行的腐蚀试验通常只涉及一种影响，即化学污染，或者有时只与湿度和/或温度相结合。所以，很明显，这种实验室腐蚀试验并不包括真实世界的影响因素，而且模拟也不准确。腐蚀试验的结果与真实世界的腐蚀情况不一致。最后的结果是：在试验结果上设计的防腐蚀系统可能无效。这是开发腐蚀试验中持续出现的负面趋势。

类似的负面情况还有发动机、变速箱等单元的离散试验，它不能模拟整个单元的振动和环境因素，而这是准确的加速试验所必需的。

4.2.3　加速试验发展的具体战术性负面趋势

加速试验发展中的一些具体战术性负面趋势包括下列方面的缺乏或有限可用：

（1）特定的试验对象——部件或完整的机器（单元或细节）。

（2）具体的试验对象——完整的机器或设备。

(3) 全部现场条件的具体模拟。

(4) 现场条件的某些或只有部分影响的具体模拟。

(5) 现场模拟的特定方法。

(6) 具体的模拟方法（物理、虚拟和其他）。

(7) 其他具体考虑。

在学术界和组织中经常出现的这些具体负面趋势的一个主要原因是，他们不想（或没有资源）投资于物理模拟所需的昂贵而复杂的设备，特别是为了准确模拟真实世界的条件。这方面的一个例子是，与物理试验相比，使用理论方法比较容易。许多参与试验的专业人员可能使用这种做法，它不仅与作为完整设备的一部分单元有关，也与完整设备有关。

当加速试验用于当前生产的设备或单元时也是如此。这种类型的试验对于产品在设计或制造阶段结束时的进一步试验也是典型的。当然，在采用这种策略时，为了这些试验对象的未来发展，可以对一些部件采用更现代的工艺方法。

在许多行业中，现代加速试验系统的发展和使用趋势的另一个负面因素是，继续依赖非常陈旧、狭隘（如旧的化学研究数据）和不准确的统计方法，如阿伦尼斯分布和普遍使用的指数分布，这些并不能反映现实世界的情况（见 4.2.5 节）。在许多工业公司和组织中都可以看到这种负面因素。

图 4.10 是对这些负面因素的说明。

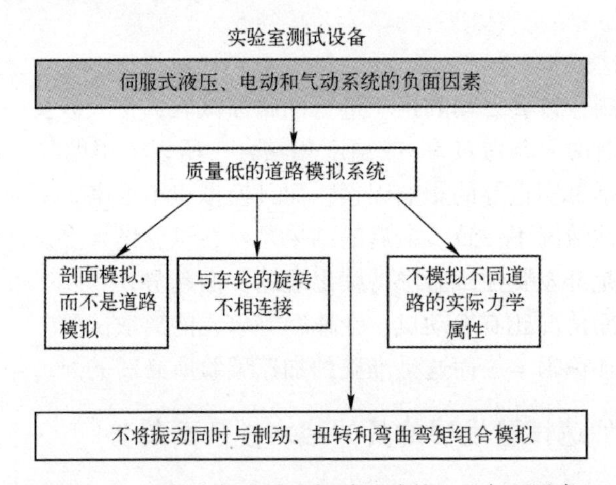

图 4.10　目前车辆实验室振动试验的一些负面因素

根据 Capes Jones 在参考文献［9］中的说法：“软件质量差每年在美国造成 1500 亿美元的损失，在全世界造成超过 5000 亿美元的损失。”这些软件质量问题中的许多都来自糟糕的试验数据质量。而且，“根据NIST的说法，每个试验团队平均花了30%~50%的时间在建立试验环境上，而不是在实际试验上，估计有重大延误或质量问题的项目数量占74%。”

幸运的是，解决试验数据质量问题的一个办法是通过使用一种称为虚拟数据的技术。类似于虚拟机创建物理计算资源的虚拟副本的方式，虚拟数据从一个全尺寸的副本创建多个轻量级的虚拟数据副本。

虚拟数据的价值可以在参考文献［9］中看到：“试验数据的问题在于，如果代码可以用于生产，那么，完全试验就需要生产数据的奇偶校验副本，然而，创建生产数据的全奇偶校验副本对于大多数QA（质量保证）团队来说往往过于繁重，难以管理。为了更容易管理开发和QA中的试验数据，团队经常使用生产数据的子集。然后，在将最终代码发布到生产之前，会在生产数据的全尺寸副本上运行代码。这种最终试验可能是在一个为期多个月项目的最后几周内完成。通常发生的情况是，这种最终的生产奇偶试验会出现很多错误，在发布日期前根本无法修复。因此，要么推迟发布，要么带着错误发布。”

另一个例子可以在参考文献［10］中看到。这本书有24章560页，共177小节。其中，与试验相关的内容有7小节。具体如下：

（1）试验的作用（第5章中的3页）。

（2）产品试验（第8章“可靠性增长和试验”中的2页）。

（3）加速试验（第8章中的2页）。

（4）支持试验的工具和系统（第8章的5页）。

（5）等效性试验（第15章中的4页）。

（6）一些概念和重要性试验（第15章中的1页）。

（7）加速寿命试验（第22章的4页）。

有趣的是，就这么有限的讨论试验，作者为其出版物提供了这样的描述：“作者首先给出了关于提高产品质量的广泛见解和高水平策略。其次，他们展示了如何实施稳健性和可靠性战略，以补充现有的管理和决策过程。关于工具和方法的部分展示了如何将最佳实践制度化并持续应用。最后，他们通过一个研究项目案例将策略、决策和方法联系在一起。”

而且“向读者介绍了许多思想领袖，他们的著作可以成为进一步学习的来源”。

从诸如此类的事例中，我们不难看出为什么加速试验的趋势发展如此缓慢。

另一个关于加速试验发展的负面方面的例子可以在参考文献［11］中看到。在这份资料中，作者将加速寿命试验定义为一种对制造的产品进行应力试验的方法，试图复制产品在使用期限中，但在较短的时间内通常会经历的磨损。

这个定义包括与试验有关的常见表述，即在一个比正常使用时间更短的时间内获得试验结果。但这种加速试验的定义过于笼统，没有提供任何具体要求。像这样的提法，对提升试验的科学性和艺术性几乎没有什么作用。

作者们实际上证实了这一点，他们写道：

问题

(1) 很难用使用条件进行模拟。

(2) 在现实生活中，它们与其他部件相互作用。

(3) 在确定绝对可靠性方面没有价值。

然后，作者对高加速寿命试验（HALT）给出了他们的定义：对产品施加远远超过正常运输、储存和使用水平的应力试验。

他们认为：

(1) HALT 是科学的。

(2) HALT 与 ALT 有统计上的差异。

但他们没有提供证据来说明什么是科学的，或者 HALT 和 HASS 之间存在什么具体的统计差异。

作者进一步写道：

"加速因子 AF>1：

(1) 将试验对象暴露在比正常应力更大的环境中。

(2) 更高的温度。

(3) 更高的湿度。

(4) 更高的振动。

加速化学/物理降解。"

但他们对影响产品降解和故障的其他现实因素仍然保持沉默。

这些是目前一些出版物没有接受加速试验所需进步的几个例子。

摘自《自主车辆试验与开发研讨会》：

参与产品开发的工程师和管理人员不断面临挑战，要缩短产品上市时间，尽量减少保修成本，提高产品质量。由于用于试验的时间越来越少，对有效地加速试验程序的需求从未像现在这样大。本次培训涵盖了几种成熟的加速试验方法的优点、局限、过程和应用，包括加速可靠性、阶梯应力、FSLT（全系统寿命试验）、FMVT（失效模式验证试验）、HALT（高加速寿命试验）和 HASS（高加速应力筛选）。

整个培训期间采用实际练习、团队活动、讨论和授课相结合的方式。学员还将收到一本教员的书《加速试验和验证管理》，其中包括大量的练习和一张带有分析电子表格的光盘。

这次研讨会的方案提供了另一个例子，说明人们对试验的作用和重要性的关注度不高。虽然这个研讨会的题目是“自主车辆试验与开发研讨会”[12]，但在众多的报告中，只有三个与试验有关。而且，这三个都与试验场试验有关，正如后面将要讨论的那样，试验场试验可以在试验场条件下评估产品，但不能为真实世界的可靠性、耐久性、安全性和可维护性评估与预测提供信息。这是因为试验场试验无法考虑现实生活中的环境影响，包括产品使用期间的客户使用变化。

试验场数据也没有考虑到现实生活中的输入影响、人为因素和安全因素的作用组合。

本次研讨会是自主汽车技术世界博览会的一个组成部分。

正如研讨会方案中写的：“先进的驾驶员辅助系统催生了完全自动的驾驶汽车技术，这并不是什么新鲜事。自从 1994 年在巴黎召开 Eureka PROMETHEUS 项目的最后一次会议以来，很明显，完全自主的自动驾驶汽车将成为现实。然而，20 年后，最后阶段的试验、验证和故障安全对汽车行业构成了巨大挑战。试验过程的严格性和彻底性需要达到比以往任何时候都要高的水平，如果要实现最终的现实，并保证完全的安全性和完整性，就必须做到这一点。”

自主车辆试验和开发研讨会是欧洲最大的自主车辆活动的一部分。

本次研讨会讨论的主题包括：

（1）公共道路试验。

（2）虚拟试验。

（3）仿真。

（4）交通场景试验。

（5）嵌入式软件试验。

（6）软件和硬件系统的可靠性试验。

（7）安全和碰撞试验。

（8）故障安全试验。

（9）网络威胁试验。

（10）验证和确认。

（11）自主软件。

（12）VeHIL。

（13）V2V 和 V2X 试验。

（14）机器人。

（15）试验立法。

（16）安全性标准和立法。

（17）人为因素和人机界面试验。

（18）案例研究。

（19）可能性。

（20）最佳实践。

这也出现在参考文献［13］中，它写道“汽车部件的加速耐久性试验已经成为地面车辆行业的主要兴趣”。作者认为，这种方法可以在较短的时间内通过试验较高应力水平的疲劳失效来预测车辆的寿命特性。目前，实验室试验的传统包括将部件安装到振动台上的刚性夹具。作者指出，这种方法对于大多数车辆部件的耐久性试验是不准确的，特别是对于那些直接连接到轮胎和悬挂系统的部件。这是正确的。在他们的工作中，通过试验和数值模拟研究了弹性支撑对测试结构模型参数的影响，如自然频率、阻尼比和模态形状，以及耐久性试验中的估计结构疲劳寿命。首先，开发了一个专门设计的具有刚性和弹性支撑的小比例试验台，以研究额外的弹性支撑和质量对结构模型参数变化的影响。试验结果表明，由于额外的弹性支撑，显著的模型参数发生了变化。然后，带弹性支撑的模型参数[13]随后用于建立和调整有限元模型（FEM）。

另一个例子见参考文献［14］，其中重点在地面车辆耐久性试验开发的方法。该出版物中给出的分析很重要，因为它展示了加速试验发展的一些基本负面趋势，尤其是应用于地面车辆试验。事实上，他们的方法使用了非常古老（超过100年）的地面车辆试验方法来评估现代产品在现实世界中的耐久性。作者在参考文献［14］中写道，试验车辆应该在野外和试验场的车道上进行严格的试验，并捕捉车辆对各自的反应。对获得的道路载荷数据进行分析，并对野外和试验场数据的伪损伤值进行估计。使用这种方法，也就是目前的做法，根据客户使用条件下产生的损伤的相关性，并从加速的试验场车道数据得出试验场序列。这种相关性要求从现场收集的结构频率响应也应纳入试验场试验中，两者的结合提供了产品的耐久性验证。

在该文中，通过一种基于频率的相对损伤谱（Relative Damage Spectrum，RDS）方法，提高了加速试验场（Proving Ground，PG）耐久性试验的质量。该方法在一型乘用车上执行并得到验证，其过程如下。

（1）试验车辆准备。

（2）确定客户使用剖面。

（3）在现场和试验场进行道路载荷数据测量。

（4）RDS的相关性。

作者通过结合基于现实世界客户使用情况和地形条件的试验车辆仿真，同时在实地进行数据采集试验用来提供客户使用情况。通过对客户的市场调查收集了有关有效载荷、道路条件、使用期和周转时间的信息（表4.1）。

表4.1　按照参考文献［5］，乘用车的客户使用情况

道路类型	额定负载（%）	未负载（%）	总计（%）
公路（地形平坦）	53	23	76
不好的道路（地形崎岖）	13	6	19
离开道路（非沥青路面）	4	1	5
总计	70	30	100

在调查的基础上制定了最终的使用概况和预期的性能范围，如参考文献［15］所述。在现场试验中使用的实际客户路线是主观选择的。它的使用情况在参考文献［16］中体现。这些出版物表明，下一步需要在现场和试验场条件下进行道路载荷数据开发。

为了试验数据的测量，在每个车道上以不同速度进行试验，以捕捉广泛的频率响应。

这种方法的下一个重要负面是开发相关方法，以比较试验场试验结果和现场结果。以下阶段用于建立“优化的”试验场耐久性试验序列。

（1）地形分类。

（2）混合计算和目标设定。

（3）PSD分析。

（4）基于频率的损伤相关。

对于最后一项，即基于频率的损伤相关，他们使用计算的从试验场和现场道路载荷数据中产生的潜在损伤，并使用一种常用的人工SN曲线和斜率，如参考文献［17］。

然后，作者在参考文献［17］中得出结论：“通过确定基于频率的客户使用的道路载荷输入的相关，可以为每个商用车型确定这一优化的试验场耐久性试验序列。这些试验循环使汽车制造商在为客户提供更耐用的产品和产生更少的开发和保修成本方面比其他制造商更有竞争优势。”

但是，正如本书作者前面所说，试验场试验没有考虑在试验场上无法模拟的多环境和其他因素，因为它忽略了这些因素，证明地面试验不是进行耐久性预测或现场使用的降级估计的适当方法。任何提议的重新计算试验场试验结果以替代实际现场试验结果的方法都不能代表现实世界行动的物理本质。但是，

由于试验场试验比严格的耐久性（使用可靠性和其他试验方法）试验成本更低且更简单，这种加速试验发展的负面趋势仍在继续。

下面的例子与错误地使用振动试验有关，并把这称为可靠性试验[18]。

中国电子科技集团公司第十四研究所是中国雷达工业的诞生地。它研制了许多高端雷达设备，产品出口到几十个国家和地区。

自1998年以来，中国电子科技集团公司第十四研究所一直在使用“m+p”这一国际行业公认的VibControl振动控制系统进行复杂的雷达可靠性试验。

这篇文章写道：

“因此，在摇摆器上进行的由‘m+p’VibControl系统控制的振动试验在可靠性验证中起着关键作用。第十四研究所有10多套“m+p”VibControl软件与m+p VibPilot和m+p VibRunner采集硬件，m+p VibPilot是一个紧凑、坚固的4/8通道硬件平台。对于更高的通道数，m+p VibRunner硬件是第一选择。它可以作为桌面仪器使用，也可以安装在19英寸的机架上，支持分布式测量。m+p采集硬件配备24位Σ-Δ模拟数字转换器和高达204.8kHz的采样率，可以在高达80kHz的频率范围内进行别名保护测量，并具有超过120dB的无杂散动态范围。

m+p国际公司始终遵循力争成为航空航天和国防试验领域的领导者的战略，在其VibControl软件中集成了先进的控制能力，如无/力限制。许多安全性特征确保了可靠的闭环振动控制——从试验前检查到中止检查、不检查和受控关闭。

利用这些试验，雷达的可靠性水平不断提高。最终，达到了平均故障间隔时间的预期值，降低了运行成本。

在许多雷达可靠性试验中，m+p国际公司的产品都发挥了重要作用。第十四研究所负责技术的工程师对试验结果表示满意，并对m+p国际的产品给予了高度评价。[18]”

我们可以看到，这个研究所使用振动试验，这是可靠性试验的许多组成部分中的一个，并把它们称为“可靠性试验”。这是继续错误地使用单独的影响因素模拟，而不是如本书前面所描述的复杂模拟，以及其他作者的书中所说的真实条件下的可靠性试验。

4.2.4 使用虚拟（计算机）模拟和试验来替代现场/飞行条件的趋势

有几种驱动力正在减少现场或物理产品试验，并以计算机模拟取代它们。其中包括：

（1）出版物经常强调汽车工程发展的趋势，这些趋势基于通过计算机模拟和加速试验进行的产品研发。

例如，国家仪器公司总裁兼首席执行官 James Truchard 写道[19]，在过去 100 年的大部分时间里，对质量和试验的特别关注是传统的物理试验。然而，在过去 10 年中，这种情况一直在改变。这部分是由于对缩短汽车产品周期的重视，从以前的 4~5 年到现在 12~18 个月的要求。这种被称为“零样机”的变化是最近才引入的。

作为这一趋势的结果，仿真需要被正式加入设计周期中，从而形成“仿真-建造-试验-发货”的设计周期。在设计周期的早期对仿真的依赖，加剧了在产品开发周期中更早地通过数学模型与试验结果进行仿真的需要。

（2）最近的另一个趋势是车辆的复杂性不断增加。这经常伴随着用电子技术取代机械系统或结构的情况。随着车辆电子产品含量的增加，大部分的试验以前主要是机械性质的，现在包含了电子产品试验的附加复杂性。这就要求有一个共同的试验平台，以无缝地解决机械和电子试验环境的问题。

这种复杂性的增加也意味着产品设计师和制造商不得不面对众多的挑战，因为产品规范变得更加复杂。这方面的一个例子是在车辆上增加了轮胎压力监测系统。另外，由于全球化，一个典型的汽车平台，最初只为美国市场设计，必须为欧洲和远东市场重新设计。它在全球不同品牌之间共享，并最终成为在世界各地不同工厂生产的多个级别车辆的基础，并符合众多的监管要求。

（3）物理试验与模拟的集成。在产品开发过程中，试验出现在两个方面：首先在上游作为建立产品设计和性能要求的手段，其次在下游在产品投入生产前作为合格/不合格的准则。

尽管这两种情况下的测量类型相似，但试验的目的以及组织使用试验结果的人员和方式却有很大的不同。

在设计中使用的模拟信息和从产品性能试验中获得的信息之间的双向流动是成功的关键。传统上，工程师将以前的模型或部件的试验数据与仿真结果进行比较，并利用这些信息对其进行校准，从而增加对当前设计仿真预测的信心。以前的模型和部件的试验数据也可以作为新模拟的输入，以提高其结果的真实性。仿真还可以提供洞察力，使试验尽量减少并优化。确定传感器、动作器和激励器的最佳位置就是这样的一个例子。

在进行物理试验之前，模拟可以帮助工程师确定原型机的最佳设计或存在的挑战。

这种集成的另一个重要方面是需要一个早期试验平台来提供与设计和仿真工具的连接。仿真软件供应商需要与向前推进的试验平台建立更好的连接，就像过去十多年的计算机辅助设计（Compute Aided Design，CAD）那样。这还应该包括针对日益增长的需求，以提供综合方法，使试验和仿真数据更好地可视化和进行比较，特别是通过增加视频的使用。但必须始终坚持的是，这种虚拟仿真和集成试验需要包括对真实世界过程的正确模拟，正如前面所详述的。

（4）现代汽车系统设计和试验的多领域与多学科性质是另一个日益增长的趋势，它极大地影响着试验方法论。例如，考虑一下汽车娱乐系统。

收音机，这个曾经简单的分立部件，已经完全转变为一个汽车的信息和媒体中心。今天的“收音机”设计和试验必须包括保证电视显示屏、MP 播放器、DVD 和 CD 播放器、FM 和卫星广播、GPS 导航系统、手机和电子邮件接入、电子游戏、远程诊断、基于卫星的汽车警报和控制以及其他功能的性能。这与原来的调频广播功能相比是一个重大变化。

其他系统也存在类似的挑战，如动力系统管理、气候控制、智能制动和操控系统，以及其他功能。这种复杂系统的质量保证和故障安全设计需要在一个模块化与可扩展的试验平台上进行多领域的测量和激励能力，必须以协调和时间紧迫的方式进行。

（5）对下一代物理试验平台的需求。随着汽车加速试验方法发生的重大变化，过去零散的试验方法不可能适当扩展。人们越来越需要一种易于使用的强大的模块化、可定制的商业现成（Commerical off the Shelf，COTS）试验硬件和软件试验平台，具有即插即用的架构，类似于 CAD。它还必须足够强大，以缓解硬件连接问题，使硬件直观或透明。它还应该提供与试验周围环境的无缝连接，尽可能使用公认的标准，通过使用通信总线，如控制器区域网络（Controller Area Network，CAN）、传感器和执行器与传感器电子数据表（Transducer Electronic Data Sheet，TED）、设计和模拟产品生命周期管理（Product Life Cycle Management，PLM）软件、企业资源规划（Enterprise Resource Planning，ERP）、制造执行系统和其他。国家仪器公司（National Instrument，NI）的 LabVIEW[19] 图形化试验软件平台就是这样一个例子。LabVIEW 与硬件无缝集成，并提供与第三方设备和试验环境的内置连接。

一个持续的需求是标准化术语和参与试验行业的每个人对这个标准化术语的统一应用。关于这个问题现状的一个例子可以在参考文献［20］中找到。这篇文章一开始就对振动试验和环境试验使用了误导性的术语。例如，文章写道：“环境动态试验是一门技术学科，它包括对大多数工程结构进行的所有振动试验。其目的是模拟使用环境对某个特定物体的影响。汽车离合器、洗碗机泵或飞机高度表只是在使用前需要通过动态环境试验的几个物体。”

然后，参考文献［20］继续写道：“一般来说，振动试验有三个主要阶段：首先是试验设置。这个阶段对试验的成功至关重要，部件的实际寿命依赖于良好的试验设置。需要完成两项任务：定义一个代表使用振动环境的试验剖面；以代表其真正的使用安装方式将试验项目固定在振动器上。在很多情况下，试验剖面取自于标准。”

这从几个方面看都是有问题的。首先，“振动环境”是两种不同影响因素的组合，即振动和环境必须结合起来应用。其次，特别令人不安的是，为了复制真实情况的条件，所使用的试验剖面必须基于真实的现场使用，而不是标准中的那些。

参考文献［20］继续写道：“第二个阶段是试验本身。在试验过程中，振动控制器是主要参与者。而且还有很多问题。单个或多个输入？响应限制？多少个统计自由度（随机试验）或哪个压缩系数（正弦试验）？”

但合格的专业人士都知道，现实世界的振动都具有随机性。重要的是，现实世界的输入是多重的，而不是单一的。对于 21 世纪的试验协议来说，移动设备的真实振动必须有 6 个自由度。

从这篇在国际权威杂志上发表的文章例子可以看出，缺乏通用的术语和做法实际上与文章的标题“回到环境基础”相矛盾，倒更符合“回到 20 世纪”的意思。

4.2.5　加速试验中指数分布定律的错误使用

主要的问题是，为什么那么多人使用一些不适合在加速试验中使用的数学分布定律？

1. 引言

1）基于指数增长模型的分析

当一个数学函数的值的瞬间或单位时间的变化率与函数的当前值成正比时，从而导致其在任何时候的值都是时间的指数函数，即时间值为指数函数，就表现为指数增长。当增长率为负时就会出现指数衰减。在定义的离散域有相等间隔的情况下，它也称为几何增长或几何衰减。在指数增长或指数衰减的情况下，数量的变化率与当前规模的比率随着时间的推移保持不变。

当时间 t 以离散的间隔进行时（即在整数时间 0，1，2，3，…），变量 x 以增长率 r 的指数增长公式为

$$X_t = X_0(1+r)^t$$

式中：x_0为 x 在时间 0 的值。当指数被转换为乘法时，该式是透明的。

应该很明显，指数增长或衰减模型是粗糙的，与现实世界的过程相差甚远。使用指数分布定律往往会导致 1、2、3 个倍数的误差。而且，这个定律并

没有考虑真实故障之间的相互依赖性。

研究人员经常为使用这一定律进行现实世界的分析而援引的一个基本理由是，他们是从最少的可用信息开始的，这些信息通常来自研究过程中不超过十几次的实验。但在这种情况下，使用哪种定律并不重要，因为随着对产品实际性能的了解，需要更多地调整和调整方法。

2）存在指数型分布定律相关的事件

需要几百个数据点来准确确认应用任何分布定律的有效性。

图 4.11 描述了一个典型产品生命周期中的缺陷分布和因果关系。虽然产品生命周期的早期和晚期阶段有较高的缺陷，但从该图可以看出，工作期的时间较长则缺陷较少。在图中，域 1 和 3 的作用相对不大，因为产品在实践中主要是在第二阶段工作。在这种情况下，工作期间（第二阶段）的缺陷可以通过指数定律来近似计算。

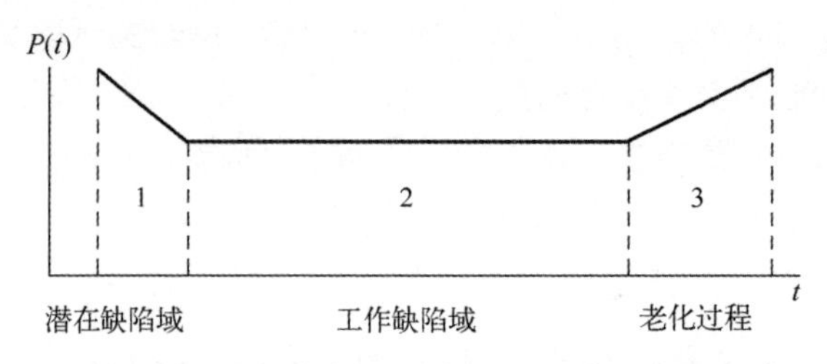

图 4.11　产品各使用寿命阶段（域）的缺陷

如果产品的生命周期缺陷模式与图 4.11 所示相似，则 $P(x+y)\approx[P(x)-P(y)]$。

如果上式中近似相等的情况成立，则满足指数分布律，可以用于产品故障的预测。这是一个高水平的过程与低水平的相关交集。

如果是航天器，如卫星，若它在第一阶段不与陨石相撞，则在第二阶段也不应该相撞。

若加入大量的独立流，汇总流——泊松，即不出现后果（这里指小概率事件）。

它发生在复杂系统在短时间内或肯定没有指数规律发生的事件中出现故障时。

（1）如果一个考虑区域足够覆盖老化过程（图 4.12 和图 4.13）。

（2）如果在开始阶段有一个不断增加的故障强度，那么这些缺陷称为潜伏缺陷。这种故障分组一般与大量或全部产品有关，是产品质量低下的一个表现。这在不发达国家生产的农机和其他机械中经常可以看到。他们的产品在图 4.11 所示的第一阶段有很多故障，因为质量很低，导致很多潜在的缺陷（图 4.14）。

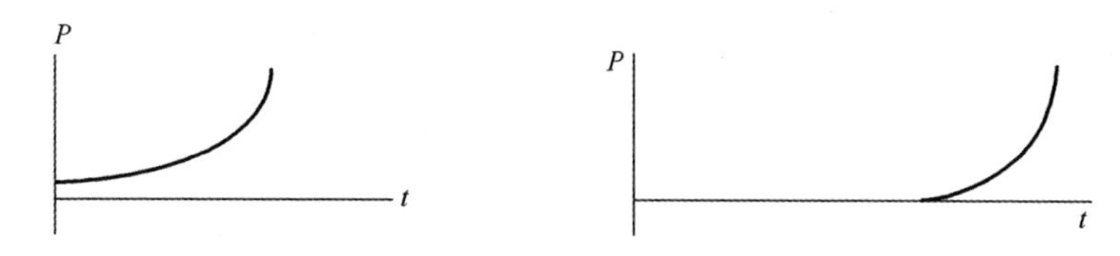

图 4.12　足够覆盖老化的第一种变体　　图 4.13　足够覆盖老化的第二种变体

（3）如果一个产品由不同的供应商生产的，或者整个产品的细节和单元由不同的供应商提供，并且这些供应商有不同的质量文化，其中一些是质量制造文化较低的供应商。

（4）修理或维护时间从不具有指数分布定律的特征。这是一种可以使用指数分布定律的情况，尽管它实际上没有发生。

（5）到达泊松故障流时，虽然工作时间具有指数分布，但修理时间不具有这种分布。故障的平均时间并不取决于分布的规律（图 4.15）。

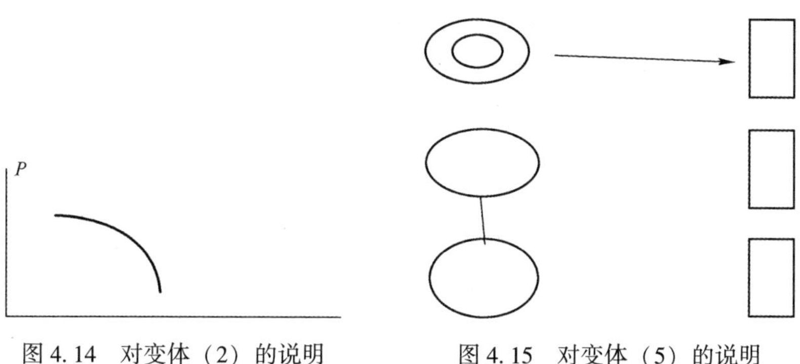

图 4.14　对变体（2）的说明　　图 4.15　对变体（5）的说明

如果将独立的器件按顺序连接起来，其可靠性的平均特征与分布规律无关。

对于有些模型，故障（可靠性）的特征可能表现出变异系数。

尽管如此，在大多数情况下，不应该使用指数分布定律。

让我们来演示一下在不应该使用该定律时使用它的结果。

（1）指数分布定律 $P_1(t)=\mathrm{e}^{-t}$

威布尔分布 $P_2(t)=\mathrm{e}^{\frac{\pi}{4}}t^2$

$t=0.01$

第一种情况下的故障概率为 $1-P_1=0.01$。

第二种情况下的故障概率为 $1-P_2=0.000078$。

因此，在上述例子中，当实际是威布尔分布定律时，使用指数分布定律会产生 120 倍的误差。

(2) 当需要立即将产品恢复到使用 t 时，估计必要的备件数量。

给定：t，G'，有

$$\frac{t}{T_0}=30;\quad \frac{G'}{T_0}=\frac{1}{4}\lambda=1/T_0;\quad \gamma=0.99$$

使用泊松定律，所需的备件数量为

$$N_0=41$$

但使用精确的渐近式：

$$N_0=33$$

(3) 有一个由1000个相同部件组成的系统。每个部件的平均发生故障时间为 T_0。如果各部件按串联组合，系统故障的平均时间是多少？

如果用指数定律估算每个部件的寿命分布，那么有

$$T_N=T_0/N=T_0/1000$$

然而，使用威布尔定律，$T_N=T_0/32$。

使用威布尔定律，系统发生故障的时间将比使用指数定律的多30倍。

在实践中，泊松流并没有恒定的参数，所以不能认为它是最简单的近似方法。

如果一个系统要考虑恢复，就不能孤立地确定可靠性的特征（图4.16）。

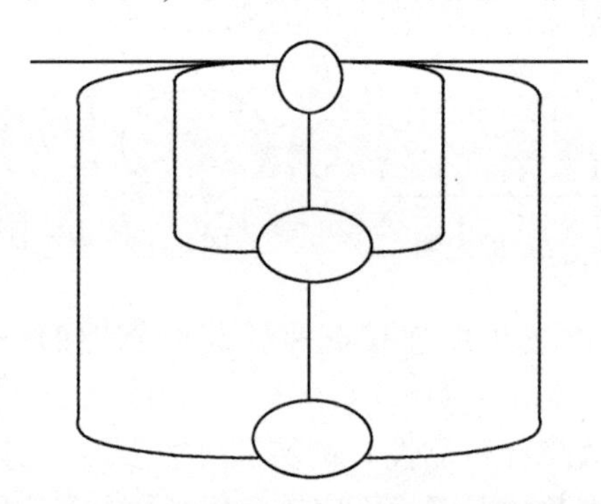

图4.16 关于（3）描述的图示

$G(x)$是对维修车间的分析，修理（维护）需要的时间。

一个由 K 个器件组成的系统需要修理的概率：

$$P_k\backsim\frac{\lambda^k Mh^k}{K!}$$

如果 $k=3$，$G(x)=1-G'^{-\mu x}$，那么 $\lambda/M=0.1$（平均维修时间是平均维修间隔时间的1/10）。

第二种变体：

平均维修时间 I/M。

在第一种变体中，$P_3(I)=10^{-3}$。

在第二种变体中，$P_3(I)=I/G'\times10^{-3}$。

如果变异系数 $>I$，那么误差在一边，但如果变异系数 $<I$，误差将在另一边。

2. 结论

当指数定律不适用时，正如在前面的分析中所详述的那样，如果不能使用指数定律，参考文献［39］中描述的可靠性评估方法在这种情况下可能是有用的。当使用指数定律时，有必要从统计学上验证其使用的适当性（通过获取足够数量的数据点（通常是数百个）来验证是否符合该定律），或者从物理上调整指数定律的适用性，正如本章前面所看到的。

如果上述任何一种方法都不能证实指数定律的适用性，就不能使用它，必须找到并应用替代的解决方案。

4.3　加速试验发展的正面趋势

4.3.1　加速试验发展的常见正面趋势

加速可靠性试验和加速耐久性试验（ART/ADT）技术的发展与实施是极大地改善汽车和航空航天工程的基本正面趋势之一。

正如 Wiley 在参考文献［1］的封底所述："……它是准确预测产品在特定时间如使用寿命或保修期内的质量、可靠性、耐久性和可维护性的一个关键因素。它涵盖了新的想法，并提供了一种独特的方法来精确模拟和整合现场输入、安全和人为因素，以及加速产品开发，作为跨学科系统工程的组成部分……"

这种试验 ART/ADT 的方向可以在试验领域的最新技术中看到，它提供了许多实施这种新方向的案例研究。它的使用越来越多，正在解决以前未解决的产品开发问题，如减少产品召回和从设计到上市的成本与时间。它也带来了更高水平的设计、制造和使用效率。

最后，ART/ADT 导致了产品的改进，这对生产商和用户都有好处。

图 4.17 显示了 ART/ADT 的性质。

对这种加速试验技术的更详细描述可参阅参考文献［1］。

这项技术的发展趋势与实验室里的物理试验（包括电子控制系统）与现场/飞行试验的结合有关，并导致 21—22 世纪的产品开发。如前所述，这也与

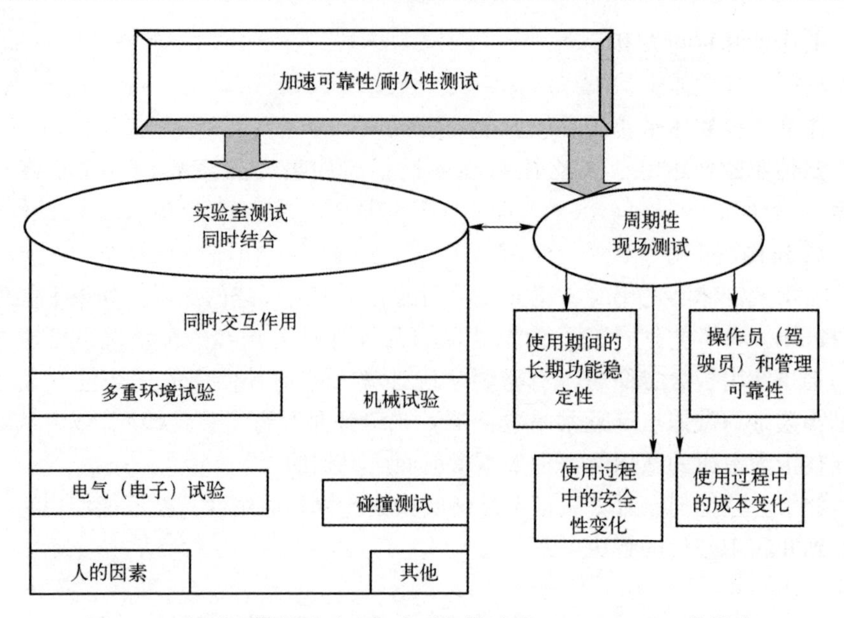

图 4.17　加速可靠性试验和加速耐久性试验（ART/ADT）的描述

整个试验机及其相互作用的部件（单元和细节）有关。图 4.18 描述了目前 ART/ADT 发展的基本趋势。

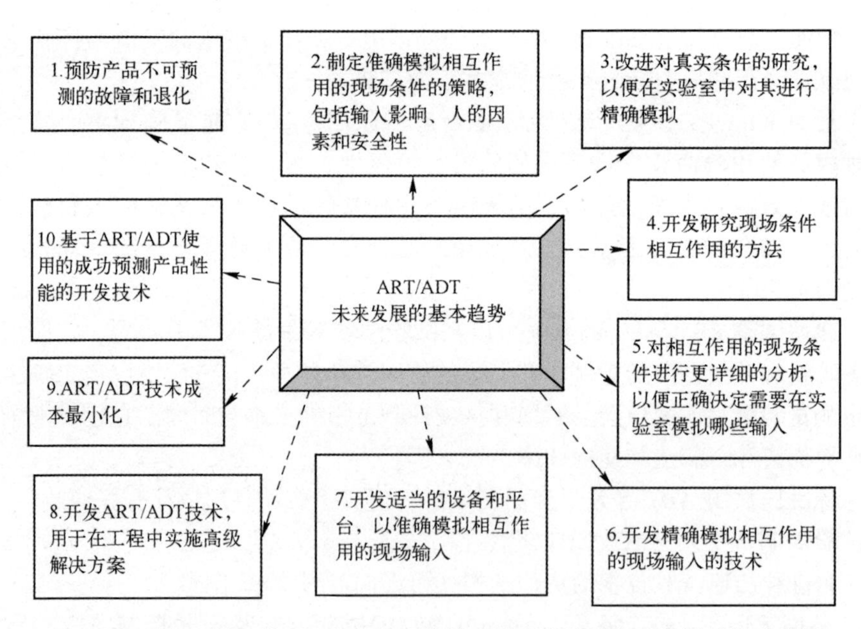

图 4.18　汽车和航空航天工程加速可靠性和耐久性试验未来发展趋势示意图

关于加速可靠性和耐久性试验实施的更多信息可参阅参考文献［2］的第6章。

图 2.7 描述了从传统和加速试验到 ART/ADT 这一路径的基本步骤。

从传统的使用单独（或两个）现场影响模拟的加速寿命试验（ALT）到加速可靠性和耐久性（ART/ADT）试验的路径由以下步骤组成：

（1）使用单独（或两个）现场输入的模拟（ALT）。

（2）增加现场输入的准确性。

（3）“现代化”的试验（经常被错误地称为“耐久性”或“可靠性”试验，但事实上，只是简单的加速试验（HALT、HAAS、AA 等））。其中，大多数都由增加（更高）的温度和振动载荷模拟组成。

（4）使用组合输入的模拟试验。

（5）真实 ART/ADT 的全场条件模拟。

Antony James 提供并发表了对加拿大国家研究委员会的疲劳试验专家 Robert Rutledge 的采访[22]。在采访中，Rutledge 先生说，多年来疲劳试验在许多方面都发生了重大变化，从使用绘图员制图到现在使用 CATIA，对试验和加载系统进行三维布局。计算机控制系统和数据存储的进步使这些试验能够以更复杂和更高的保真度进行，同时也能在更短的时间内完成。

这主要是由于国家研究委员会（NRC）持续努力缩短项目时间。

但是，以上只是 ART/ADT 领域中出现的正面趋势的一部分。

从图 4.18 中可以看出 ART/ADT 未来发展的基本正面趋势。

接下来，考虑 A&D 欧洲有限公司的工作，详见参考文献［23］。A&D 参与提供硬件和软件技术，以及应用方面的专业知识，并致力于帮助实施先进和具有成本效益的解决方案，以应对行业面临的试验挑战。

他们的产品之一是 Automation iTest（DAC）。这是用于动力系统试验的强大的数据采集和控制软件。

iTest 系统是一个中央控制系统，可用于现代的动力总成试验。它通过协调测功机和节气门系统，以及从试验件或台内仪器上的传感器获取数据来执行预定的试验计划。iTest 通过一个直观的配置编辑器和用户友好的操作员图形用户界面（Graphical User Interface，GUI）来实现这种水平的功能，同时采用国际标准与试验台的仪器进行连接。操作员可以从试验周期库中进行选择，这些试验周期基于北美、欧洲或亚洲管理组织制定的试验标准。

自动化控制台软件提供了一个强大的图形用户界面（GUI），在微软 Windows 环境下运行。GUI 使人们能够在试验构建环境中和运行期间访问屏幕定义工具。

A&D 的 iTest 系统是一个模块化系统，可以在基础应用上添加试验台仪器或试验周期。模块包含特定于所用仪器的命令集，并有通用试验所用的通用命令。这使得一项试验可以在不同的试验台与各种仪器模块一起使用，从而简化了试验开发过程。iTest 应用模块旨在将各种第三方设备和试验整合到一个试验台中。它们包含必要的应用程序代码，以远程控制这些设备。

它们的集成解决方案结合了以下要素：

(1) 用于实时控制、数据采集和燃烧分析的行业标准硬件/软件。

(2) 在不同行业有动力系统试验应用方面的经验。

(3) 涵盖了从升级单一设施到作为多试验台、交钥匙工程的主承包商的整个范围。

虽然上述 iTest 系统用于单独影响下的试验，但它无法进行真正的加速可靠性或耐久性试验。

在参考文献［24］中，AB Dynamics 公司写道，他们已经稳步发展，并已成为汽车试验系统的主要供应商。

应用范围从耐久性试验到关键的新技术开发领域的精确控制，如主动安全和自动驾驶，所有这些都具有从虚拟到物理再到真实世界的高效数据和协议集成。

由于可供开发的原型机较少，而技术较多，衍生产品较多，试验系统必须快速设置，并且能够高效地与客户的开发流程无缝整合。

他们的系统包括：

(1) 驾驶模拟器。

(2) 运动学和合规试验。

AB Dynamics 提供的另一款产品是 SPMM 5000（悬挂参数测量机）。

(1) SPMM 5000 是由悬挂工程师设计供悬挂工程师使用的车辆运动学和合规性（Kinematics and Compliance，K&C）试验机。

(2) 它旨在结合最忠实的道路车辆行为模拟，因此，将成为全世界悬挂工程师的首选开发工具。

当配备了 SPMM 5000 MIMS 升级版时，它可以精确测量整车和车辆部件的重心与主要惯性力矩。

A&D 已经开发了一种模块化系统，用于在基础应用中添加试验台仪器或试验周期。这些模块包含于所用仪器特定的命令集，以及通用试验所用的通用命令。这使得一项试验可以在不同的试验台与各种仪器模块一起使用，从而简化了试验开发过程。iTest 的应用模块旨在将各种第三方设备和试验整合到一个试验台中。

但是，同样，这个系统也不能用于加速可靠性或耐久性试验，因为它不是基于对全场输入影响、人为因素和安全性的精确模拟。

4.3.2　与汽车和航空航天工程中任何特定类型的试验有关的加速试验的具体的正面趋势

1. 可靠性试验方面的正面因素

加速试验发展的具体正面趋势与可靠性试验的不同方面有关。不幸的是，这些在书籍或关于可靠性试验的文章和论文中很少出现。例如，一年一度的可靠性和可维护性研讨会[41]于 2019 年在佛罗里达州奥兰多举行。这次研讨会提供了 100 多篇教程、会议和研讨会论文。但是，在这些论文中，只有下面列出的三篇论文专注于可靠性试验。

（1）Martin Dazer、Bernd Bertsche 和 Alexander Grundber 的“加速可靠性演示试验的成本和时间的有效规划”。这篇论文介绍了一种新的方法，以比较成功运行和寿命终结试验在时间、成本和成功概率方面的支出。

（2）Narasimman Sunderajan 的“可靠性试验中现场情况的复制”。这篇论文提出了一种方法，即如何在试验中通过结合试验中的压力并在随机振动试验中有效地使用 Kurtosis 来复制现场情况。

（3）Yuankai Gao 的“基于加速增长模型的可靠性增强试验评价”。它考虑了一种基于加速增长模型的可靠性增强试验的定量评估方法。

2. 振动试验方面的正面因素

正如在参考文献［25］中可以看到的那样，TEAM 公司促成了加速试验发展中的一些正面趋势。作为航空航天市场的振动试验设备供应商，该公司已经开发和设计了振动试验解决方案，以提高产品质量。

TEAM 已经为一些最大的平台系统设计和制造了试验系统，包括卫星、航天器和履带式或轮式军用车辆。图 4.19 描述了一个这样的大型平台试验台。

TEAM 系统的特点包括：

（1）刚性平台设计。

（2）预测试验台响应的有限元建模。

（3）单轴或多轴能力。

（4）制动器的力可达 100 万磅力（4445kN）。

（5）针对系统设计的可变频率响应。

（6）可用于环境试验室的热屏障。

TEAM 系统的应用场合包括：

（1）卫星试验。

图 4.19 TEAM 的大型平台系统[25]

（2）航天器试验。

（3）Mil STD 810 试验。

（4）坦克炮塔战斗电子设备试验。

参考文献［26］提供了有关加速腐蚀试验的以下信息。

美国的腐蚀成本估计为 2760 亿美元/年。这个成本包括与腐蚀有关的直接和间接费用。开发这个参考的腐蚀网站是为了向公众宣传和教育涉及材料环境恶化的问题。以肯尼迪航天中心（Kennedy Space Center，KSC）的腐蚀工程、研究和试验能力为例，介绍了如何开发腐蚀控制和检测技术，以及调查、评估和确定材料在各种腐蚀环境中的行为。

KSC 包括腐蚀实验室、海滨大气试验设施、涂层应用实验室、加速腐蚀实验室和照片文档设施。

由于 KSC 的发射设施位于距离大西洋 1000 英尺的范围内，来自海洋的盐分，再加上运载火箭排出的酸性尾气，使得腐蚀保护成为一个高度优先事项。由于这些原因，KSC 保持着最先进的腐蚀研究和试验能力。腐蚀技术实验室是应用技术部的一部分，任何涉及腐蚀的项目都可以利用这个人员和设备齐全的腐蚀实验室作为资源。

为了开发腐蚀控制和检测技术，并调查、评估和确定材料在各种腐蚀环境中的行为，腐蚀技术实验室应提供：

1）设施

大气暴露场地，包括：

（1）阴极保护兼容罐。

（2）海水浸泡。

现场实验室，包括：

（1）电化学实验室。

（2）加速腐蚀实验室。

（3）涂料应用实验室。

（4）照片记录实验室。

能力包括传统的盐雾技术，以及先进的循环和酸性方法。

2）表面分析

最先进的电子显微镜和经验丰富的工作人员通过表面化学、深度剖析和成分镜像来研究腐蚀机理。可用于表面分析的技术包括：

（1）透射电子显微镜（Transmission Electron Microscopy，TEM）。

（2）扫描电子显微镜（Scanning Electron Microscopy，SEM）。

（3）X射线光电子能谱（X-ray Photoelectron Spectroscopy，XPS）。

（4）俄歇电子能谱（Auger Electron Spectroscopy，AES）卢瑟福后向散射法。

（5）二次离子质谱法（Secondary Ion Mass Spectrometry，SIMS）。

来自单一来源的全集成飞行试验系统的先进性[27]。

通常情况下，飞行试验工程师必须确定满足其试验机制的独特要求所需的各种组件，其中包括数据采集单元（Data Acquisition Unit，DAU）、网关、收发器、记录器、照相机、管理器和交换机。然后，需要从多个供应商那里采购这些组件。飞行试验组件的客户从一个供应商那里获得DAU，从另一个供应商那里获得记录器和交换机，这种情况并不罕见。然后，工程师必须面对整合这些独立和不同的试验组件的挑战。

飞行试验系统后一阶段设计过程往往会造成延误，这是其项目的主要风险源。这种延迟会使试验平台停留在地面上，而不是在空中。

更好的方法是从一个供应商处采购飞行试验组件。这样就能获得一个完全集成的系统来提供飞行试验解决方案，使客户无须整合从许多独立供应商那里采购的各种组件。最好是由一个单一来源的供应商负责提供一套完整的可互操作的产品。

最近，Curtiss-Wright公司通过对Teletronics技术公司（Teletronics Technology Corporation，TTC）的收购以及与其用于航空和航天平台的数据采集产品线的整合，正在努力使这种单一来源的全集成飞行试验系统解决方案成为现实[28]。

Curtiss-Wright 公司现在支持许多航空航天飞行试验客户、平台和项目。他们的组合产品系列拥有整合完整级解决方案所需的所有组件级产品，包括 DAU、网关、收发器、记录、相机、管理器和交换机。

一些飞行试验工程师会对他们喜欢使用的设置软件有强烈的偏好。例如，当 TTC 产品使用 TTCW 设置软件时，现有的 Curtiss-Wright 数据采集产品使用 DAS Studio。认识到这些非常真实的偏好，Curtiss-Wright 公司正在追求选择产品并更新其支持 TTCWare 和 DAS Studio 软件的能力。这将使飞行试验工程师能够选择他们最满意的开发条件，同时充分利用两个产品系列的优势，为他们提供一个完全集成的系统解决方案。Curtiss-Wright 公司的微型 Axon DAU 计划于 2017 年第四季度发布，可以为 TTCWare 和 DAS Studio 的软件设置进行配置。

在 2017 年的各种会议上演示了这种单一来源的端到端集成的一个例子。典型的飞行试验系统展示了几个输入视频、模拟数据、加速度计、压力传感器、桥式测量仪和温度传感器。它们向一个以太网记录器输出批量数据，并输出典型的射频遥测的串行 PCM 数据，数据以图形方式实时显示。该演示系统无缝地整合了许多不同的要素，包括 Akra KAM-500 DAU、高性能的 TTC HBC-330 视频摄像机、下一代 Axon DAU 和独特的 Axomite 单模块 DAU，该 DAU 适合放在一个箱子内，可以距离 Axon 60 英尺外工作。它还集成了 Curtiss-Wright NET/ CWI/101 交换机和 TTCADSR 以太网记录器，后者可以 150Mb/s 的速度记录 788GB 的数据。

飞行试验解决方案从完整级的方法发展到系统级的方法，其价值在于能更好地解决客户的问题。它通过提供一个基于成熟的、可互操作的产品完全集成的系统，降低了风险并加快了部署时间。

TTC 和 Curtiss-Weight 产品系列的结合，为先进试验技术的加速发展提供了资源。

参考文献 [29] 提供了另一个例子，说明一家公司如何在汽车和航空航天工程加速试验的发展方面实施先进的正面趋势。下面所示的 MTS 和本书作者的分析，展示了振动试验的世界领导者 MTS 公司如何在 33 年的时间里改进其产品（表 4.2）。

表 4.2　MTS 公司 33 年来在振动试验方面的发展

年　份	公司描述
1962	MTS 开发了首台四柱床。该系统用于汽车的噪声、振动和严酷度测试。基于实验室模拟的好处很快就变得显而易见
1966	MTS 开发了首台多轴道路模拟器

续表

年　份	公 司 描 述
1974	MTS 与通用汽车公司共同开发远程参数控制（Remote Parameter Control，RPC）
1980	MTS 发布了带有更多先进测试工具的 RPC2
1982	MTS 开发了首个长冲程多轴系统来模拟崎岖的道路和机动事件
1986	MTS 设计了首个用于测试发动机支架的多轴测试系统
1987	MTS 为汽车行业推出了首个多轴仿真台（MAST）
1990	MTS 道路模拟系统是第一个安装在环境室内的道路模拟系统
1994	MTS 完成了平巷平面路面，这是首个具有垂直输入和 RPC 的整车平巷带系统
1995	MTS 引入了带自适应轨道的反复弯曲试验 2，这是一种自适应控制器，显著简化了试验设置过程

MTS 继续开发其产品系列，现在正在建设第三代网络，并已经建立了超过 28000 个 3G 基站，其中 80%以上提供 HSPA+互联网接入，速度高达 21Mbit/s。

他们的 3i 战略对每个地理区域都采用一种特殊的方法。通过区域化，系统允许对每个地理区域采取单独的方法。通过这种区域化能力，在区域之间分配资源，考虑到每个市场的具体情况。它被称为 MTS OJSC，可以有效地将这一特点应用于业务。这种区域化能力是公司的一个关键优势，能够成功地抵御商业需求的持续压力。

MTS 现在已经推出了 Acumen 电动试验系统。该产品提供了一个为全世界开发并实施的多样化平台。它提供精确的道路和运动控制，其流线型设计特点包括刚性的负载框架和直接驱动的线性马达，以提供精确的力和位移控制。MTS 试验系统多用途软件 Acumed 电动试验系统的集成还能实现自动设置、流畅的任务流程、简化的执行器控制和直观的极限设置，以减少设置这些极限时人为错误的风险。

另一个加速试验发展的正面趋势在参考文献［30］中进行了描述。这篇文章指出

……使问题更加复杂的是，采用上一代读出集成电路（Read Out Integrating Circuit，ROIC）的老式探测器在低阱位时是非线性的。这导致了非均匀性校正的崩溃，导致图像不佳和温度测量精度受到质疑。有了新一代的 ROIC 设计，探测器实现了对低阱位的线性，允许在较冷的目标上以高速（短积分时间）进行精确测量。这就是为什么对于高速红外相机来说，具有对低阱位的线性响应的下一代 ROIC 是至关重要的。

内燃机、制动马达、轮胎和高速安全气囊的产品研究与开发只是真正受益

于高速、高灵敏度热特性试验的几个领域。不幸的是，传统的接触式温度测量形式，如热电偶，并不适合安装在移动物体上，而非接触式的温度测量形式，如点阵枪，甚至目前的红外（IR）相机，根本没有足够的速度来阻止这些高速目标的运动，从而进行准确的温度测量。

如果没有适当的工具进行充分的热测量和试验，汽车设计工程师可能会损失时间和效率，并有可能错过导致危险产品和召回的缺陷。

下一代红外热像仪技术可能为工程师提供解决方案。这些相机集成了640个512像素的高分辨率探测器，可以以1000帧/s的速度捕捉图像。

此外，更新的探测器材料，如应变层超晶格（Strained Layer Super-lattice，SLS），提供了广泛的温度范围，其均匀性和量子效率的组合超过了早期的MCT和QWIP探测器材料。这些新技术加上远程同步和触发的能力，为工程师和管理人员提供了解决高速汽车试验困难所需的工具。

现在，通过在汽车工程的设计和试验阶段获得热成像，研发团队可以更容易地确定薄弱环节，提高产品的整体性能和安全性。但是，能否获得这些信息取决于热像仪的类型及其功能，这对成像的成功有一定的影响。获得具有最高速度、灵敏度和集成时间的冷却式热像仪，将使研究人员能够以高速准确跟踪温度数据。这些相机还将提供清晰详细的静止帧。这些能力将使研究人员能够准确地测量温度，并从热学上确定问题开始的确切时间要素。这个解决方案类似于本书作者在30年前提出的解决方案。

加速试验发展的另一个正面趋势是越来越容易获得新的测力解决方案，该方案能最大限度地减少测力变量，并能保护拉伸试验数据。这一发展与基于计算机软件的力测量和分析系统有关。这些系统提供了试验方法的灵活性、分析和报告[31]。正如参考文献［31］中所写的，这些进展“需要比基于测力计的系统更高水平的支持。新的测力解决方案提供了一系列的应用，可以解决从负载极限和距离试验，到断裂极限、时间平均、循环次数和持续时间试验、恒定保持等。这些系统为生产和质量控制试验进行了优化，其多样化、创新的架构是为可靠、快速、可重复和简单操作而设计的。用户获得了基于计算机软件系统的性能，而无须考虑通常与传统系统相关的担忧和支持要求”。

另一个积极的贡献是参考文献［32］使用的AUTOSAR标准，其中包括改进车辆的嵌入式电子系统的许多机会，包括软件代码的早期试验。AUTOSAR实现的预先设计试验可以加快开发周期，节省时间，并提高功能设计水平。这个试验过程通常分为组件和系统级试验。

AUTOSAR的第一个关键特征是接口的标准化。任何访问当前应用组件之外的某个特征的函数调用、内存访问或硬件驱动程序动作，都将以标准化的方式实现。这就导致了新工具和执行环境的建立，可以更真实的方式运行模拟。关于这方面的更多细节，详见参考文献［32］。

最后，作者写道："……无论你在使用 AUTOSAR 的道路上处于什么位置，在虚拟验证形式的试验隧道的尽头都会有新的曙光。"

确保数据的完整性对汽车、航空航天和其他行业至关重要，因为这些行业对采集数据和维护试验记录有严格的要求。某些测力计既是测力计，又是数字测力计的控制器。有了这种技术，只需要对测力计进行设置，测力计内置试验模板，用于常见的测力试验方法，如负荷极限、距离极限和断裂极限试验。对于每个试验要求，用户都可以指定测力计的数字测力功能，并可以指定试验结束后自动归零的位置。

正如之前所讨论的，加速试验发展的许多战术方面和趋势与先进的统计（理论）方法有关联，这些方法在学术界很容易使用，因为它不需要昂贵和复杂的设备进行物理模拟，特别是模拟真实世界的条件。许多科学家参与了这些理论战术方法，这些方法越来越与完整设备的细节和单元有关。

在这些方法中，双参数威布尔分布是分析试验数据和预测性能最常用的。估计威布尔形状和尺度参数的常用方法是最大似然法。正如参考文献［33］中所详述的，已知最大似然法在估计形状参数时有一个正偏差[33]。

关于这个偏差，目前正在努力从一个给定的数据集中估计这个参数，使其偏差最小。H. Hirose 早先写的一篇题为"双参数威布尔分布中最大似然估计的偏差修正"的论文，提供了一个确定形状参数无偏估计的公式。这篇论文还提供了使用这种方法的蒙特卡罗模拟研究的结果[33]。有关这一领域进展的另一个例子在本书作者的出版物［34］中。

安大略大学（加拿大）汽车卓越中心（Automotive Center of Excellence，ACE），该研究和试验机构提供气候、结构耐久性和生命周期试验的实验室和技术。风洞可以模拟气象条件，包括强风、湿度、雪、冰和沙漠热，以测量不同车辆的安全性（图 4.20）。其他的实验室包括一个四柱气候振动台，一个内有多轴振动台的消声室，以及两个大型气候实验室。

安大略卓越中心的省级经济发展驱动力是在该大学的三层 ACE 气候风洞内建立一个区域技术发展点（Regional Technology Development Site，RTDS），用于受控环境的无人驾驶汽车试验。

在 ACE，任何尺寸的车辆都可以被拴在气候风洞的一个巨大平台上，轮胎以任何行驶速度转动。ACE 可以复制在世界任何地方观察到的气候条件，模拟从极端沙漠高温的太阳负荷到暴雨、冻雨和暴风雪的一切。

RTDS 提供了一个近在咫尺的加速研发环境，汽车开发公司和工程师将在那里评估和验证原型样机。

图 4.20 研究人员和工程师可以在 ACE 气候风洞中试验不同类型天气情况下的产品原型机[34]

试验方面的其他一些正面趋势包括“创新的垫脚石”计划。

在设计综合试验计划方面的成功合作，导致了飞机合格产品的创新性重新设计[35]。

然而，航空公司和飞机制造商正在不断研究改进服务的新方法，对新事物有一个伟大的想法，然后按照国际航空标准进行设计、制造和鉴定，这需要专业知识、诀窍和熟练的创新产品开发经验。

迪纳摩航空（Dynamo Aviation，DA）就是一家这样的公司，其负责业务发展的副总裁彼得·罗巴迪解释说[35]：

……航空的热情对试验和鉴定至关重要。我们向市场推出的每一款新产品都必须经过试验，以保证与我们的创新设计相结合的安全性和可靠性。我们的合作伙伴不仅应该试验和鉴定产品，还应该了解飞机是如何工作的，一旦某个部件被安装并在飞行状态下使用，它将经历哪些环境影响，最重要的是，如果一个单元在试验中出现故障，他们应该能够为我们的工程师提供详细的信息。

提高电机和电变频器试验效率的趋势对于先进飞机和未来技术的发展至关重要[36]。Mitchell Marks 在参考文献［36］中写道，飞机的电动化在很大程度上是由使飞机更高效、运行更便宜、在废气和噪声排放方面更环保的愿景驱动的。为了将今天的传统飞机转变为电动飞机，液压和气动执行器与系统将逐渐被电动执行器和系统所取代。

主要的挑战是减少这种电动系统的部件，即发电机、电池、功率控制器和电机的重量，并提高其效率、功率密度和可靠性。

试验这些组件的能量转换效率需要数据采集系统能够高精度、高可靠地测量输入和输出的总功率，并提供研发过程中理解和提高能源效率所需的基础原始数据。

电动化的一个后果是，确保飞机电气系统的稳定运行将变得更加具有挑战性。单个部件以及整个飞机电网将需要更广泛地试验电能质量的符合性。用于此类试验的数据采集系统需要能够连续记录整个飞行剖面，并切换到更高的采样率以捕获单个干扰，并能用相同的仪器进行谐波分析和功率测量。

为任何一个应用设计电驱动系统需要什么？基本上有三个要素。

（1）电源。

（2）功率转换器。

（3）电机。

通常这些要素由作为直流总线的电瓶供电，它是一个转换器，将直流电转变为交流电，或是一个电机，将电能转化为机械能。

这有时称为机电功率转换。另一个正面趋势与提供产品生命周期的性能有关[37]。

随着时间的推移，技术、经济和社会发生了巨大的变化，影响了汽车试验界。现在，汽车厂家和关键部件供应商必须按照适当的目标寿命进行设计和试验。理想情况下，复杂多样的使用情况需要得到很好的理解，材料特性也需要得到充分的表征，这将有助于提供高质量的部件。

但更典型的是，试验是基于习惯的方法，而不是效率。数据是人工筛选的，然后在本地服务器文件系统上进行糟糕的索引。这使得对结果的分析几天甚至几周都无法进行。异常数据可能没有被捕获，从而使其在设计过程中产生波动，并在下游引入错误。

通过成功的整合设计、试验和使用反馈回路，产品的质量将得到极大的改善，产品从概念到上市的速度也会加快。虽然这样做的代价是相当大的，但现在有解决方案可以帮助减少这些成本。eCode 国际公司[37]已经发展成为试验行业数据采集、耐久性技术和分析软件的重要供应商。这家公司创造了“产品生命周期性能”（Product Life-cycle Performance，PLP）一词。传统的生命周期性能（Traditional Life-cycle Performance，PLM）已经帮助优化了设计和制造信息的流动。然而，PLM 的设计并不是为了管理或处理千兆和兆兆字节的工程试验数据，也没有能力进行确保产品性能所需的试验和使用反馈循环。PLP 与 PLM 一起，可以帮助管理这些大量的试验数据。它通过简化和自动处理为下游工程师提供信息，鼓励工程协作，并实现数据重用所需的分析，从而创造出满足整个产品生命周期性能目标的产品。

PLM 现在已经很成熟了，虽然它诞生时是一个软件工具，而且最初还是有问题的。

FDM 软件通常是一个数据库应用程序，为持有所有相关的设计和产品数据而配置。这种计算机辅助工程分析软件通过计算机模拟而允许使用数据，从而增强了设计过程。

PLM 的设计阶段包括描述、定义、开发、试验、分析和验证。但是，现有的 PLM 工具并不能有效地管理试验数据，更不用说按目标寿命设计所需的配套分析和验证了。为了开发更有效的产品耐久性模拟（如通过使用 DesignLife 或 FE 疲劳），人们需要有代表性的负载数据。此外，试验场试验应该能够代表真实世界的条件。

但是，试验场试验很少适合于耐久性试验，因为它没有考虑产品在使用寿命中所经历的变化的多重环境影响。

前面介绍了一些例子，说明对真实世界条件的不准确模拟使得这种方法无法用于成功的真实世界的耐久性和可靠性预测。这是加速试验发展中由于使用未开发的软件模拟而出现负面趋势的另一个例子。

我们继续看到在整个开发过程中对综合模拟和试验的持续需求。这就是为什么专业人员正在努力开发更快、更好的仿真和试验工具，以提供更深入的工程洞察力，帮助设备制造商、集成商和供应商设计未来最好的飞机。一个例子是，为了解决飞机振动问题，利用了一个有 12 个通道的系统，它直接连接到飞行员的身上，以从几个麦克风获取数据[38]。

Reid Bollinger 写道[39]，有两种主要方法来试验汽车或航空航天工业的材料。一是用一个通用的试验平台，将它连接到为特定设备创建的载荷框架上。二是用完全为特定应用定制的试验系统。Sumbrium 工程公司总裁 Wes Blankenship 倾向于后一种方法。“通用试验机对于做一个简单的试验，如试验一个齿轮齿，是非常昂贵的，”他说，“通过建立一个专门的机器来做齿轮试验，我们可以提高试验的速度，并能并行试验多个设备。[39]” 作者也开发了类似的多腔室的方法（图 8.7）。

为了同时进行多个试验作业，参考文献［39］描述了如何使用可以同时控制多个运动轴的液压运动控制器。另一个例子是使用控制回路时间很短的控制器，这样被测设备对试验周期的反应有细微的变化，在试验周期之间可以检测到。在建立了一个包含不同备选运动控制器的电子表格后，Sumbrium 公司选择了 Delta 电脑系统公司的 RMC200 运动控制器。RMC200 能够运行快至

250μs 的控制循环时间。

用一个连接到运动控制器的载荷传感器测量施加在齿轮齿上的动态载荷，用一个非接触式激光位移传感器测量液压轴的位置，该传感器能够感应到容差 2μm 的距离，从而检测到断裂。这样一来，“其他齿轮试验机能够运行 40Hz 的试验周期，而特制的载荷框架却在以 100Hz 的速度为财富 500 强的动力总成公司做试验。以一个现成的试验架的价格，我们可以处理三个试验架，每个试验架得出结果的时间要快三倍。

“随着金属齿轮试验系统的成功，Symbrium 公司已着手开发该机器的一个较小变体，它可以产生 20～500 磅的力，可用于试验由塑料制成的齿轮强度。”[39-40]

总之，虽然上述信息是作为本书作者分析结果提供的，但它不能包括所有关于汽车和航空航天工程加速试验发展的负面和正面趋势的出版物。读者可以在参考文献［42-48］以及其他出版物中找到更多信息。

最后，本章给出以下结论：

（1）加速试验发展的趋势有正面和负面两个方面。负面趋势导致了一些问题，如不断增多的召回，不断下降的可靠性、耐久性、安全性、可维护性和经济效果。

（2）本章考虑了加速试验发展的战略和战术性负面趋势，包括汽车、航空、电子和其他广泛的行业。

（3）基本的战略性负面趋势是：

① 虚拟试验增加得太快，而物理试验发展得太慢。

② 对试验的物理和虚拟精确模拟的发展关注较少。

③ 新产品的设计（和制造）与加速试验之间的技术进步差距越来越大。

④ 虚拟仿真不能准确模拟复杂的现实条件以及复杂的产品，特别是单元和细节的相互作用。

⑤ 由于技术进步，更复杂的设备需要更复杂的试验，但厂家都避免这样做，主要是因为更复杂的试验更昂贵。

⑥ 组织没有考虑到，为试验节省资金往往会导致后续过程的成本增加，包括设计、制造和使用，并增加产品的总成本。

⑦ 思想狭隘的管理层往往不愿意将资金投入更有效的加速试验技术上，尤其是 ART 和 ADT。

⑧ 继续单独模拟现实世界的条件和相应的加速试验，没有考虑它们在实际使用中存在的相互作用。

⑨ 继续依赖于使用非常古老和无效的理论方法。

（4）本章提供了说明上述负面方法的出版物的例子。

（5）本章还详细介绍了加速试验，特别是加速可靠性和耐久性试验（ART/ADT）技术发展的正面趋势。

（6）本章考虑了在加速可靠性和耐久性试验发展中可以看到的基本趋势。

（7）本章介绍了不同作者出版物中的例子，以表明在汽车和航空航天领域，加速试验的发展有正面趋势，特别是与细节和单元有关的。

习　题

1. 在汽车和航空航天工程领域中，消除加速试验（Accelerated Testing，AT）方面的许多问题的正确方法是什么？

2. 习题 1 中有哪些例子？

3. 描述加速试验发展趋势中的基本负面趋势？

4. 在加速试验的发展中，有哪些真实世界的现实情况没有被考虑到？

5. 在加速试验的发展中，有哪些战略性的负面趋势？

6. 在加速试验的战略性负面趋势方面，有哪些广泛的因素？

7. 设计和制造水平与试验之间的差距如何？

8. 在虚拟试验和物理试验的发展中，有哪些负面趋势？

9. 以图示方式说明问题 8 负面趋势的近似曲线？

10. 哪些出版物记录了问题 8 所述的负面趋势？

11. 出版物记录这种现象的基本含义是什么？

12. 虚拟试验使用量增加和物理试验减少的趋势是如何影响召回的？

13. 从已发表的文献中，描述问题 12 中召回对试验依赖性的一些例子。

14. 说出一些在设计、制造和使用过程中对现场输入影响的单独模拟的例子。

15. 说出在机械试验中使用模拟和在现场情况下使用模拟的区别。

16. 在加速试验开发中，有哪些具体的战术性负面趋势？

17. 说出在实验室进行振动试验时的一些负面问题？

18. 为什么试验场试验不适合于加速试验发展？

19. 提供一些在出版物中描述的试验发展负面趋势的例子。

20. 提供一些加速寿命试验中负面趋势的例子。

21. 解释为什么疲劳失效试验不适合于汽车部件的耐久性试验？

22. 为什么说地面试验是用于评估和预测车辆耐久性的一个消极方面？

23. 为什么相关方法不适合于试验场试验后的耐久性计算？

24. 使用虚拟模拟对产品进行加速试验有什么问题?

25. 为什么指数分布定律不适合于加速试验开发?

26. 描述加速试验发展中的一些基本正面趋势。

27. 描述为什么加速可靠性和耐久性试验（ART/ADT）是加速试验发展的基本正面趋势。

28. ART/ADT 的定义是什么?

29. 用图示说明 ART/ADT 的方案。

30. 说出从加速试验到 ART/ADT 的基本步骤。

31. 描述 ART/ADT 发展的一些基本趋势。

32. 描述为什么 iTest 系统是加速试验发展的一个正面趋势。

33. 描述 A&D 公司开发的模块化系统的本质。

34. 描述 AB Dynamic 公司针对试验系统的解决方案。

35. 描述 TEAM 公司的加速试验解决方案的实质。

36. 描述肯尼迪航天中心在腐蚀控制和试验方面的一些能力。

37. 描述加速试验发展的 MTS 系统。

38. 描述汽车卓越中心（ACE）在加速试验发展方面提供的一些解决方案。

39. 描述加速试验为电气机械提供的一些提高效率的积极方法。

40. 描述 eCode 解决方案在加速试验方面的发展。

参 考 文 献

[1] Klyatis LM. Accelerated reliability and durability testing technology. Wiley; 2012.

[2] Klyatis LM, Anderson EL. Reliability prediction and testing textbook. Wiley; 2018.

[3] Meeker WO, Escobar LA. A review of recent research and current issues in accelerated testing. International Statistical Review/Revue Internationale de Statistique Apr., 1993; 61 (1). Special Issue on Statistics in Industry.

[4] Symposium "Autonomous vehicle test and development" (North America's only conference dedicated to test and validation of autonomous vehicles and self-driving technology). October 23-25, 2018. in Nov, MI, USA.

[5] Klyatis LM, Klyatis EL. Accelerated quality and reliability solutions. Elsevier; 2006.

[6] Klyatis L. Successful prediction of product performance. quality, reliability, durability, safety, maintainability, life-cycle costprofit, and other components. SAE International: 2016.

[7] Wilson J. Why so many product recalls? Test engineering and management. April/May 2018.

[8] Stuart B. Mercedes'CLS: is most tested car. Automotive engineering. SAE International; Oc-

tober 2010.

[9] Hailey K. Poor test data costs industry billions per year. ITworld; May 15, 2015. https://www. itworld. com/article/…/poor-test-data-costs-industry-billions-per-year. html.

[10] King JP, Jewett WS. Robustness development and reliability growth: time, money, and risks. Prentice Hall. InformIT. ; April 2010.

[11] Javatilleka S, Okogbaa G. Accelerated life testing (ALT). 2014. Workshop on Accelerated Stress Testing and Reliability (ASTR).

[12] Autonomous vehicle test and development symposium in conjunction with autonomous vehicle international magazine. 5-7 June 2018. Messe Stuttgart, Germany.

[13] Automotive components fatigue and durability testing with flexible vibration testingtable 10-02-01-0004. SAE International Journal of Vehicle Dynamics, Stability, and NVH-V127-10EJ.

[14] Kumar P, Prakaash J, Kumar P. Optimization of proving ground durability test sequence based on relative damage spectrum. SAE Paper 2018-01-0101.

[15] Presead S. Prakaash J, Davalan P. Study the comnarison of road profile for representative patch extraction and duty cycle generation in durability analysis. 2017. https//doi. org/10. 4271/2017-26-0309. SAE Technical Paper 2017-26-0309.

[16] Sivash S. , Hari Krishna SV, Mendez AN, Dodds CJ. Development of a specific durability test cycle for a commercial vehicle based on real customer usage. SAE Technical Paper 2013-26-0137.

[17] Lalanne C. Fatigue Damage. Mechanical Vibration and Shock, vol. 4: April 2002. ISBN: 1903398066.

[18] Radar Reliability Testing. The 14th institute of the China electronics technology group corporation. Aerospace Testing International June 2019: 83.

[19] James T. The emerging role of physical test in product development. SAE International. Automotive Engineering 2008.

[20] Back to environmental basics. Aerospace Testing International April 2014.

[21] Barlow RE, Proschan F. Mathematical theory of reliability. Society for Industrial and Applied Mathematics; 1996.

[22] Rutledge R. Have you met. …? Aerospace Testing International 2018. Showcase.

[23] A&D Europe GmbH: powertrain testing and vehicle development solutions.

[24] AB dynamics. https://www. abdynamics. com/.

[25] Team Corporation. Vibration testing manufacturer. www. teamcorporation. com.

[26] Marina Calle L. NASA Corrosion Technology Laboratory. Kennedy Space Center. http://corrosion. ksc. nasa. gov/.

[27] Fully Integrated Data Acquisition System for Flight Test Demonstration. https://www. curtisswrightds. com/news/press-release/cw-demonstrates-data-acquisition-system-for-flight

test-at-ettc-2017. html.

[28] Albert B, Buckley D. From components to full integration. Aerospace Testing International 2018. Showcase.

[29] MTS Systems Corporation. www. mts. com.

[30] Flier Systems. Next generation infrared technologies solve high-speed automotive testing challenges. Test and Measurement August 2016.

[31] Clinton JM. Selecting a force measurement solution to minimize variables and protect tensile testing data. Tech briefs Engineering Solutions for Design and Manufacturing; July 2018.

[32] Fairchild J. Accelerated testing of embedded software code leverages AUTOSAR and virtual validation. Automotive Engineering September 2015.

[33] Michael Tully J. Monte Carlo simulation of Two-parameter Weibull Distribution to determine unbiased estimate of the shape parameter. SKF USA Inc. ; Bryan Dodson, SKF. SAE Paper. 19IDM-0008.

[34] Automotive centre of excellence uoit (www. uoit. ca). maria. barrese@ uoit. ca.

[35] Shiffman D. Testing: a stepping stone for innovation. Twitter; August 9, 2018.

[36] Marks M. Advanced testing of electric systems. Aerospace Testing International 2018. Showcase.

[37] C. Mott. Delivering product life-cycle performance. Automotive Testing Technology Internationally. Report 2008.

[38] Halle R. Listening post. Aerospace Testing International April 2015.

[39] Reid B. Multi-axis motion controller accelerates gear testing. Tech brief. SAE; December 2018.

[40] Gnedenko BV, Beliaev UK, Soloviev AD. (SC. D). About illegality wide use exponential law of distribution in reliability theory. Mathematical methods in reliability theory. Moscow, Russia. 1965.

[41] RAMS. 2019. The 65th annual reliability & maintainability symposium. January 29-31, 2019. Orlando, FL.

[42] Cheon S, Jeong H, Hwang SY, Hong S, Joseph D, Kim N. Accelerated life testing to predict service life and reliability for an appliance door hinge. Journal Procedia Manufacturing 2015; 1.

[43] Frank Murray S, Heshmat H. Latham, New York; Fusaro R. NASA Lewis Research Center, Cleveland, Ohio. Accelerated testing of space mechanisms: MTI (Mechanical Technology Inc.). Report 95TR29.

[44] Autonomous vehicles testing methods review. 2016 IEEE 19th international conference on intelligent transportation systems (ITSC). November 1-4, 2016.

[45] SAE International. Seminars. Accelerated test methods for ground and aerospace vehicle development C0316.

[46] Klumpf M. Test and development engineer, Audi AG. Test development and execution system for autonomously performed scenarios.

[47] Coo MS. DSD Testing, Austria. Challenges for testing with platform robots at high speed (>100km/h).

[48] Peter S, Millbrook Proving Ground Ltd. UK introdution the UK's controlled urban tested for connected and autonomous (proving ground).

第 5 章　精确仿真在汽车和航天工程加速试验发展中的作用及其与工程文化的联系

摘要

本章考虑了汽车和航空航天工程领域精确仿真的一些方面及其对加速试验的影响。在此过程中，讨论了飞机研制方面的一些关键挑战，包括：

（1）工程模拟方法对 ART/ADT 的作用和相关的预测方法。

（2）改善管理层的工程文化，这对于理解和实现 ART/ADT 的跨学科系统方法是必需的。

（3）为输入影响和加速应力因素的物理模拟制定统计标准。

（4）确定在 ART/ADT 期间适合于分析的测试参数的数量和类型。

（5）作者正确选择影响领域的方法，它将考虑产品现场经历的所有相关因素。

本章还考虑了改进加速试验发展的工程文化，这直接影响仿真的准确性。

5.1　引　　言

实现加速试验开发的准确模拟的基本概念发表在本书作者发表的著作[1-2]的一些章节中以及许多文章和论文中。因此，本章将只简要介绍一些有关获得汽车和航空航天工程准确模拟的具体内容，有关更详细的研究，读者可以看这些参考文献。

加速试验成功的一个关键因素是对现场条件的准确模拟。这是因为真正的目标不仅是成功的试验，而且是通过试验提供对产品在实际运行中性能的成功预测，它为成功地开发和提高产品效率提供了可能性。

但是，由于产品的实际使用也包含许多相互作用的复杂因素，为了简化试验或降低试验成本，试验协议往往会忽略许多这样的相互作用。但由于没有考虑准确模拟真实世界的重要性，试验可能不能反映实际的使用结果。

因此，如果不相应地重视对准确的物理或虚拟模拟的需要，就不能考虑加速试验发展的正面趋势。

5.2 准确的工程模拟在汽车和飞机系统开发中的作用

随着产品的不断开发，可以看到加速试验发展的一个重要正面趋势，其完成的版本与开发的试验方法和设备密切相关。下面给出的是试验的工程模拟与试验对象一起演变的例子。

在陆地、海洋和空中应用中，无人机系统（Unmanned Aircraft System，UAS）的使用已经并继续呈现爆炸性的增长，且没有放缓的迹象。但 UAS 面临着若干关键的挑战，如果它要满足美国国防部、其他政府部门、非政府组织和公司以及个人消费者的未来需要，就必须解决这些挑战。

有两种路径可以降低或提高汽车和航空航天工程领域技术和经济特征。关键的作用就是加速试验，如图 5.1 所示。

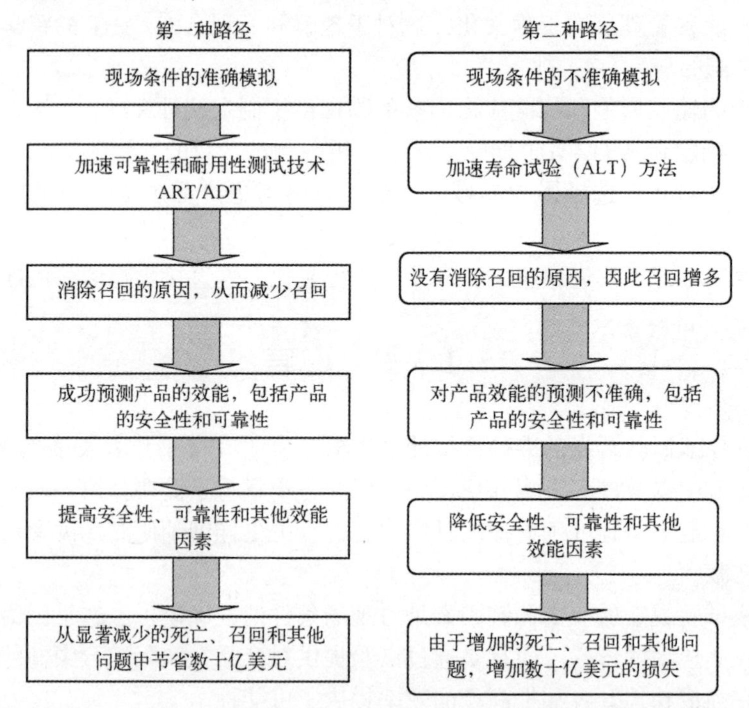

图 5.1　导致召回和其他问题显著减少或增加的两种路径（方法）

这两种路径都从为提供研究、设计和制造现场/飞行条件模拟的准确性开始。

加速试验的好处是基于提供这种试验真实世界的模拟水平。图 5.1 说明了加速的水平与其好处、相关的召回和其他问题解决方案的联系。

从图 5.1 中还可以看出，准确的模拟和基于加速的可靠性和耐久性试验（ART/ADT）可以显著减少召回，并可以节省数十亿美元。正如第 2 章所示，按照传统的加速寿命测试（ALT）这一相反的路径，虽然在设计和制造方面取得了巨大的技术进步和更高的速度，但可能导致数十亿美元的损失。此外，如果这种趋势和情况继续下去，将导致未来更昂贵和更危险的结果。

从中可以理解阻止加速试验负面趋势发展的重要性。参考文献［1］详细阐述了这样做的策略和方法。

参考文献［3］中包括了实现第一种路径（方式）的挑战。这些挑战与汽车和航空航天工程的许多领域有关。

例如，对于无人机系统（UAS），这些挑战包括：

（1）及早将加速试验计划作为特定任务平台设计和开发的组成部分予以纳入。

（2）从多个特定任务平台过渡到数量减少的通用平台，这些平台可以服务于跨不同领域并与之相结合的多项任务。

（3）提高平台能力，包括全天候飞行、有效载荷重量、速度、耐力、点对点导航和加油。

（4）减少前沿保障规模，以降低战区所需人员。

（5）开发有效的能够快速进行战术部署的微型无人机。

（6）扩展任务，包括打击、货运和医疗疏散。

（7）适应性，尤其是在财政紧缩的环境下。

1. 无人机系统不断演变的角色

随着无人系统不可或缺的贡献变得更加清晰，美国国防部发布了第一份文件。

2. 2007 年集成化的无人系统路线图[3]

该文件涵盖了所有领域，包括空中、地面和海上。该路线图于 2009 年更新，以量化如何优化无人系统以支持更多的任务，确定了可以在所有领域共享的技术成熟领域，并识别出可以促进协同作战的技术。该综合路线图更广泛的目标是要确定节约成本的机会，并为无人机系统承包商提供长期的战略方向。

3. 对无人机系统设计方和供应商的影响

无人机系统使用的快速扩展要求同样快速地将新技术集成到现有的平台中。任务和能力发展的速度意味着设计和集成周期必须非常高效，并且首次就做正确。在竞争日益激烈的环境下，成功的公司要能快速满足最终用户的需求。在近期和中期，这将需要定制产品，以适应各种平台和任务。从长远来看，这些定制产品可能会发展为优化、标准化、即插即用的模块，并且将以这种方式开发新的集成功能。

此外，随着产品和解决方案的成熟与标准化，建立与载人飞机同等的可靠性水平并延长系统的寿命周期将变得更加重要。减少前方所需的保障将要求改进系统空气动力特性和系统能力，以支持更自主的起飞和着陆。

4. 工程模拟的作用

根据观察到的设计和试验的历史趋势以及主要用户制定的无人机系统路线图，可以预期未来无人机系统平台和有效载荷开发的几个关键设计约束，具体包括：

（1）非常短的开发周期。

（2）短期的设计定制，没有什么设计先例。

（3）针对标准化的中长期设计优化。

（4）日益复杂的任务，以及相关的能力创新和整合。

（5）严格控制的成本和对首次设计正确的需求。

工程模拟利用计算机和软件的力量来求解基本的物理方程或与这些方程密切近似的方程。这使得设计人员、试验工程师和其他参与分析的人员可以创建完整的无人机系统及其有效负载的虚拟表示，用于在物理试验之前进行设计分析和优化。

该技术的正确实施已经在一系列行业得到了验证和确认，在某些情况下，使用更准确的工程模拟是由监管机构要求的。

研究结果[4]表明，一流的公司用：

（1）91%的时间达到质量目标，而行业平均水平为79%。

（2）86%的时间达到成本目标，而行业平均水平为76%。

（3）86%的时间按时发布，而行业平均水平为69%。

这些一流公司所追求策略的显著区别在于，在整个设计和试验过程中经常系统地使用工程模拟（物理和软件的）。本质上，这些公司在整个设计过程中始终利用工程模拟，加速试验是这种方法的基本组成部分之一。与不这样做的公司相比，它们在质量、可靠性、成本、时间和其他性能方面都有所改进。

美国国防部进行的研究显示，工程模拟可能产生的惊人影响[4,9]。

一项为期3年的研究指出："……在准确模拟上投资1美元，回报在6.78~12.92美元。"有记录的回报率在678%~1292%[4]。

上述模拟将在以下情况下增加最大的价值：

（1）将它应用于设计的所有方面（预设计和设计，准确模拟现场条件、加速可靠性和耐久性试验，而不仅仅是孤立地取一两个影响因素）。

（2）将系统级的物理相互作用纳入分析中（如分析整个真实世界输入影响的作用）。

（3）工作流跨越物理本质并与现有工具无缝集成。

（4）在整个设计包线内开展基于物理的优化。

在组织层面，需要认识到，工程复杂的准确模拟工具需要提供的不仅仅是技术能力。成品的独特性质及其缺乏设计先例，使得捕捉整个设计过程和意图至关重要。通过这样做，它可以为未来的应用进行系统化和扩展。获取和管理这些工程知识的最佳方式是使用成功的预测方法和工具，就像在本书作者的出版物[1-2,6]中所描述的。

理想情况是，当成功的预测，包括对真实世界条件的准确物理模拟、加速可靠性和耐久性测试（ART/ADT）以及预测方法（所有这些都在一个复杂的工具里），执行并改进管理层的工程文化，并提供一个只产生正确的类型和所需信息的完整系统时。

这种方法涉及跨学科的体系法。

平台和有效载荷的成功集成要求厂家和供应商之间密切合作，它要求轻松地交换成功的预测，同时减轻相互之间的知识产权和数据安全顾虑。

考虑到社会日益复杂的需求以及加速试验技术作为这些需求的一个相互作用的组成部分所带来的好处，很明显，先进的加速可靠性和耐久性试验将是下一代系统开发的基本促进因素。

最后，可以从图 5.2 中看到准确模拟的作用。它表明，不准确的现场/飞行模拟会导致低水平的试验。

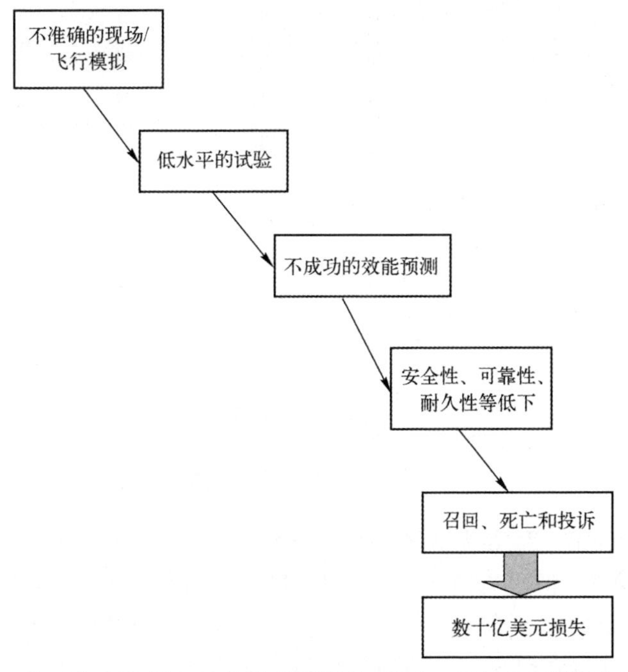

图 5.2　从不准确的现场/飞行模拟到投诉、死亡、召回和经济损失的路径

这样试验的结果是产品或技术的效能预测不准确，从而导致安全性、可靠性、耐久性等低下。

这是从新设备或技术中获得的经济效益下降的基本原因，也是召回、事故、人员死亡和其他负面结果造成的计划外成本的原因。

5.3 建立概念和统计标准，为加速试验提供对产品输入影响的物理模拟

我们已经确定，必须在实验室里准确模拟现场输入影响，以便在加速可靠性或耐久性试验结果与实际现场结果之间提供必要的更高的相关性。这是通过ART/ADT成功预测现场可靠性、耐用性、安全性和可维护性的基本要求。但是，提供这些信息所需的参数到底是哪些呢？这个问题的答案可以在本书作者的书[1-2]中找到。总的来说，根据作者的经验，当所有输入影响的每个统计特征，即均值、标准偏差、功率谱和归一化相关[$\mu, D, \rho(\tau)$和$S(\omega)$]与现场条件测量值相差不超过10%时，输入影响过程的最准确物理模拟就会出现。

对于每种特定情况，必须计算并使用这些统计标准，以实现在加速可靠性测试中测量的可靠性与现场可靠性之间获得可接受的相关性的目标。但是所有这些分析比较都有试验加速系数。

现场和实验室降级过程的相似性将决定所施加的试验应力和加速系数的实际极限（图5.3）。

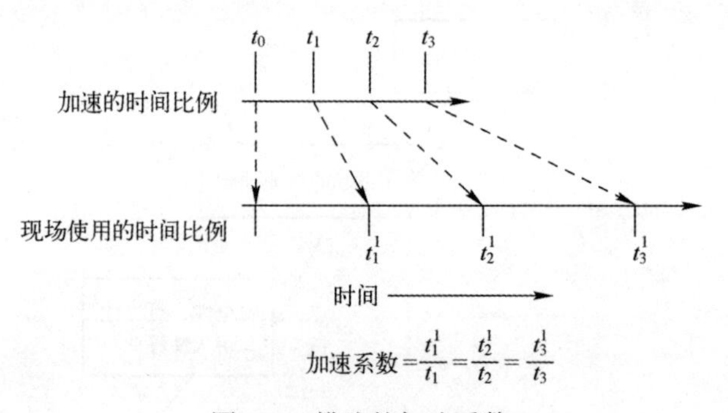

图5.3 描述的加速系数

加速试验的第一种方法是将工作时间增加到可能的最大值。如果产品不能连续工作（24/7）但可以每天进行24h试验，可以采用这种类型的加速。它一般不包括空载时间或带最小负载的工作时间等。该方法所依据的原则是，再现整个范围的工作条件并保持重载和轻载之间的比例。作者的经验表明，这种

加速方法具有以下基本优点：

（1）现场与实验室试验结果之间良好的相关性。

（2）产品完成的每个小时清晰的工作都在应力计划表中忠实再现，它与正常工作条件下 1h 清晰工作的破坏效果相同。

（3）无须增加试验中施加应力的幅度、大小或速度。

这是加速试验，因为实验室试验的结果比现场快 10～18 倍，甚至更多。这种方法对工作时间短的产品特别有用。

使用这种方法的专家知道，复制一个完整范围的工作条件并不总是容易的，但它会得到加速测试结果和实际现场结果之间更成功的相关性。

试验条件的设计要包括产品在现场经历的全部不同的参数（温度、湿度、振动、辐射等）。

当需要获得更快、更简单的加速试验结果时，可以使用增加应力的加速试验方法（图 5.4）。但在使用该方法时，实验室试验结果与现场结果之间的相关性将会降低。

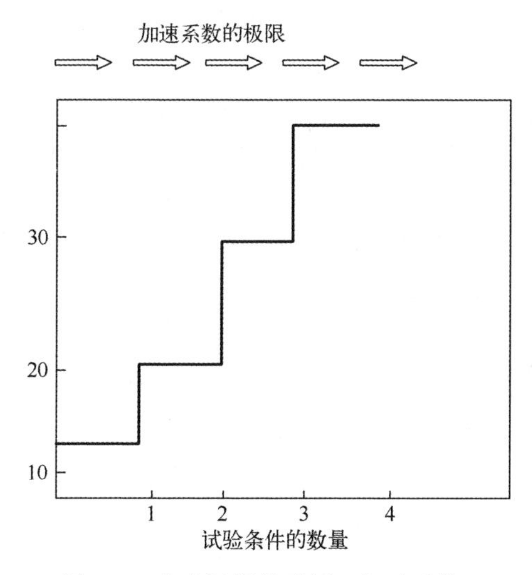

图 5.4　应力极限的示例（加速系数）

应力越高，相关性越低，模拟的准确性就越低，对产品的现场可靠性和耐用性的准确评估与预测问题也就越大。随着相关性的降低，在寻找故障或产品退化的真正原因以及消除它们的正确解决方案方面也存在着更多的问题。

因此，对于任何具体的产品，必须决定哪些应力以及给产品增加多少应力才是更有效的。

如何完全接受模拟真实输入影响及其同时组合的方法取决于试验目标。如果需要进行独立模拟，如无其他影响因素的振动试验，那么该测试结果将不会准确预测产品的可靠性或耐久性。温度试验的模拟也是如此。温度试验并不是真正的环境试验，因为温度只是产品可能受到的现场环境影响组合中的一个参数。

基本的加速试验方法还有第三种流行的用法——加速应力试验，它常用于电子产品、飞机和空域[8-10]。它的加速系数比 HALT 小，而且更实用，但也有高的加速系数（通常在 25~30，甚至更高）。这种方法虽然经常使用，但并不能直接找到成功的可靠性或耐久性预测所需的初始信息。

加速（应力）因子是加速产品降级过程的因子。加速因子有多种类型，如更高化学污染和气体浓度、更高的气压、更高的电压、更高的温度，暴露于雾和露、更高输入影响的变化率、缩短工作周期之间的休息时间等。

还有一种广泛使用的加速试验方法，它只采用最少数量的现场输入影响组合进行模拟。一个例子是用于环境试验的温度/湿度环境实验室[11]。众所周知，这些只是现场对产品的许多环境影响的一部分，这些类型的试验无法产生有关产品可靠性的准确信息，但它至少可以提供加速试验结果与现场结果相比的最小相关性。

当加速水平高，加速试验的现场影响和其他方面的组合很少时，必须谨慎，因为预测的准确性会降低。

5.4 确定试验参数的数量和类型，以便在加速可靠性和耐久性试验时进行分析

一般来说，模拟的方法和类型将取决于产品使用的具体情况和承担试验的组织设施的限制。通常，在实验室里模拟所有各种工作条件（包括输入影响）是不现实的，因此，我们的目标是确定试验参数的最小数量和类型，以产生实验室和现场测试结果的比较，这足以进行准确的可靠性、耐久性和可维护性预测。

为了做到这一点，有必要建立每个影响的部分（基本）区域，可以针对每种工作条件引入这一区域，并用它来设置最小可接受的试验条件。为此，建议采用以下方法：

$$E>N$$

式中：E 为现场输入影响 $X_1,X_2,\cdots,X_a$ 的数量[6]；N 为模拟的输入影响 X_1^1，$X_2^1,\cdots,X_b^1$ 的数量[1]。

则模拟输入影响的允许误差 $M_1(t)$ 为

$$M_1(t)=X_1(t)-X_1^1(t)$$

式中：$X_1(t)$为现场的输入影响；$X_1^1(t)$为模拟的输入影响。

作者推荐采用以下方法来选择影响的区域，由它们引入现场发现的所有基本影响：

（1）确立所研究的随机过程的类型。例如，平稳过程由归一化相关的依赖关系来确定，仅使用变量的差。

（2）确立这一过程的基本特征。对于平稳随机过程，我们有均值、标准偏差、归一化相关和功率谱。

（3）定义一个区域的遍历性，即从一个实现来判断过程的可能性。这时如果时间 $\tau\to\infty$，那么相关性也接近于零。

（4）检查过程是正常的假设。试试皮尔逊或其他标准。

（5）计算影响区域的长度。

（6）选择不同区域的基本特征之间的分散大小。

（7）将所选的分散度最小化，找出引入现场的所有可能性的影响区域。

但是，如果还是不能模拟现场输入影响的整个同时组合，那么实验室试验的结果可能对可靠性、疲劳性、耐久性和其他问题的解决不是准确的初始信息。必须在实验室里模拟的现场输入影响的数量和类型取决于现场影响对产品降级（失效）机理的作用分析结果。

5.5　加速试验工程文化的改进

准确模拟现场条件的发展需要改进工程文化，因为正如本书所指出的，目前试验开发的负面方面是建立在不欢迎工程学科的文化之上的。许多涉及试验领域的专业人员还继续像五六十年前那样工作。几乎没有人致力于改进加速试验的方法和细节，也没有人考虑并实施对基本方法和设备的改进，以便进行更准确的模拟。

由此，试验开发的负面方面继续使用，导致对产品质量、安全性和可靠性的预测不准确，以及生产商和消费者的金钱损失，特别是在汽车和航空航天领域。这种情况的细节可以在本书第 2 章中看到。

因此，改进加速试验的工程文化是非常重要的。

本节讨论为什么工程师和经理们养成文化如此重要，以及它如何与系统体系方法相关，这一方法提供了一种集成的综合方法，其中包括提供满足所述需求或目标能力的人员、产品和过程。

文化工程是一种概念性方法，它考虑不断变化的文化的概念，并将其应用于实际的策略中，以应对由文化引起的各种问题以及在多样化背景下的产品开发。

换句话说，文化工程是关于系统、过程、选择，以及制订创造性的解决方案来应对文化机构发展和促进人们参与文化生活的挑战。

不管是称为系统工程、接口设计还是别的什么，它都是指同样的一件事情：能安全、高效、经济地工作。

改善公司和组织内部和外部的文化意味着与每个涉及的人建立积极的关系；减少压力，创造健康的工作环境，改善与涉及的每个人进行沟通；影响他人，让他们想要建立一个工作环境。

因为许多工程师将他们的身份和职业定位于他们具体的工作，而不是他们所在的组织[12]，所以采用工程文化的概念是很重要的。

特别是对于工程师来说，对他们的工程文化的关注可能更多地与严格的工程实践和价值观相关，而不是检查他们是否参与了组织的优先级和决策制定过程。

这项研究也有助于我们进一步理解工程师如何以及为什么与组织中的其他人进行互动。很多关于工程团队合作的研究都着眼于团队合作的结构，并解释为什么工程师经常不能很好地与他人合作。这对于参与加速试验的工程师来说尤其重要。正如本书所指出的，采用传统的方法和设备，通过单独的输入影响，这种采用传统模拟的工程文化是通向低水平预测的路径，它未预期成本。同样的文化也与工程经理有关，应该教他们如何选择团队成员、分配团队角色、形成有凝聚力的整体、评估进展情况，并为参与开发和使用加速试验的相互联系的工程师提供有意义的建议和指导。这样的文化转变会改变团队的组织结构，帮助工程师一起工作。本项研究的结论是，团队的组织对于帮助个人做出有意义的贡献很重要。然而，了解当前的文化可以让我们更好地理解工程师和经理之间的互动是如何真正发挥作用的。

学者、从业人员和雇主都注意到，尽管大多数试验的范围和本质是一种复杂的技术解决方案，但工程师并不能很好地与其他人一起合作来实现项目。此外，无论内部还是外部试验，往往都需要多名工程师同时协作进行。

通过各种各样的文献，试验方面的研究人员正在确定、提供和提出表征我们所说的“工程文化”的一贯相似的价值观和做法。

工程师自己也被教育说，他们是一种专业文化的成员，这种文化为如何成为一名工程师制定了明确的指导原则，他们的道德责任不仅是他们的组织，而且是对公众的。工程文化惊人的连贯性和持久性表明，有某种神话围绕着它。参与试验的工程师和管理人员的这种专业文化也应包括这样的成分，以显著地改进技术和方法。

吉迪恩·昆达对一家美国公司著名且广泛效仿的“企业文化”进行了批判性分析[13]。昆达透露，该公司的管理层使用各种方法来宣传其所声称的非威权、非正式且灵活的工作环境，它在促进个人成长的同时，增强个人的承诺、主动性和创造力，并予以奖励。然而，作者认为，这些无处不在的努力掩盖了一种精心设计和微妙的规范控制形式，在这种控制下，成员的思想和心灵成为公司影响的目标。昆达仔细分析了这种控制形式对员工工作行为和自我意识的影响。在结语中，他回顾了该公司在第一版出版后几年的命运，重新评估了书中的论点，并探讨了当今企业文化及其管理层的相关性。

工程文化不仅包括人与人之间的关系，还包括对一个复杂结构中产品和过程的考虑。这对于参与加速试验的专业人员来说是非常重要的。如果不了解这一点，就会导致各个层次的思维狭隘，从组织的主席或首席执行官开始，一直到公司的高层、中层和基层，以及工程师和其他专业人员。所有这些人都应该共同实现一个最终目标，那就是让他们的公司在市场上取得成功。

管理层的基本问题往往是缺乏战略思维。许多管理者并不理解，他们的工程文化水平取决于他们的产品的长期成功，而这在很大程度上依赖于成功的加速试验来生产出高效的产品。

此外，公司中涉及设计、可靠性、耐久性、安全性、人为因素、生命周期成本、利润、召回和其他环节的专业人员必须通过他们的管理层相互联系。当前由一家公司生产的不同型号的产品也是如此。这些不同的型号是相互联系的，因为它们就像一根链条上的环节，任何一个产品的性能或质量问题都会对所有产品产生负面影响。

它还涉及生产该产品的公司以及从独立供应商获得产品部件的公司。

但往往，从最高管理层开始到整个组织，大家都担心自己负责的领域狭窄，而很少考虑在现实世界中其责任与公司的其他活动和领域以及他们的供应商是联系在一起的。例如，一名负责人力方面的技术总监通常不会考虑自己的领域如何与公司的其他领域相联系。因此，他们不去考虑公司的人力资源问题，因为这些被认为与技术问题相比是次要的，且独立于公司其他相互联系领域的问题。

上述情况与试验中发现的情况类似，如负责腐蚀试验的人员可能只考虑腐蚀试验。他可能没有考虑产品的腐蚀还取决于振动、变形、灰尘污染等(图 4.9)。

而且，这些工程师往往没有意识到，除了化学引起的腐蚀，产品的退化和最终失效还取决于相互作用的磨损、开裂、太阳辐射、人为因素和很多其他因素。

在这种情况下，改进工程文化需要理解和考虑上述所有因素。

另一个需要改进组织的工程文化方面的问题与试验有关。比较不同试验方法的一种常见方法是，给出这些方法的成本，并选择最便宜的试验方法。

在这种情况下，可以直接比较各种试验方法的成本，但这是一种低级工程文化的表现，因为试验方法的直接成本是提供试验的评价。虽然有时人们认为试验方法不会对后续环节的成本产生影响，但往往选择的试验方法是基于对真实世界影响的不准确模拟，这将导致没有预测到的退化、故障，以及最终的召回和计划外费用。在这种情况下，工程文化的改进将导致使用生命周期成本来确定应该使用哪种不同的试验方法。在实践中，使用加速可靠性/耐久性试验（ART/ADT）技术可以降低生命周期成本，特别是通过减少因不良试验而导致的产品变更、召回和其他负面结果。

因此，工程文化的发展必须考虑设计和制造过程中许多其他后续因素的相互作用，以及这些因素的成本，而不仅仅是试验。

与上述情况类似的是，目前对产品性能的预测不佳，这是基于加速试验的不良结果，而加速试验又基于不准确的仿真。以这样的结果作为预测的初始信息，将导致召回增加、利润下降。

成功的加速测试离不开工程文化的发展，工程文化将许多相互作用的组成部分连接起来，并理解它们的重要性。这种系统的试验需要了解各种输入影响、人为因素和安全性等交互作用链条上的所有组成部分（图 5.5）。

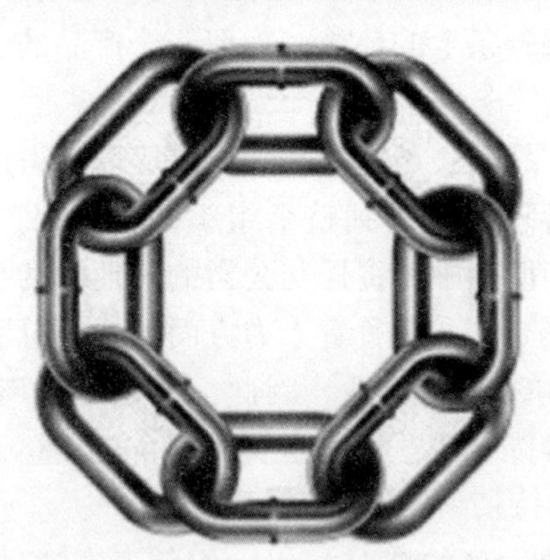

图 5.5　成功加速试验类似于一根由交互作用的环节组成的链条

这是汽车和其他行业面临越来越多召回的一个基本原因。

加速试验所需的实际现场条件的模拟是不准确的。这是因为没有广泛采用的方法和设备，也没有专门用于准确模拟和成功预测产品性能的资源。

作者成功预测产品性能的方法包括以下基本组成部分[6]：

（1）确定试验后成功预测所有部件性能的准则，计算性能的各个组成部分的数学依赖性。

（2）对影响产品性能的定量指标和因素之间的相关性进行数学描述。

（3）在设计过程中，对产品样品的影响因素与试验结果之间的联系进行数学描述。

（4）定义未来重新计算的系数，包括相关和不相关因素，以及所有零部件在制造过程中和之后的性能定量指标。

这种方法包括性能的定性和定量两方面。

当预测基于传统的 ALT 数据方法时，当降级（失败）过程与产品在使用寿命过程中在真实世界条件下的降级过程有很大不同时，预测就不准确。这种预测不是基于现有的加速可靠性和耐久性试验（ART/ADT）技术，这应该是初始信息的来源，也是成功预测的关键因素。为什么会这样呢？为什么 ART/ADT 不经常用于这种情况，有文化方面和技术方面两组基本原因。

基本的文化问题包括：

（1）许多专业人员，特别是控制投资的高层管理人员，错误地认为 ART/ADT 比传统使用的加速寿命试验更昂贵。他们以及参与这一领域的许多其他管理人员都这样认为，因为他们将试验作为一个单独的程序，并且没有考虑因生命周期里在设计、制造、使用过程中对后续的程序所进行的糟糕试验而导致的预测失效的成本。当然，举例来说，振动试验或振动/温度试验是要比完整的 ART/ADT 便宜，后者是对真实世界条件的完整模拟。但是振动/温度试验仅仅模拟了现实世界条件的一部分，却忽略了这些条件的其他部分。

因此，这是对真实环境的不准确模拟，无法提供研究实际现场产品使用的可能性，也无法提供成功预测产品性能所需的初始信息。因此，必须知道本章前面写的那个例子："在准确模拟上投资 1 美元，回报在 6.78～12.92 美元。"有记录的回报率在 678%～1292%[4]。

（2）许多管理人员的这种狭隘思维减慢了 ART/ADT 的开发，特别是实施。

（3）许多人对能否在实验室中结合定期的现场试验来准确模拟并实际复制真实世界的条件仍然持怀疑态度。但通过上述模拟，可以快速研究产品在使用寿命期间的性质，而 ART/ADT 结果与真实世界的结果之间只有很小的差别。

上述模拟需要高度准确地将现场环境转移到实验室里。与传统方法相比，这种试验技术并不经常用于产品的加速开发。

（1）思维惯性对公司发展的重要作用。

（2）组织中的许多专业人员不想负责仔细分析和报告：

① 为什么公司的利润仅为设计和制造期间预期的1/4~1/5（甚至更少）。

② 在试验过程中起了什么作用，促成了这种情况的发生。

③ 为什么试验结果与现实条件之间的比较如此糟糕。

造成上述问题的基本技术原因有：

（1）准确模拟现场条件的理论发展不完善。

（2）准确模拟现场条件的策略制定不完善。

（3）对现场条件进行准确模拟的方法制定得不好，其中包括实验室里对实际产品影响的全部输入，包括安全性和人为因素。

（4）实验室里的设备不适合于准确模拟实际条件。

（5）从文献中获得的先进试验（包括耐久性试验）的知识往往不准确或误导。

这些是召回和相应的成本损失逐年增加的基本原因（见第2章）。试验的工程文化得不到改进主要体现在以下几个方面：

（1）使用实验室加速应力试验或传统的加速寿命试验（ALT）。这种方法始于许多年前。在这样的试验中，模拟多为单一因素的现场影响（温度、湿度、振动、污染等），很少同时使用多个参数。

（2）提高了模拟准确度的发展，但还是独立的现场因素。

（3）在20世纪50年代，工程师开始认识到，单独模拟一个现场输入影响并不是复制现场条件的准确方法，因为许多因素是组合起作用的。从那时起，工程师开始研究和使用组合的加速应力试验，如特殊试验箱中的温度、湿度和振动。组合试验箱最早开始用于电子产品。但现在，一些公司还继续使用单独的模拟。

（4）20世纪90年代，更先进的公司从电子产品试验开始，开发了采用多种因素同时组合的测试箱。电子类典型的组合因素试验箱通常包括温度、湿度、振动和输入电压的综合模拟。从这时起，在ALT的发展过程中，工程文化的改善就朝着两个方向发展。

第一个方向是高加速寿命试验（HALT）、高加速应力筛选（HASS）和加速添加（AA）。这些类型的加速试验的基础是模拟两个因素（通常是温度和振动），但每个因素的水平都远远高于现场所见的水平。例如，对于汽车行业，最高现场温度通常为70℃，而实验室的温度高达120℃。另外，典型的最低现场温度是-40℃，而实验室的温度则低至-150℃。

振动测试也是类似的情况。但这是一种盲目的试验方法，因为降级过程的物理性质已经改变，因此，不能准确模拟真实世界的条件。在实验室里通过改变降级的物理过程，与现场相比，相应的失效时间（对于一辆车的不同细节，加速系数不同）发生了变化。因此，只有将每个试验对象的试验结果与寿命期内的实际结果进行比较，才能确定加速系数。其次，不可能准确评估整车或由许多细节组成的单元的加速系数。

这种方法的根本缺点是无法成功地预测产品在保证期或使用寿命期的质量、可靠性、安全性、耐用性、生命周期成本、利润、召回和其他性能。

这一方向有时称为现场输入的现代化模拟，但这类试验的战略水平并不比传统（早期）的试验好多少。

虽然与传统的针对每个独立输入影响的单独试验相比，这种方法离 HALT 的发展水平确实有一定的距离，但是这种类型的试验在试验提供者和用户中很受欢迎，因为它简单而且便宜。但还是如此，这种简单和廉价的做法没有考虑后续环节的成本。

而且，这种方法没有考虑召回环节的成本，特别是涉及车祸或人身伤害问题的成本。例如，第 2 章所述，由于波音 737 MAX 商用客机在 2018—2019 年坠毁，预计将花费数十亿美元。因此，加速试验的这一进展并不是成功预测质量、安全性、可靠性、耐久性以及产品效能的其他方面的解决方案。

另一个错误是，人们常常将组合类的试验或振动试验或试验场试验称为“耐久性试验”。这是不正确的，因为耐久性试验和可靠性试验一样，都需要准确模拟真实世界条件，即模拟真实世界的全部输入影响，再加上人为因素以及维护和安全问题。

第二个方向是转向加速可靠性/耐久性试验（ART/ADT），如参考文献［1-2,6,14］和其他文献所述。可以在第 1 章中看到这个术语的定义。

还有一个问题，是关于改善工程文化和作为组成部分加速试验文化的。在过去的二三十年里，人们越来越试图将产品制造转移到成本最低的地方。因此，对于许多复杂产品及其相关供应链的情况下，这会导致供应链系统提供的产品不是最佳的。当供应链主要依赖于价格最低的供应商时，实际上会增加整车的成本。

采用系统工程的方法来分析供应链中的每一个组成部分来确定附加值，而不仅仅是追求最低成本的供应商，这样可以帮助优化供应链，并实现整体成本节约和每个组成部分的产品改进。

为了了解供应链中供应商的能力，有必要评估供应商的许多特征。在被称为“8 个正确”的精益环境中，为产品和服务确定了 8 个特征，必须进行和理解[15,20]。这 8 个正确是正确的产品、正确的数量、正确的条件、正确的地方、正确的时间、正确的来源、正确的价格和正确的服务。

虽然这8个正确之间没有一一对应的关系，但可以将供应链浪费集体地看作导致8个正确成效不佳的根本原因。

解决8个正确问题最常用的工具是每个部件一份计划（Plan for Every Part，PEEP）。PEEP用于所有新部件和供应商的规划。它是一个完整的工具，记录了一个采购部件的所有供应链性能特征。组织可以通过它深入挖掘供应链的细节，并确定管理供应商的最佳方法，从而消除复杂性。

上述8个正确实际上是PEEP的一个子集，通过它可以对收到的每批部件的关键性能成分进行测量。用成功执行的百分比来衡量每个正确，再将每个正确的成功执行百分比相乘，得出"完美执行分数"。

关于这种方法的更多细节请参阅参考文献［20］。

工程文化的改进也可以在相关文章"质量的未来：15年后，你还认识你的组织吗?"[15]中找到。作者从广义上考虑质量（包括可靠性、耐久性、可维护性等）。部分引用自参考文献［17,21］：

（1）当今领先企业的一个未来趋势是重新开始关注客户。

（2）正如质量研究人员和未来学家所预测的那样，质量界已经出现了新的流行语。

（3）世界的变化比管理层想象的更快。

（4）到2020年，我们将需要双焦点领导：清晰、短期的思维和敏锐的行动以度过经济衰退，以及准确的视野和稳定的神经来预见未来。

（5）知行合一：

① 2020年的质量组织将由缩写词FUTURE主导，它代表着快速、城市化、普遍、革命性和道德。

② 质量专业人员将继续受到金钱以外的因素的激励，信息技术的发展和虚拟企业的形成对质量管理提出了新的要求。

③ 忘记六西格玛，明天的重点将是无错误的表现。在美国，质量工作将不再把重点放在制造业上，因为制造业只占国内生产总值的一小部分。

对质量传奇人物约瑟夫M. Juran的一次重要采访[18]涉及工程文化的改进。这次采访讨论了制造业对美国的影响。

这次采访其实很时兴。以下是Juran回答的部分内容[18]：

（1）有些人认为高质量成本更高。这种困惑存在于许多不同的公司。

"质量"一词有两种截然不同的含义。其中一个是促成产品销售的特点。在这里，更高的质量通常成本更高。它需要更多的产品研究、更多的产品开发等。人们甚至不将它称为成本而称为投资，它将带来更高的回报。这是营销方面或收入方面的质量问题。

（2）成本方面的质量很不同。失败的成本、内部失败—报废、返工、交货慢、未能按时交付—外部失败—现场故障、法律诉讼、安全问题。

（3）许多首席执行官认为，自己太忙了，没时间牵头领导质量工作，便委派给他人。这个效果不太好。高层领导是走出这一陡坡不可或缺的重要一环。

（4）许多公司相信通过 ISO 9001 认证就可以解决质量问题，这根本不现实。

（5）来自不同标准化机构的公司的不同成员不会同意他们的公司无法达到的标准。他们开始改变标准，但步伐却很缓慢。改变一项国际标准需要很长时间。

当今世界充满了风险。失效模式与影响分析（FMEA）是一种用于确保在产品和过程开发周期中考虑并解决潜在问题的分析方法。

“执行、影响和危害性分析程序”于 1949 年发布[17]，它是军事程序 MIL-P-1020 的一个分支。FMEA 首先被用作一种用来确定系统和设备故障影响的可靠性评估技术。按照“对任务成功和人员/设备安全的影响”对故障进行分类[17]，美国航空航天局在 20 世纪 60 年代进一步开发和应用了 FMEA，以改进和验证空间项目硬件的可靠性。

今天，MIL-STD-1629A 规定的程序是整个军事和民用工业使用的最广泛接受的方法。

FMEA 是一种基于预防的风险管理工具，它让用户或团队系统地关注：

（1）识别和预测潜在故障。

（2）确定故障的潜在原因。

（3）确定故障优先级。

（4）采取行动以减少、减轻或消除故障。

FMEA 的真正价值体现在它作为一份长期的活文件使用。当设计或工艺发生变化时，文件的所有权和更新至关重要。FMEA 有两种类型：

（1）DFMEA：一种用于识别和评估与某个特定硬件设计相关的相对风险的分析方法。

（2）PFMEA：与工艺设计相关的一种类似分析。

FMEA 最早是在 20 世纪 50 年代由可靠性工程师开发并用于研究军事系统的故障。因此，它在质量和其他领域都是一项有价值的技术。

尽管这是一个普通的工具，但经常被错误地使用。

FMEA 是一种可靠性和质量分析方案，可以用来预判和预防问题，缩短产品开发时间，实现安全、可靠的产品和过程。

但是仅仅使用 FMEA 并不意味着一种强大的工程文化和它的组成部分——

加速试验文化。为了成功地使用这种方法，必须由正确的团队在正确的时间范围内，按照正确的程序在零件上执行。

为了在工程文化中获得改进，需要借鉴以下主要的 FMEA[19] 错误并避免使用它们（图 5.6）。这些错误至今仍在继续。

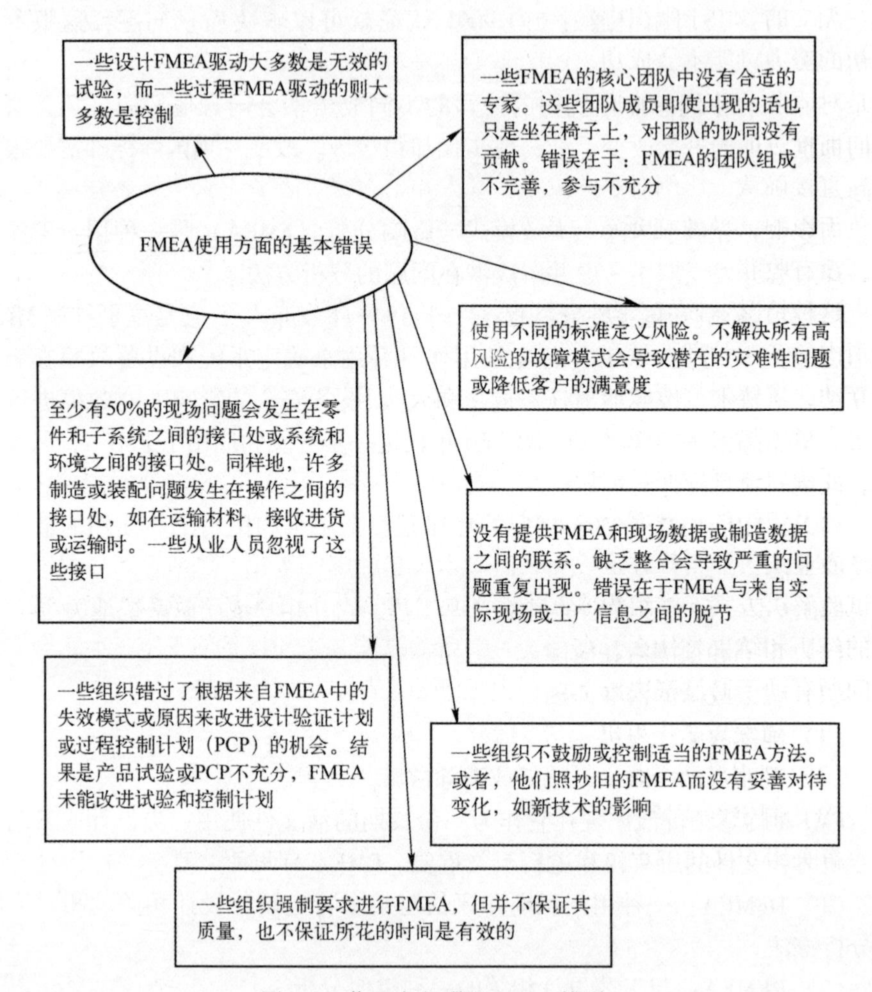

图 5.6　你正在犯哪些 FEMA 错误?

但上述研究工作并未考虑用飞行输入模拟的准确性。

工程文化的另一个重要方面是要正确理解术语和定义的含义。在参考文献［6］中，说明了对“耐久性试验”一词的理解不准确是如何导致对产品性能糟糕的试验、评估和预测的。

5.5.1　作为改进工程文化的一个组成部分的组织文化方面

通常，改进实践者必须交付成功的产品，并推动其组织在改进过程中前进。找到正确的途径需要应对不确定性，因为一个组织的文化和过去的经验是独一无二的。由于组织中的不确定性，很难或不可能得到明确的答案。因此，最初的努力可能不会成功，团队很容易走弯路。在这种情况下，经常看到的反应是对团队及其流程的批评，对不可避免的挫折的正确反应是将其作为指导改进向前推进的关键。

直接确认、压倒对手的策略、硬推销的解决方案或不妥协的立场往往会产生负面影响，导致拖延、脱离和对改进计划的痛苦记忆。换句话说，都是痛苦，没有收获。

这种情况下该怎么办？在选择试验方法和设备前，要先给组织号脉。要与公司内的各级管理人员和员工以及公司外的加速试验方面的高水平专业人员进行互动，了解他们所做的事情，找出存在的关键挑战。要学习加速试验方面的先进文献，尽量采用先进的方法和设备。

要确定过去发起过的倡议，实施这些倡议的原因，如何管理和支持这些倡议，以及组织的不同部分是如何适应变化的[13]。

专业人员经常推荐这样一种方法来衡量组织的文化，然后再完全致力于一种试验解决方案。本组织或其他组织过去是否采用过类似的试验解决方案？他们的经历和结果是什么？在开始有关精益试验方法和设备的工作之前，探究这些问题有助于通过解决以下三个关键问题来制定更好的策略：

（1）避免过去不好的经历。

（2）利用早期参与、解决问题和谈判来赢得员工的支持。

（3）制定好框架。

有关组织文化的更多详细信息，请参阅参考文献［22］。

习　　题

1. 为什么准确模拟是加速试验开发的一个关键因素？
2. 用于飞机系统的术语 UAS 是什么意思？
3. 描述无人机未来发展路线图的几个关键挑战。
4. 描述工程模拟的作用。
5. 准确模拟每投入 1 美元估计的回报是多少？
6. 准确模拟在什么时候最有价值？

7. 描述输入影响物理模拟中使用的统计标准。
8. 描述准确模拟现场条件的基本优势。
9. 描述如何为操作条件的所有变化建立每个影响的基本区域。
10. 描述作者选择应将哪些影响区域包括在现场试验决策中的方法。
11. 为什么准确模拟现场条件的发展取决于组织工程文化的改进?
12. 良好的工程文化的指标是什么?
13. 描述作者的成功预测产品性能方法的基本文化和技术成分。
14. 描述为什么 ART/ADT 在实践中不经常使用的基本原因。
15. 描述改善缺乏工程文化的一些方法。
16. 描述为确保产品的有效性而必须理解和评估的供应链 8 个正确。
17. 描述从广义的质量发展考虑的一些引语。
18. 描述与质量传奇人物约瑟夫关于工程文化改进的访谈。
19. 描述 FMEA 的主要错误。
20. 描述一个组织的文化方面，作为改进工程文化的一个组成部分。

参考文献

[1] Klyatis L. Accelerated reliability and durability testing technology. Wiley; 2012.

[2] Klyatis L, Klyatis E. Accelerated quality and reliability solutions. Elsevier; 2006.

[3] Nome F, Hariman G, Sheftlevich L. The challenge of pre-biased loads and the definition of a new operating mode for DC - DC converters. In: Power electronics specialists conference IEEE: 2007.

[4] Harwood R. The role of engineering simulation in the evolution of unmanned aircraft systems. Engineering solutions for military and aerospace. In: DEFENSE Tech Briefs. SAE International. Supplinaire to NASA Tech Briefsvol. 8; December 2012.

[5] Determining the value to the Warfighter, a 3-year ROI study. DoD HPCMO. 2010.

[6] Klyatis LM, Anderson EL. Reliability prediction and testing textbook. Wiley; 2018.

[7] Research Brief. The impact of strategic simulation of product profitability. Aberdeen Group; June 2010.

[8] Chan HA, Parker PT. Product reliability through stress testing. In: Annual reliability and maintainability symposium (RAMS) tutorial notes; 1999. p. 1-26.

[9] Brecher BI. Accelerated testing experience with avionics. In: The 54th annual quality congress proceedings; May 8-10, 2000. Indianapolis.

[10] Morelli M. Fundamentals of HALT & HAAS IEEE workshop on accelerated stress testing. October 1999. Boston, MA.

[11] Thermotron. Environmental stress, test simulation, and screening solutions.

[12] Whalley, Barley. Technical work in the division of labor stalking the wily anomaly. University of Texas; 1997.

[13] Kunda G. Engineering culture. Philadelphia: Tampe University Press; 2009.

[14] L. Klyatis. About trends in development accelerated rcliability and durability testing technology. SAE 2012 World Congress. (Paper 2012-01-0206).

[15] James Harrington H, Frank V. The future of quality. In fifteen years. Will you recognize your organization? Chico, CA: Quality Digest; 2005.

[16] Bailey DD, Alter H. New weak links. Use lean and quality tools to strengthen global supply chain performance. Milwaukee. Wisconsin: Quality Progress; 2014.

[17] US. Department of Defense Procedures for performing a failure mode and effects and critically analysis. 1949.

[18] Scot M, Juran P. A lifetime of quality. An exclusive interview with a quality legend. Chico, CA: Quality Digest; 2002.

[19] Carlson C. Which FMEA mistakes are you making? MilwaukeeWisconsin: Quality Progress; 2014.

[20] Sharma M, Sharma V. Discovering the right path. Milwaukee, Wisconsin: Quality Progress; 2015.

[21] Abe S, Hirokawa M, Zuitzu T, Stability design consideration for on-board distributed power system consisting of full-regulated bus converter and POLs. Power electronics specialists conference. 2006. 37th IEEE.

[22] Klyatis L. Successful prediction of product performance. SAE International 2016.

第6章 实施加速试验发展的基本正面趋势

摘要

本章描述了加速试验（AT）新概念带来的正面趋势。它将考虑落实加速试验发展的不同领域，包括：

（1）该领域专业人员更好地理解（AT）科学和方法。

（2）加速可靠性和耐久性试验（ART/ADT）的实际进展。

（3）作者出版物引用的公开文献，并附有例证。

（4）许多官方书面解决方案中的一些涉及广泛实施加速试验新技术的组织方面，并认可作者在该领域的专业知识。

（5）从对作者以前出版的 ART/ADT 方面的书籍的许多评论中获得的信息。

（6）作者在国际会议和专题讨论会上所作的发言，提出了有关先进 AT 趋势的一些战略方面和原则。

（7）联合国论文中、苏联科学院研究所和世界级工业公司（包括日产、日本捷科、德国卡尔·申克和赫里乌斯·沃奇、以色列伊斯卡、戴姆勒-克莱斯勒、马塞尔·德克尔等）以不同形式实施的一些成果。

（8）通过为美国质量学会、福特汽车公司和其他机构举办的研讨会，落实正面趋势。

（9）通过航空航天和汽车工程国际标准化实施可靠性试验和风险评估。

6.1 引言

本章介绍了作者熟悉的发展加速试验的基本优势方法——加速可靠性试验和加速耐久性试验技术的实施结果。当然，在全世界范围内，没有人能够熟悉这项技术的各个方面和实现价值，特别是那些用作者不熟悉的语言描述的方面。众所周知，这种情况正在出现，因为 Elsevier、Wiley、SAE International，以及亚马逊和其他公司已经在许多国家出售了作者的书籍，其次这些信息是对作者以前的书[1]中包含信息的补充。

如第 4 章所述，汽车和航空航天工程领域发展加速试验的基本优势是人们日益认识到加速可靠性和加速耐久性试验（ART/ADT）具有以下优点：

（1）它为成功地长期预测产品的质量、可靠性、安全性、耐久性、维修性、生命周期费用、利润和其他使用寿命期间的效率成分提供了可能性。

（2）缩短从设计到上市的时间。

（3）降低产品设计、制造和使用的费用。

（4）通过对 ART/ADT 结果的真实分析，提供实际故障原因，减少了召回和客户投诉。仅此一项就有可能避免数十亿美元的损失。

（5）它有助于揭示在何处进行最佳投资以提高利润率。

（6）它为提高产品的质量、安全性、可靠性、耐久性、维修性、保障性和利润，同时降低产品的生命周期费用提供了新的可能性。

（7）在全球范围内采用该技术可以提高对产品设计、制造和使用过程中许多其他问题与机会的识别能力。

基于所有这些原因，组织在其产品的工程和开发中实施 ART/ADT 是非常重要的。

6.2　实施加速可靠性和耐久性试验的某些方面，包括引用其他作者的出版物

本书作者提出的加速可靠性试验和加速耐久性试验（ART/ADT）的新的科学技术发展方向已被世界上许多国家的各类科学和产品所采用。可靠性预计与试验教材[1]第 4 章“成功的可靠性试验与预计的实施”详细介绍了一些实施结果，该章共 94 页。

本章将介绍与 ART/ADT 发展相关的一些重要正面趋势的补充说明和演示，以及其他信息。

6.2.1　其他作者介绍的 ART/ADT 实施领域

除了本章以及本书其他章节中介绍的例子，在许多专业人士不断变化的方法中，可以看到作者在 ART/ADT 方面的实施实例。这通常是理解试验发展中传统负面趋势原因的结果，正如作者在他的其他出版物中提出的那样。

从他们的著作中可以看出这些专业人士思维的演变。其他作者的出版物中也包含了这种实施的一些例子，包括：

（1）实施不同方面的加速可靠性寿命期试验方法。

（2）ART/ADT 用于提高运输制冷中各种产品的可靠性。

（3）ART/ADT 用于船用能量转换器。
（4）ART/ADT 用于模型飞机和发射控制器。
（5）采用加速寿命数据的统计处理。
（6）在产品模型开发中使用的 ART/ADT。
（7）各种产品的耐久性试验。
（8）积极改进质量检验，减少顾客投诉。
（9）改善复合材料产品的磨损和寿命特性。
（10）加速试验用于开发可靠性和可靠性/耐久性试验的各方面。
（11）可靠性评估的发展。
（12）ART/ADT 在提高电子系统可靠性方面的扩展作用。
（13）可再生和可持续能源领域的发展。
（14）其他。

6.2.2 引自《可靠性预计与试验》一书以外出版物的实例

以下是一些例子：

（1）Markus W. Kemmner. Reliability demonstration of a multi-component Weibull system under zero-failure assumption. A Dissertation approved on May 9, 2012. Doctor of Philosophy Department of the Industrial Engineering University of Louisville. Louisville, Kentucky, USA.

“本文介绍了由 Klyatis、Teskin 和 Fulton（2000）提出的一种威布尔组元系统可靠性置信下限（LCL）的计算方法。这种方法不适用于零故障，但适用于完整和删失数据。它旨在使用不同的样本量和试验周期对系统的不同组元进行单独试验的情况。基于删失率，必须以表为基础来确定不同的因素。它们用来计算组元可靠性的 LCL，最后是系统的可靠性 LCL。”

参考文献：

Klvatis LM. Teskin OI. Fulton JW. Multi-Variate Weibull Model for Prediction System-Reliability from Testing Results of the Components, Proceedings of the Annual Reliability and Maintainability Symposium（RAMS）. Los Angeles, CA, 2000.

（2）Popa Ionut, Lupescu Octavian, Popa Valica & Scurtu Popa Ramona. Researches regarding the reliability assessment using the boxplot method. International

Journal of Modern Manufacturing Technologies. ISSN 2067 - 3604, Vol. I, No. 1, 2009.

“分析专业文献（Billinton & Allan, 1992; Klyatis &K lyatis, 2004; Marasescu 2004），可靠性是指部件、产品和系统在特定条件下，在一定时间内和给定置信水平下，无故障地执行其功能的概率。某些产品或技术设备的可靠性。”

参考文献：

[(2)] Klyatis LM, Klyatis EL, Accelerated reliability testing problems solutions, Reliability and Robust Design in Automotive Engineering, 2004 SAE World Congress, Detroit, MI, March 8-11, 2004, pp. 283-290, ISBN-13: 978-0-08-044924-1.

(3) Janne Kiilunen. Development and evaluation of accelerated environmental test methods for products with high reliability requirements. Tempere Institute of Technology. Tampere 2014. Publication 1242. ISBN 978-952-15-3359-4.

“然而，此类试验的一个挑战是，在使用条件下，环境应力很少单独或连续出现，通常其综合效应可能比其单独效应严重得多。因此，在可靠性试验期间，也应同时施加适用于特定产品实际运行条件的特定应力。这使得研究各种应力因素的相互作用效应成为可能。因此，可以改进可靠性试验，使其更好地反映真实的使用环境和潜在的可靠性风险。[Kly06][Oco05]”

参考文献：

[Kly06] Klyatis LM, Klyatis EL. “Accelerated quality and reliability solutions”, Elsevier Inc., United States of America, 2006, p. 544.

(4) Zaharia SM, Martinescu I, Morariu CO. Statistical processing of accelerated life data with two stresses using monte carlo simulation method. Eighth International DAAAM Baltic Conference Industrial Engineering——19 - 21 April 2012, Tallinn, Estonia.

“可靠性估计本质上是概率建模中的一个问题。一个系统由许多部件组成。在最简单的情况下，每个部件都有工作或故障两种状态。当指定了工作部件集和故障部件集时，有可能识别系统的状态。问题是要计算系统工作的概率——系统的可靠性。[(1)]”

参考文献：

[(1)] Klyatis LM. Accelerated reliability and durability testing technology. Wiley, New Jersey, 2012.

(5) Sebastian Marian Zaharia, Ionel Martinescu. Improving product reliability under accelerated life testing using monte carlo simulation. Transilvania University of Bras,ov B-dul Eroilor, nr. 29, Romania.

"定量加速寿命试验（ALT）包括旨在量化产品、部件或系统在正常使用条件下的寿命特性的试验，从而提供可靠性信息[(4)-(5)]。"

参考文献：

[(4)] Klyatis, L. M. (2012), Accelerated Reliability and Durability Testing Technology, Wiley, New Jersey.

(6) Ni-Mn-B, Seung-Hwan Ma, Young-tai Noh, Gun-ik Jang. The study on accelerated life-time reliability test methods. Korea Conformity Laboratories. Department of Materials Science and Engineering, Chungbuk National University. Journal of the Korea Academia-Industrial Cooperation Society, Vol. 16, No. 5 pp. 2993-99, 2015. https://doi. org/10. 5762/KAIS. 2015. 16. 5. 2993. ISSN 1975-4701/eISSN 2288-4688 2993.

Ni-Mn-B 삼원합금도금 가속수명 및 신뢰성 평가에 대한 연구（文本是韩文）。

参考文献：

[(5)] Lev M. Klyatis "Accelerated Reliability And Durability Testing Technology" WILEY, 2012.

(7) Alejandro Romo Perea-1, Javier Amezcua -2, and Oliver Probst1, 1. Validation of three new measure-correlate-predict models for the long-term prospection of the wind resource.

① Department of Physics, Instituto Tecnológicoy de Estudios Superiores de Monterrey, CP 64849, Monterrey, Nuevo León, Mexico

② Department of Atmospheric and Oceanic Sciences, University of Maryland,

College Park, Maryland 20, 742-2425, USA

出版商：American Institute of Physics. Journal of Renewable and Sustainable Energy 3, 023105, 2011.

"虽然已经讨论过，如果假设变量 X 和 Y 的双变量联合正态分布，那么自然会出现线性回归，但在风速预测的情况下，这种方法是值得怀疑的。二元联合正态分布意味着正态边际分布。风能勘探中通常使用的每小时平均风速不服从正态分布，而是用威布尔分布来描述的。因此，寻找边际概率密度函数为威布尔的双变量概率分布函数（pdf）是合理的。这种类型的双变量 pdf 已经由几位作者提出。[(13)-(17)]"

参考文献：

[(16)] Klyatis LM, Teskin OI, Fulton JW, "Multi-variate Weibull model for predicting system-reliability, from testing results of the components", RAMS, pp. 144-149, 2000.

(8) Rajkumar K., Aravindan S., Kulkarni MS. Wear and life characteristics of microwave-sintered cooper-graphite composite. Journal of Materials Engineering and Performance. Indian Institute of Technology. Delphi. 2396-Vol 21 (11) November 2012. JMEPEG (2012) 21: 2389-2397. ASMInternational https://doi.org/10.1007/s11665-012-0161-z 1059-9495/$19.00 (Submitted March 17, 2011; in revised form January 12, 2012).

"在实际现场，产品/部件通常在多重应力的组合下失效。"（阅读参考文献 [(12)]）

参考文献：

[(12)] Klyatis LM, Klyatis EL, Accelerated quality and reliability solutions, 1st ed., Elsevier, Amsterdam, 2006.

(9) Sebastian Marian Zaharia. Lifetime estimation from accelerated reliability testing using finite elements analysis postdoctoral research Department of Manufacturing Engineering, Technological Engineering and Industrial Management Faculty, Transilvania University of Brasov, Romania.

Prof. dr. ing. Ionel MARTINESCU, Department of Manufacturing Engineering, Technological Engineering and Industrial Management Faculty, Transilvania University of Brasov, Romania. Fiabilitate si Durabilitate-Fiability & Durability No 1/2013 Jiu, Editura "Academica Brâncus,i", Târgu Jiu, ISSN 1844-640X.

"可靠性加速试验（ART）是一种基于统计的抽样试验，用于在产品大规模生产之前对产品的长期可靠性进行近似评估。这些试验还提供了加速系数，用于估计被试产品的平均失效前时间和预期寿命。有不同类型的加速试验计划在使用，其中包括主观、传统、最佳传统、统计最优和妥协计划。加速可靠性模型将产品的失效率或寿命与既定的应力联系起来，以便在加速试验期间获得的测量结果可以外推回正常运行条件下的预期性能。这里隐含的工作假设是，应力不会改变失效分布的形状。最显著的加速度模型有：阿伦尼乌斯、艾林；逆幂律；寿命-热循环，寿命-振动，寿命-湿度[(2)-(3)]"。

参考文献：

[(3)] Klyatis LM, Accelerated Reliability and Durability Testing Technology, Wiley, New Jersey, 2012.

(10) Higashi-Fuji Technical Center（东富士技术中心）.

来自免费百科全书维基百科。

东富士技术中心（東富士研究所 Higashi-Fuji Kenkyūjo）是丰田公司在日本静冈的宿野研发设施。该设施成立于1966年11月[(2)]。值得注意的是，该中心包含了一个先进的驾驶模拟器，位于一个直径为7m（23英尺）的圆顶内，里面有一辆实际的小汽车[(6)]。模拟器用于分析驾驶员行为，以提高安全性[(6)]。东富士技术中心还包括一座碰撞试验大楼[(7)]。

参考文献：

[1] "Japanese Facilities". Toyota. Retrieved December 27, 2013.

[2] "Higashi-fuji Technical Center: Facility Overview" (PDF). Toyota. 2010. Retrieved December 27, 2013.

[3] "Toyota Develops World-class Driving Simulator" (Press release). Toyota. November 26, 2007. Retrieved December 27, 2013.

[4] Kageyama, Yuri (November 12, 2012). "Toyota tests cars that communicate with each other". Associated Press. Retrieved December 27, 2013.

[5] "Design and R&D Centers". Toyota. Retrieved December 27, 2013.

[6] Klyatis LM. Accelerated Reliability and Durability Testing Technology. February 3, 2012. John Wiley & Sons. pp. 58-59. ISBN 9781118094006.

[7] Abuelsamid, Sam (30 July 2010). "Autoblog gets seat and simulation time with Toyota's newest safety technology [w/video]". Autoblog. Retrieved 27 January 2014.

(11) Ringgold, Inc., Portland, OR. 2016. The Free Library. Ringgold, Inc, Portland, OR. 2016. December 23, 2018.

"克利亚提斯不考虑汽车、航空航天和商用产品故障的安全方面，而是只关注能足够准确地预测此类产品性能、以避免故障的科学和技术方面。目前还没有出版过关于预测产品性能的书籍，只有关于预测可靠性的书籍，就好像可靠性是一个独立的组元，与其他性能组元没有交互作用。他的主题包括分析当前仿真和试验方法，方法学方面作为成功预测产品性能的第一个基本组成部分，用于与真实世界条件交互的物理仿真、改善加速可靠性和耐久性试验标准化的综合设备。"

参考文献：

Lev Klyatis. Successful Prediction of Product Performance: Quality, Reliability, Durability, Safety, Maintainability, Life-Cycle Cost, Profit, and Other Components. SAE International, 2016.

6.3　本书作者之前出版著作中与发展加速试验的基本正面趋势有关评论的一些引文

这些是对作者以前书籍中发表的发展加速可靠性试验/加速耐久性试验（ART/ADT）相关内容的评论，发表在世界各地的期刊和杂志上。有些是用英文发表的，有些还没有发表。

例如，来自华盛顿州埃弗雷特波音公司的布莱恩·罗格斯（Bryan Roggles），于 2013 年 11 月在美国质量学会（ASQ）的《质量进展》杂志上发表了对作者的著作"Accelerated Reliability and Durability Testing Technology"的评论，该书由 John Wiley & Sons 出版社于 2012 年出版。在这篇评论中，他写道："……任何对高质量产品感兴趣的人，特别是在可靠性和耐久性方面，都会发现这本书是一种宝贵的资源。这本书为教师和学生提供了一种优秀资源。"

另一个例子是詹姆斯·罗登基奇（James Rodenkirch）的书评，2012 年夏季发表在美国国防部（DoD）《系统工程中的可靠性、维修性和保障性期刊》

(Journal of Reliability, Maintainability, and Supportability in Systems Engineering)上。评论员分析了本作者由 WILEY 出版的书。在这篇两页的评论中，詹姆斯·罗登基奇写道：

……这是一个有趣的，让人大开眼界的有关如何恰当开展加速可靠性和耐久性试验（ART/ADT）的畅游。新的概念和想法集中在对设备暴露在“现场”条件的近距离仿真上。

还有：

……克利亚提斯（Klyatis）先生的书有广泛的适用性。他对可靠性和耐久性试验的整体方法将引起试验专业人士以及有抱负的试验工程师的共鸣。他强调了与当前试验实践中相关的缺陷，为他提供的改进备选试验方案提供了良好的基础。读者带着成本效益的论点离开，这些论点可以提供给决策者，用来解释如何更改试验程序和培训，以及采购和使用适当的试验设备，如何降低成本，提高系统的可靠性和安全性。

还有这篇评论中的另一个引文：“……同样重要的是试验界需要掌握一个基本概念：开展试验的人员必须经过良好的培训并具有丰富的经验。”

还有一个引文来自苏珊·芬格曼对这本书的评论。这篇评论发表在杰斐逊大学美国公立大学系统的《科技图书新闻评论》2012 年 4 月的第 66 卷第 2 期第 14 篇第 41 页上发表。在这篇评论中，她写道：

“克利亚提斯演示了该方法和设备的几种应用，它们按照代表真实世界中影响产品的多种相互作用的方式对实际产品提供了物理加速可靠性试验和加速耐用性试验。他说，之前的试验方法集中于一个孤立的因素，而不是把产品作为一个整体。他的主题包括作为系统方法组成部分的加速可靠性试验、加速可靠性和耐久性试验方法、加速可靠性/耐久性试验的财务和设计优势以及标准化。”

6.4 实现加速试验的正面趋势以成功预测产品效率的一些策略

汽车和航空航天工程领域实现加速试验正面趋势的基本策略与加速可靠性和耐久性试验的采用有关。这些可以在作者的其他出版书籍[1-5]以及大量期刊、世界大会、国际年会、研讨会和其他论坛中的 80 多本其他英文出版物中找到（图 6.1~图 6.12）。

一些策略引自作者在国家和国际会议上报告的幻灯片（从 Power Point 格式转换为 Word）。

2007年RAMS

可靠性/维修性与质量集成

Lev klyatis

Eccol, Inc.

Habilitated Dr.-Ing., Sc.D., PhD

图 6.1　列夫·克利亚提斯（Lev Klyatis）在 2007 年 RAMS（可靠性与维修性年会）（产品质量与完整性国际年会）上的演讲标题页

外场输入影响的逼真物理仿真

1. 实际生活输入影响（化学和机械粉尘污染、辐射、道路特征等）的物理仿真是指对上述自然试验对象影响的物理模仿。

这个仿真的有效性取决于它的准确性。

2. 准确性的概念包括：

——外场条件的最大仿真次数；

——每组外场条件（多种环境、电气、机械等）同时组合的精确仿真；

——对每种复杂影响的同时组合［如污染=机械(粉尘)+化学物质］的仿真。

3. 模拟整个实际影响，但不包括：

——空闲时间（中断等）；

——具有最小载荷且没有导致故障的时间。

4. 退化机制作为精确仿真的基本准则。

5. 考虑组元之间的系统（单元）交互作用（详情）。

6. 复制整个外场计划和维护（修理）的范围

7. 在进行外场退化和故障分析后修正仿真系统，并与 ART/ADT 期间的故障和退化进行比较。

图 6.2　2007 年 RAMS 演讲中的幻灯片

加速可靠性试验的基本原则

1. 改进对外场输入影响的精确物理仿真的技术和设备。

2. 全部步进式技术。

3. 结合定期外场试验，提供实验室加速试验（ALT）。

4. 提供多重环境（包括腐蚀）、机械（包括振动）、电气和 ART 其他组元的同时组合下的 ART。

图 6.3　列夫·克利亚提斯在 2007 年 RAMS 上报告的第三张幻灯片

（续）因此：

1. 在加速试验条件下产品完成的 1h 纯工作，与其在外场 1h 纯工作的退化效果相同。

2. 人们可以很容易地计算试验的加速系数。

3. 因此，人们可以：

（1）预测未来退化的动力和外场失效时间；

（2）以较低的成本快速找到并消除导致产品退化和失效的原因。

图 6.4　2007 年 RAMS 演讲的幻灯片

论加速可靠性试验与加速持久性试验技术的发展趋势

Lev Klyatis

Habilitated Dr. -Ing. , Sc. D. , Ph. D

Sr. Advisor

SoHaR, Inc.

图 6.5　SAE2012 世界大会演讲的标题页

ART/ADT 五个基本步骤的战略组分

1. 研究外场条件（综合输入影响、人为因素和安全问题），以确定要在实验室中仿真的参数。

2. 对外场条件的精确仿真。

3. ART/ADT 性能，包括对退化（故障）及其原因的分析和管理。

图 6.6　SAE2012 世界大会报告幻灯片

ART/ADT 五个基本步骤（续）：

4. 制定关于消除这些原因的建议。

5. 若采用了这些建议，则可以：

（1）准确预测质量、可靠性、安全性、耐用性、维修性、生命周期费用等；

（2）加速产品的开发。

图 6.7　列夫·克利亚提斯为 SAE2012 世界大会准备的幻灯片

在 SAE 世界大会、ASQ 大会和 RAMS 研讨会上的演讲只提供了 20～30min，其中包括提问和回答问题的时间。因此，它是作为 RMS（可靠性、维修性和保障性）Partnership 杂志举办的研讨会/年会一个讲座的教程。与会者包括来自国防部、交通部和工业界的专业人士。作者为这次活动开设了一个讲座。下面是该讲座中一些与 ART/ADT 战略方面相关的幻灯片。

加速可靠性/耐久性试验。可靠性与安全性
准确预测和成功的问题预防

Lev Klyatis
Dr. -Ing. Habilitated, Sc. D. , Ph. D.
Senior Advisor
SoHaR, Inc

讲座

图 6.8　RMS 合作关系研讨会/研讨会教程的标题页

MORE STRESS means
GREATER ACCELERATION and
LOWER CORRELATION of AT RESULTS WITH
FIELD RESULTS.

注：应力越大意味着加速度越大，加速试验结果与外场结果的相关性越低。

图 6.9　应力测试的公理

ART/ADT 技术的 5 种非传统原则

1. 可靠性试验组元的相互集成——从现场条件的研究到可靠性和安全性的准确预测与问题的成功预防。

采用大系统（System of Systems, SoS）方法。

2. 对外场条件的精确仿真是一个复杂的问题，包括综合的全外场输入影响、安全性和人为因素。

图 6.10　上述教程中的幻灯片

ART/ADT 技术的五种非传统原则（续）

3. 对外场条件下所有相互连接组元的精确物理仿真。为此，使用了全面集成的测试设备。

4. ART/ADT 基于此仿真，是准确预测产品安全性、可靠性、维修性及其问题成功预防的关键因素。

图 6.11　上述教程中的幻灯片（续）

在圣迭戈举行的 RMS 伙伴关系公司（DoD）专题研讨班和年度研讨会上介绍了关于实施可靠性和耐久性试验策略的更详细细节。此次活动的一些与 ART/ADT 策略相关的幻灯片，包括新的和有效的非传统原则介绍如下(图 6.13~图 6.19)。

5 种非传统 ART/ADT 原则（续）

5. a）通过对现场条件的精确物理模拟，将外场准确转移到试验室。

b）然后，人们可以在实验室中使用科技设备来研究外场产品退化的原因（以及消除它们的方法）。

- 使用的 ART/ADT 设备将非常有用：
- 不仅适用于设计；
- 而且还适用于产品后续型号的制造和使用。

使用当前的试验方法，包括外场“可靠性”试验是不能做到此点的。

图 6.12　以上教程中的 5 个非传统原则

当我们提供上述策略时，必须考虑在设计和制造过程中发生的影响测试水平的差异（图 6.20）。

所有输入影响的每个特性（数学期望、方差、归一化相关性和功率谱）与外场的差异不超过给定的限制时（如下述公式），就会实现对输入影响最精确的仿真：

$$Y_{1现场}-Y_{2ART}\leqslant 给定限制(3\%、5\%或7\%)$$

图 6.13　仿真精度作为加速可靠性和耐用性（ART/ADT）试验的关键因素

ART 后的可靠性函数分布为 $F_A(x)$，现实世界中的可靠性函数分布为 $F_0(x)$。

其差异的度量为

$$\Delta[F_A(x),F_0(x)]=F_A(x)-F_0(x)$$

在 $\Delta[F_A(x),F_0(x)]$上，可以给出限制 Δ_A。

如果 $\Delta[F_A(x),F_0(x)]\leqslant\Delta_A$ 以高精度的 ART 结果确定其可靠性是可能的。

但如果 $\Delta[F_A(x),F_0(x)]\leqslant\Delta_A$，则不建议使用。

图 6.14　基于 ART 结果和现实世界结果比较可靠性的统计准则

如果函数 $F_A(x)$ 和 $F_0(x)$ 未知，可以构造实验数据的图：$F_A(x)$和 $F_0(x)$，并得出：

$$D_{M,N}=[F_{AE}(x)-F_{0E}(x)]$$

其中：F_{0E} 和 F_{AE} 是机器在运行条件下的试验结果和 ART/ADT 结果的可靠性函数的经验分布。

图 6.15　如果你不知道 $F_A(x)$ 和 $F_0(x)$ 的功能（通常在实践中）

需要计算参数的累积函数和方程中的置信系数值：

$$\hat{Y}(x) = \sum_{m=k}^{n} C_n^m p^m (1-p)^{n-m}$$

$$\_Y(x) = \sum_{m=0}^{K} C_n^m p^m (1-p)^{n-m}$$

并评估仅限于上下置信度区域的曲线。其中：$C_n^m p(1-p)^{n-m}$是基于一个事件在 n 个独立试验中进行 m 次的概率。如果置信系数为$\gamma=0.95$或$\gamma=0.99$，那么 Y 的值可以在关于概率理论书籍的表中找到。

图 6.16　比较具有预定的准确度和置信度区域参数的函数

考虑 ART/ADT 包括 8 个非传统的原则（1）

• 为了准确预测和加速开发，将组元相互集成在一个研究外场条件的复杂综合体中。针对该目标使用大系统（SoS）方法。

• 将精确仿真外场条件作为一个复杂综合体，包括集成的全部外场输入影响、安全和人为因素。

图 6.17　来自 RMS 合作关系研讨会的幻灯片（1）

8 个非传统原则（2）

• 由于外场条件同时且组合作用的，对它们的精确模拟也意味着包含所有的外场条件。为此，使用了全面综合测试设备。

• 基于此仿真的 ART/ADT 是准确预测产品质量、可靠性、维修性、安全性、耐用性、生命周期费用和加速产品开发的关键因素。

图 6.18　来自 RMS 合作关系研讨会的幻灯片（2）

8 个非传统原则（3）

• 通过对外场条件的精确仿真，将外场准确地复现到实验室，为在实验室中使用仪器和其他科学技术解决方案来研究外场产品降级的原因（和消除方法）提供了可能性。

• 如果使用当前的其他试验方法，我们就不能做到这一点。

• 因此，以最少的成本和时间快速获得所有参数的信息（对于任何使用时间）可以加速开发和准确地预测。

• 不是描述质量、可靠性、维修性、保障性、耐久性和其他问题，而是演示了如何通过考虑互联（集成）来解决问题。

图 6.19　来自 RMS 合作关系研讨会的幻灯片（3）

上面的幻灯片展示了其中一些战略原则。除此之外，还展示了针对试验对象类型和相应对象使用条件的真实世界的特定输入影响。此外，还需要在设计、制造和使用阶段对影响产品效率的因素进综合分析，如图 6.20 所示。

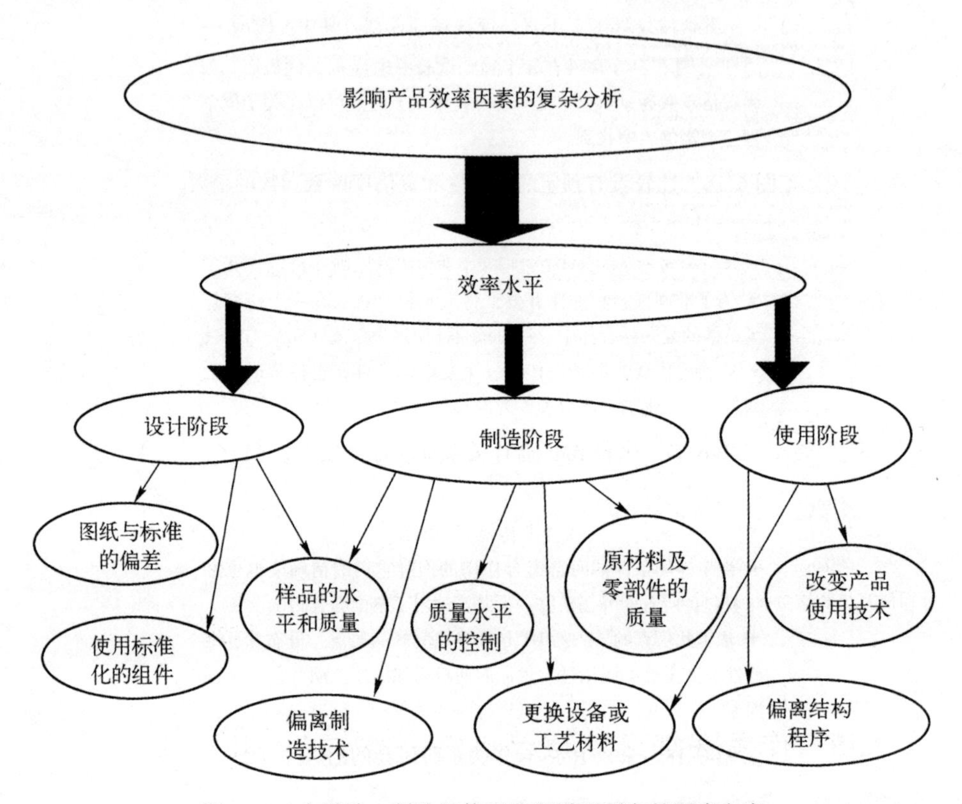

图 6.20　在设计、制造和使用阶段需要研究的因素方案

许多国家和公司都部分实施了 ART/ADT（见参考文献［1］）。图 6.21 展示了伊斯卡有限公司如何参与实施过程，并从设计和制造过程中实施 ART/ADT 获益。从这封官方书信中可以看到，已经开发和实施新系统，用于缺陷分析，组织跨学科团队进行紧急改进，包括质量保证、设计、制造、市场营销和销售。3 年来，公司产品销售额增长了 40% 以上，缺陷从 2.6% 下降至 1.7%，客户投诉大幅下降。结果，美国亿万富翁沃伦·巴菲特买下了伊斯卡有限公司。

Letter of recommendation

September 19, 2006

To whom it is concern

RE: Eugene (Evgeny) Klyatis

Iscar, Ltd. was recently acquired by Warren Buffet, the world's leading expert in company value, operational competence and production highlighting our company's rapid rise to preeminence among the precision manufacturing companies of Israel. Our company is research and development intensive, engaging almost 200 researches.

In the past three years sales of each of our products have increased no less than 40% and defective finished goods reduced from 2.6% to 1.7%. Favorable feedback from our wholesalers and ultimate product users have increased exponentially, while complaints have greatly decreased.

From April 2001 Eugene Klyatis was engaged by our company as chief researcher and developer of Quality Assurance, critical elements of our operations. His contributions to our improved results were signal, consisting in his research, analysis, research and developments in developing entirely new approaches for product quality, increasing the engineering culture of our company.

Mr. Klyatis developed new systems for defect analysis and inter-disciplinary teams for emergency improvement, which included professional from all our departments, including quality assurance, marketing, sales, design and manufacturing.

As the Iscar's Product Manager, Milling since 2000 based upon my personal knowledge, it is my professional opinion, that Eugene Klyatis was indispensable to the growth of our company his research in the fields of quality assurance is among the world's most important.

Shmuel Weinshtein

Product Manager Milling
Iscar Headquarters
Tel: + 972(4)9970508
Fax: + 972(4)9970113
Mobile + 972(50)5302615
E-Mail: Shmulikw@iscar.co.il

注：由 Iscar 公司铣削产品经理 Shmuel Weinshtein 推荐作者的推荐函，盛赞其从 2001 年 4 月起作为公司研究员和质量保障负责人对产品质量保障方面的研究是极为重要的。

图 6.21　Iscar 有限公司部分实施 ART/ADT 的一些结果

6.5　作者在加速试验改进的实际实施中的一些专利

以下列出了作者在加速试验（AT）改进中拥有的 30 多项专利中的一些清单，它们反映了 AT 发展的正面趋势。

由列夫・克利亚提斯提供的部分专利列表：

(1) 机械加速试验方法。专利号 1794320。苏联科学与工程发明与发现政府委员会。

(2) 机械加速试验方法。专利号 386308（苏联）。

(3) 非稳态随机过程的发生器。专利号 430370。

(4) 机器加速可靠性和耐久性试验设备。专利号 180840（俄罗斯）。

(5) 机器加速可靠性和耐久性试验设备。专利号 173465（苏联）。

(6) 加速可靠性和耐久性加速试验设备。专利号 134490。

（7）矿车/收割机测试设备。专利号 104645（苏联）。

（8）随机过程的多通道发生器。专利号 466511（用于测试设备控制系统）。

（9）带拉亚麻工作头的农业机械加速可靠性和耐久性试验设备。专利号 365003（苏联）。

（10）加速试验方法。专利号 365003（俄罗斯）。

（11）加速试验设备。专利号 477686（俄罗斯）。

（12）肥料施肥机工作头测试设备。专利号 1667680（苏联）。

（13）施肥机测试设备。专利号 366681（俄罗斯）。

这些专利在加里宁国家试验中心（俄罗斯）、VNIIZIVMASH 研究所（乌克兰）以及其他国家和公司实施。例如，这些专利中的两个（标题页）如图 6.22 和图 6.23 所示。

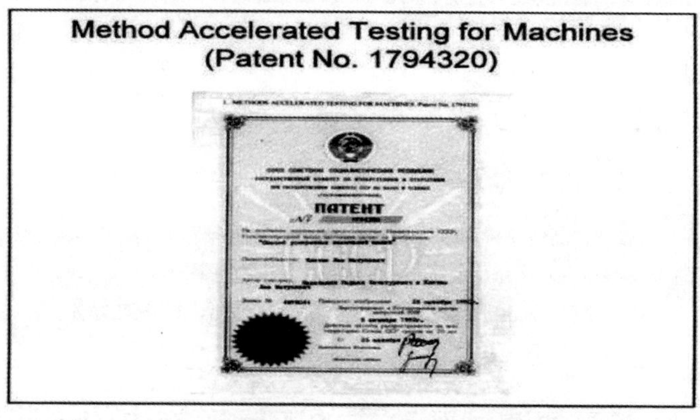

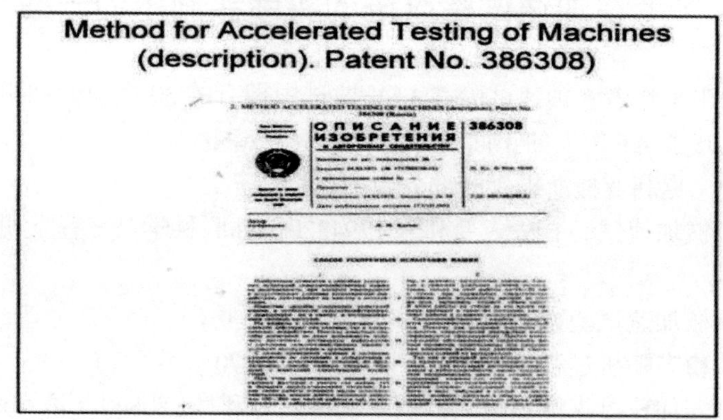

注：图中展示了作者的专利授权证明

图 6.22　机器加速试验新方法的作者专利示例

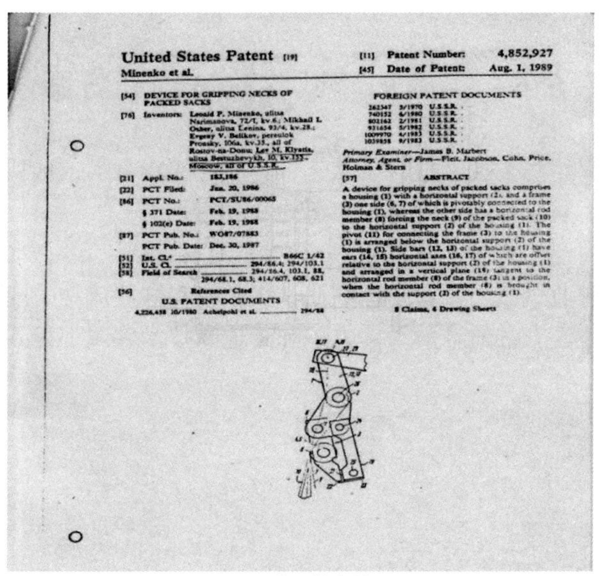

United States Patent [19]
Minenko et al.

[11] **Patent Number:** 4,852,927
[45] **Date of Patent:** Aug. 1, 1989

[54] DEVICE FOR GRIPPING NECKS OF PACKED SACKS

[76] Inventors: Leonid P. Minenko, ulitsa Narimanova, 72/1, kv.6.; Mikhail L. Osher, ulitsa Lenina, 93/4, kv.28.; Evgeny V. Belikov, pereulok Prosskiy, 106a, kv.35., all of Rostov-na-Donu; Lev M. Klyatis, ulitsa Bestuzhevykh, 10, kv.155, Moscow, all of U.S.S.R.

[21] Appl. No.: 183,186
[22] PCT Filed: Jun. 20, 1986
[86] PCT No.: PCT/SU86/00065
§ 371 Date: Feb. 19, 1988
§ 102(e) Date: Feb. 19, 1988
[87] PCT Pub. No.: WO87/07883
PCT Pub. Date: Dec. 30, 1987
[51] Int. Cl.⁴ B66C 1/42
[52] U.S. Cl. 294/86.4; 294/103.1
[58] Field of Search 294/86.4, 103.1, 88, 294/68.1, 68.3; 414/607, 608, 621

[56] References Cited

U.S. PATENT DOCUMENTS

4,226,438 10/1980 Achelpohl et al. 294/88

FOREIGN PATENT DOCUMENTS

262347 3/1970 U.S.S.R.
740152 6/1980 U.S.S.R.
802162 2/1981 U.S.S.R.
931654 5/1982 U.S.S.R.
1009970 4/1983 U.S.S.R.
1039858 9/1983 U.S.S.R.

Primary Examiner—James B. Marbert
Attorney, Agent, or Firm—Fleit, Jacobson, Cohn, Price, Holman & Stern

[57] ABSTRACT

A device for gripping necks of packed sacks comprises a housing (1) with a horizontal support (2), and a frame (3) one side (6, 7) of which is pivotably connected to the housing (1), whereas the other side has a horizontal rod member (8) forcing the neck (9) of the packed sack (10) to the horizontal support (2) of the housing (1). The pivot (11) for connecting the frame (3) to the housing (1) is arranged below the horizontal support (2) of the housing (1). Side bars (12, 13) of the housing (1) have ears (14, 15) horizontal axes (16, 17) of which are offset relative to the horizontal support (2) of the housing (1) and arranged in a vertical plane (19) tangent to the horizontal rod member (8) of the frame (3) in a position, when the horizontal rod member (8) is brought in contact with the support (2) of the housing (1).

8 Claims, 4 Drawing Sheets

(a) 美国的专利

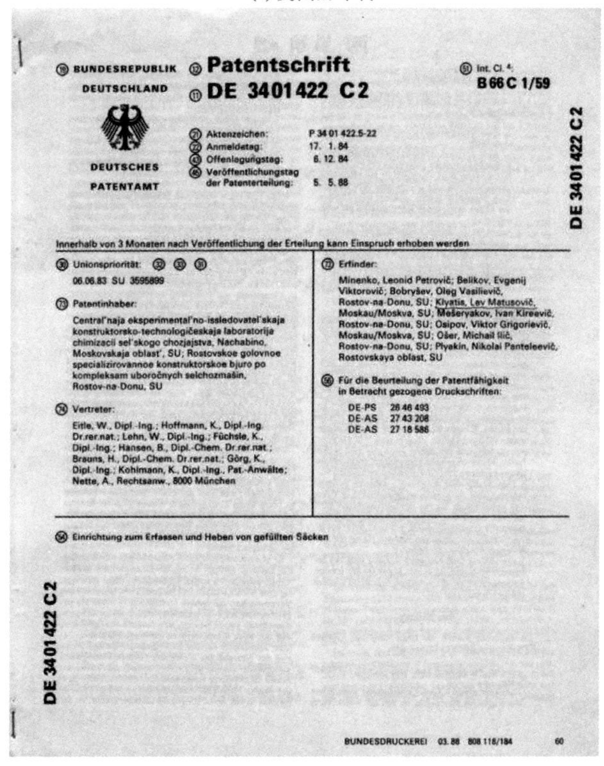

⑲ BUNDESREPUBLIK DEUTSCHLAND

DEUTSCHES PATENTAMT

⑫ **Patentschrift**
⑪ **DE 3401422 C2**

⑤ Int. Cl.⁴: **B 66 C 1/59**

㉑ Aktenzeichen: P 34 01 422.5-22
㉒ Anmeldetag: 17. 1. 84
㊸ Offenlegungstag: 6. 12. 84
㊺ Veröffentlichungstag der Patenterteilung: 5. 5. 88

DE 3401422 C2

Innerhalb von 3 Monaten nach Veröffentlichung der Erteilung kann Einspruch erhoben werden

㉚ Unionspriorität: ㉜ ㉝ ㉛
06.06.83 SU 3595899

㊆ Patentinhaber:
Central'naja eksperimental'no-issledovatel'skaja konstruktorsko-technologičeskaja laboratorija chimizacii sel'skogo chozjajstva, Nachabino, Moskovskaja oblast', SU; Rostovskoe golovnoe specializirovannoe konstruktorskoe bjuro po kompleksam uboročnych selchozmašin, Rostov-na-Donu, SU

㊇ Vertreter:
Eitle, W., Dipl.-Ing.; Hoffmann, K., Dipl.-Ing. Dr.rer.nat.; Lehn, W., Dipl.-Ing.; Füchsle, K., Dipl.-Ing.; Hansen, B., Dipl.-Chem. Dr.rer.nat.; Brauns, H., Dipl.-Chem. Dr.rer.nat.; Görg, K., Dipl.-Ing.; Kohlmann, K., Dipl.-Ing., Pat.-Anwälte; Nette, A., Rechtsanw., 8000 München

㊅ Erfinder:
Minenko, Leonid Petrovič; Belikov, Evgenij Viktorovič; Bobryšev, Oleg Vasilievič, Rostov-na-Donu, SU; Klyatis, Lev Matusovič, Moskau/Moskva, SU; Mešeryakov, Ivan Kireevič, Rostov-na-Donu, SU; Osipov, Viktor Grigorievič, Moskau/Moskva, SU; Ošer, Michail Ilič, Rostov-na-Donu, SU; Plyakin, Nikolai Panteleevič, Rostovskaya oblast, SU

㊱ Für die Beurteilung der Patentfähigkeit in Betracht gezogene Druckschriften:

DE-PS 28 46 493
DE-AS 27 43 208
DE-AS 27 18 586

㊿ Einrichtung zum Erfassen und Heben von gefüllten Säcken

DE 3401422 C2

BUNDESDRUCKEREI 03.88 808 118/184 60

(b) 德国的专利

图 6.23　作者的专利

6.6 实施加速试验改进的新方案

联合国欧洲经济委员会报告了加速试验改进的新方案，这项研究在日内瓦进行了两年多，联合国的最终报告在纽约发表。

在上述日内瓦报告中的两页如图 6.24 和图 6.25 所示[7]。本报告中所述的方案首先用于农业机械，然后在苏联用于汽车。在这些成功的应用之后，它在世界上许多其他国家的航空航天、电子和其他高技术领域都得到了应用。

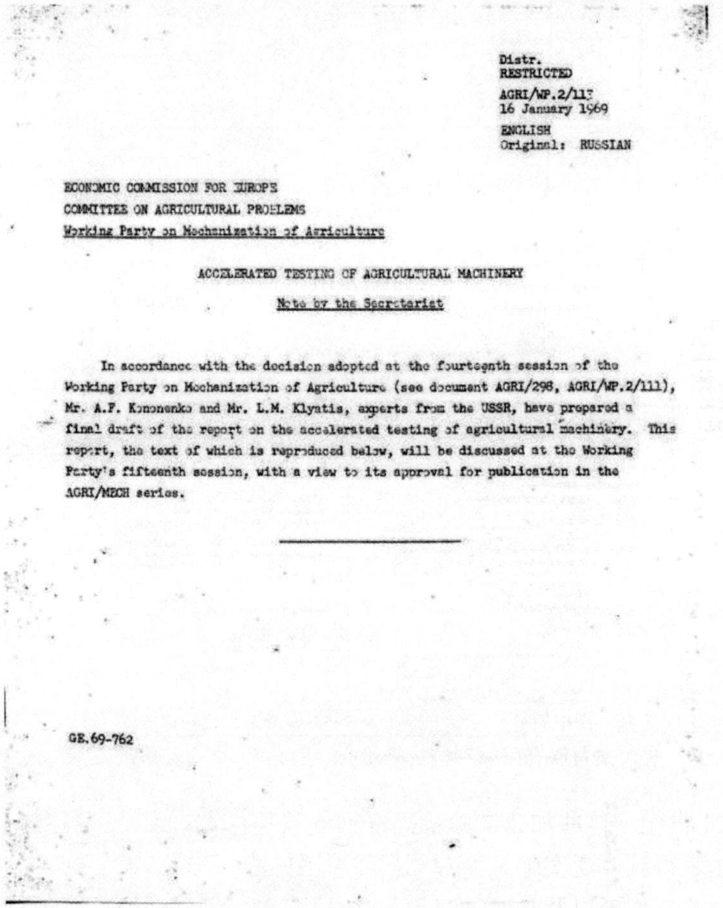

Distr.
RESTRICTED

AGRI/WP.2/113
16 January 1969

ENGLISH
Original: RUSSIAN

ECONOMIC COMMISSION FOR EUROPE
COMMITTEE ON AGRICULTURAL PROBLEMS
Working Party on Mechanization of Agriculture

ACCELERATED TESTING OF AGRICULTURAL MACHINERY

Note by the Secretariat

In accordance with the decision adopted at the fourteenth session of the Working Party on Mechanization of Agriculture (see document AGRI/298, AGRI/WP.2/111), Mr. A.F. Kononenko and Mr. L.M. Klyatis, experts from the USSR, have prepared a final draft of the report on the accelerated testing of agricultural machinery. This report, the text of which is reproduced below, will be discussed at the Working Party's fifteenth session, with a view to its approval for publication in the AGRI/MECH series.

GE.69-762

注：图中展示了作者作为苏联专家准备了农业机械加速测试报告的最终草案。这份报告将在工作组第 15 届会议上进行讨论，以期批准在 AGRI/MECH 系列中出版。

图 6.24 联合国欧洲经济委员会（日内瓦）《农业机械加速试验》报告第一页

AGRI/MECH/43
page 8

Table 1

Variable stress amplitudes in components of the load-bearing system of the T-4 tractor, recorded at the testing-ground (speed of tractor, without plough, 5.8 km/h)

Strain gauge No.	Pass over 20 pairs of obstacles 160 mm high on concrete track			Pass over 40 pairs of obstacles 140 mm high on cobbled track		
	Stress amplitudes, kg/cm²			Stress amplitudes, kg/cm²		
	A max.	A av.	A min.	A max.	A av.	A min.
1.	x			x		
2.	720	645	520	870	705	610
3.	375	320	215	-	-	-
4.	505	435	375	-	-	-
5.	780	645	545	900	725	630
6.	785	650	445	800	675	575
7.	750	600	460	815	610	435
8.	910	775	615	710	610	435
9.	680	585	470	-	-	-
10.	1,240	1,020	850	1,450	1,076	760
11.	530	420	360	535	420	370
12.	1,190	855	640	-	-	-
13.	720	520	455	840	815	770
14.	695	560	410	800	600	515
15.	970	770	615	1,030	835	740
16.	805	705	590	850	660	525
17.	930	655	505	765	540	445
18.	690	550	490	600	490	385
19.	995	795	665	1,000	730	630
20.	[illegible]70	485	38[illegible]	615	490	420
21.	x			x		
22.	830	690	575	435	350	300
23.	935	620	435	-	-	-
24.	70	540	465	-	-	-
33.	1,270	1,120	975	795	655	520
34.	1,180	960	675	1,210	935	715

Notes:
1. "x" = stress less than 300 kg/cm²
2. "-" = test not recorded for technical reasons.
3. The numbers of the gauges selected for detailed tests are underlined; the numbers of the extra gauges selected for the schedule of 180° turns are double-underlined.
4. The oscillogram analysis took into account the greatest curve-span corresponding to passage over two obstacles.
5. The average amplitudes (A av.) are shown in the table as parameters of the amplitude distribution series and cannot be used as an exhaustive characteristic in analysing the level of strain in the components.

The results of analysis of the oscillograms recorded in the detailed studies made on the testing-ground and in field operation are given in tables 2 and 3.

注：图中展示了实施加速试验改进的新方案报告相关数据表格。

图 6.25　表 1 来自联合国欧洲经济委员会（日内瓦）《农业机械加速试验》报告

在 21 世纪，这些加速试验策略发展的趋势，无论是全部还是部分，都在非英语国家得到广泛实施，参考文献和引用更难以获得。

当这些新作者以及其他研究人员，采用这些策略成功预测产品的效率时，必然会导致更快和更好的发展，以提高整个世界的文明水平。

例如，这些趋势包括两类加速腐蚀试验的实验室——苏联和俄罗斯科学院研究中心也在实施。图 6.26 展示了在苏联科学院物理化学研究所实施的这些文件。

МИНИСТЕРСТВО АВТОМОБИЛЬНОГО И СЕЛЬСКОХОЗЯЙСТВЕННОГО МАШИНОСТРОЕНИЯ

НПО " АВТОЭЛЕКТРОНИКА "
ИНЖЕНЕРНЫЙ ЦЕНТР" ТЕСТМАШ "

СОГЛАСОВАНО
Зам. директора ИФХ АН СССР
Е. Чалых
августа 1990 г.

УТВЕРЖДАЮ
Директор ИЦ "Тестмаш"
Л.М.Клятис
августа 1990 г.

ТЕХНИЧЕСКОЕ ЗАДАНИЕ
НА РАЗРАБОТКУ И ИЗГОТОВЛЕНИЕ ДВУХ ТИПОВ КАМЕР ДЛЯ УСКОРЕННЫХ КОРРОЗИОННЫХ ИСПЫТАНИЙ: КАМЕРЫ СОЛЯНОГО ТУМАНА И КАМЕРЫ УНИВЕРСАЛЬНОЙ

От ИФХ АН СССР
Зав.лабораторией
А.И.Маршаков
Инженер I катег.
Н.Ф.Шаронова

От ИЦ "Тестмаш" :
Зав. отделом Э.П.Флик
Зав.сектором Т.Н.Джурихина
Зав.сектором В.В.Веслов

Москва -1990

图 6.26　关于实施 TESTMASH 在苏联科学院物理化学研究所腐蚀实验室的新解决方案的文件

由于这一实施产生了积极的影响，苏联政府组织了一个特殊组织 TESTMASH（图 6.27）。根据作者所在部门的研究，他被邀请成为 TESTMASH 的主席。在那里开发的解决方案旨在大规模实施新的加速可靠性和耐久性试验（ART/ADT）技术先在苏联，后在俄罗斯大规模实施。

ЗАМЕСТИТЕЛЬ ПРЕДСЕДАТЕЛЯ
ГОСУДАРСТВЕННОГО КОМИТЕТА СССР
по НАУКЕ и ТЕХНИКЕ

103905, Москва, ул. Горького, 11
Тел. 229-11-92 Телетайп 417531 „Триод"

от 06.02.90г. № МК6-33/19
на № 6/24-1911 от 27.12.89г

Заместителю Министра автомобильного и сельскохозяйственного машиностроения СССР

т.Морозову В.П.

Об организации хозрасчетной структурной единицы Инженерный центр "Тестмаш" с правами юридического лица в составе НИИАЭ НПО"Автоэлектроника"

Государственный комитет СССР по науке и технике рассмотрел предложение министерства об организации самостоятельной хозрасчетной структурной единицы Инженерный центр "Тестмаш" в составе научно-исследовательского и экспериментального института автоэлектроники и электрооборудования (НИИАЭ) НПО "Автоэлектроника" Министерства автомобильного и сельскохозяйственного машиностроения СССР и сообщает.

ГКНТ СССР неоднократно рекомендовал Минавтосельхозмашу СССР создать такой инженерный центр в г.Москве на правах юридического лица на базе отдела ускоренных испытаний ВНИИКОМЖа и поэтому не имеет возражений против предложения министерства.

Однако при утверждении положения об инженерном центре считали бы целесообразным возложить на него выполнение следующих главных направлений научно-исследовательской и проектно-конструкторской деятельности:

- машины и оборудование для проведения испытаний полнокомплектных тракторов, автомобилей, сельскохозяйственных машин, а также их узлов и деталей;
- диагностическое оборудование;
- климатические камеры;
- автоматизированные системы управления стендово-испытательным и диагностическим оборудованием на базе микропроцесссорных

Зак. 559—10.000

图 6.27　苏联政府关于 TESTMASH 组织的信函

这一广泛实施的目标、细节和内容已在作者的采访中详细描述，并发表在《全苏联拖拉机和农业机械杂志》上。

这些趋势后来在其他国家得到了应用（见参考文献［1］）。

几家德国公司和其他国家的公司表示有兴趣在加速试验开发中实施作者的策略和想法。图6.28展示了一个这样的例子，Hereus-Votsch GmbH写道，他们特别有兴趣加入作者部门提出的、开发新的复杂的腐蚀实验室的后续工作。

Heraeus
VÖTSCH

P R O T O K O L L
über
Besuch der sowjetischen
Delegation Minavtoselchozmasch
bei Heraues-Vötsch GmbH,
D-7460 Balingen v. 30.6. - 3.7.89

ПРОТОКОЛ
переговоров советской делегации
Минавтосельхозмаша с фирмой
Хераус-Фёч Гмбх Д-7460 г.Балинген
от 30.6.89.

Die Firma Heraeus befindet sich z. Zt. In einer Bestandsaufnahme bezüglich der Möglichkeiten, die gegenseitigen Geschäftsbeziehungen in der Sowjetunion zu vertiefen. In diesem Rahmen fanden die o.g. Gespräche in Balingen statt.

Фирма "Хераус-Фёч" в настоящее время готова к углублению взаимных с СССР комерческих отношений.В этих рамках состоялись организационные переговоры в г.Балинген.

Zwischen Minavtoselchozmasch und Heraeus-Vötsch wurde folgendes vereinbart:

Между Минавтосельхозмашем и "Хераус-Фёч" достигнута следующая договоренность:

1) Bis September 1989 Klärung der Möglichkeiten seitens Minavtoselchozmasch für die Schaffung einer Service-Organisation zur Betreuung der Heraeus-Produkte, evtl. auch auf Basis eines Joint Ventures.

1)До сентября 1989 года последует разъяснение со стороны Минавтосельхозмаша о возможности создания сервисного центра по обслуживанию продукции "Хераус" в рамках совместного предприятия.

2) Bei der Vorstellung der Möglichkeiten seitens Minavtoselchozmasch sollte auch aufgezeigt werden, inwieweit gemeinsame Entwicklungs-, Montage- und Produktionsprojekte realisiert werden können.

2)При представлении возможностей для этого со стороны Минавтосельхозмаша должно быть указано,в какие сроки могут быть реализованы совместные конструкторские,монтажные и производственные работы.

3) Insbesondere besteht seitens HVB Ubteresse ab der gemeinsamen Fortführung eines bei NPOVNJIKOMG und Firma GSPKTB Bubrujsk begonnenen Projektes einer komplexen neuen Korrosionsprüfkammer.

3)Особый интерес для фирмы представляет совместное продолжение работы начатой ВНИИКОМЖем и ГСПКТБ г.Бобруйск разработкой новой комплексной камеры для ускоренных коррозионных испытаний.

4) Sich daraus evtl. ergebende weitere Vereinbarungen müßten folgende Punkte berücksichtigen:

4)Вытекающие отсюда дальнейшие договоренности должны учитывать следующие пункты:

注：图中展示了苏联汽车部门与来自德国的公司谈判代表团协商的关于加强投资和生产的议定结果。

图6.28　苏联汽车部门与Heraeus-Votsch GmbH（Balingen，Germany）的谈判代表团的协议结果，德国公司对作者提出的工作表现出特别的兴趣，愿意加入后续工作

下面是作者在ART/ADT发展方向上的一些例子，图6.29所示为美国-苏联（US-USSR）贸易和经济理事会公司（由美国和苏联政府组织）的一份邀

请函（邀请函的第一页），图中展示了该理事会主席 William D. Forrester 邀请克利亚提斯博士去参加在美国举行的第十四次委员会会议。克利亚提斯博士是该理事会的成员。

US-USSR Trade and Economic Council, Inc.
3 Shevchenko Embankment, Moscow 121248, USSR

№ 533
"20" ноября 1990 г.

Директору Инженерного центра "Тестмаш". члену АСТЭС

г-ну Клятису Л.М.

Уважаемый Лев Матусович,

Я находился в Москве в середине октября с.г. в связи с поездкой в СССР представительной группы американских бизнесменов под эгидой Национального комитета республиканской партии США, программа пребывания которой была организована АСТЭС. В ходе этого визита я имел встречи с лидерами советских деловых и финансовых кругов, с представителями союзных и республиканских органов.

Я хотел бы сообщить Вам о тех изменениях в нашей деятельности, которые мы производим для того, чтобы обеспечить дальнейшую активизацию нашей работы в плане удовлетворения возрастающих требований членов АСТЭС в условиях продолжающейся экономической децентрализации, вызванной реформами, проводимыми в СССР, а также в результате быстрого расширения американо-советского делового сотрудничества.

Для того, чтобы эффективно оказывать содействие почти 700 советским и американским членам АСТЭС, мы увеличиваем количество руководителей проектов в нашем Московском представительстве примерно на 10 человек и соответственно расширяем штат советских и американских сотрудников в нашей штаб-квартире в Нью-Йорке.

С этой же целью мы решили компьютеризировать наши офисы в Нью-Йорке и Москве, что повысит эффективность работы по обеспечению оперативной связи между американскими и советскими партнерами и облегчению поиска партнеров среди американских и советских членов АСТЭС.

Американо-Советский Торгово-Экономический Совет
СССР, Москва, Набережная Шевченко, 3, 121248 • Телекс 413212 • Факс 230-2467

图 6.29　USTEC 总裁 W. D. Forrester 邀请 L. Klyatis 博士参加美国 USTEC 理事会会议

在这次理事会会议上，列夫・克利亚提斯博士成功地向工程组介绍了他的公司开发 ART/ADT 的情况。在此报告后，作者收到了：

（1）来自 KAMAZ 公司（俄罗斯大型卡车设计和制造公司，拥有超过 10 万名员工）的董事长 N. Bekh 提出的一项提议，在该公司实施作者在加速试验设备和试验系统开发方面的策略。该提议后来使 KAMAZ 公司与作者担任主席的 TESTMASH 签订了执行合同。

（2）美国公司 Steptoe & Johnson（图 6.30）的一项提议，在美国工业公司中组织实施，以积极推动加速试验在汽车和其他行业领域的发展（见第 4 章）。

STEPTOE & JOHNSON
ATTORNEYS AT LAW
1330 CONNECTICUT AVENUE, N. W.
WASHINGTON, D. C. 20036-1795
(202) 429-3000
FACSIMILE NO. (202) 429-9204
TELEX: 89-2503

July 16, 1991

SPA "Autoelectronika"
Engineering Center "Testmash"
Dr. Lew M. Klyatis
Director
Box 73
103055 Moscow, USSR

Phone: 250-8020
Fax: 258-7504

Dear Dr. Klyatis:

Thank you for your letter of July 3, 1991 and also for your organization's charter and other background materials. We are very pleased that Testmash and Kamaz wish to employ Steptoe & Johnson in a legal and business capacity in an effort to produce and market the new type of vibration test system developed by Testmash.

Based on Mark Davis's communications with us (you met Mr. Davis in Moscow several weeks ago), we understand that there are three types of services that you would want Steptoe & Johnson to perform. First, Steptoe & Johnson would help your organization to find a Western investor willing and capable of becoming a partner in the joint venture with Testmash and Kamaz. Second, Steptoe & Johnson would represent Testmash (and possibly Kamaz) in negotiations with the Western partner, provide tax and other legal and business advice, draft the necessary documents (such as a joint venture agreement, charter, technology licensing agreement, etc.), and help to register the joint venture. Third, if the parties to the joint venture wish, Steptoe & Johnson would provide legal advice to the joint venture or, if Testmash wishes, exclusively to Testmash. We agree that the above division of work is appropriate and believe that we can be of great use to you at every stage of the project.

As you probably realize, each of the above undertakings will require significant time and effort on our part. The second and third stages will be the most time consuming. However, even the first stage, in order to be success

注：信中主要提到了作者与 Steptoe & Johnson（美国）公司关于新型振动试验系统洽谈投资、税务以及法律和商业咨询等方面的内容。

图 6.30　Steptoe & Johnson（美国）公司为在西方市场生产由 TESTMASH 开发的新型振动试验系统而发出的信函第一页

（3）收到汽车行业其他美国公司的邀请，在他的指导下实施 ART/ADT 开发。

作者提出的发展加速试验的正面趋势（见第 4 章），不仅反映在许多研究和试验设施与出版物中，而且在作者的书里也是可以看到。在德国的公司能看到很多例子，这些德国公司表达了与作者合作的意愿（图 6.31～图 6.33）。

图 6.31　在德国：左起列夫·克利亚提斯博士，卡尔·申克公司的两名代表和苏联代表团主席 Y. Zukov

在苏联汽车部门代表团访问德国时，卡尔·申克公司展示了这样的一个时刻。在作者陈述后，卡尔·申克公司的代表写了一份协议，其中包括该公司对采用由作者开发的加速试验设备的特殊兴趣（见参考文献［1］中的协议）。之后，卡尔·申克公司派人去提醒作者，他们想要来莫斯科决定实施这个合作的细节（图 6.32）。

在苏联（以及后来的俄罗斯）加速试验的积极发展趋势（见第 4 章）被纳入了政府项目中，并提供了实施资金支持（有相应的俄文文件）。

作者来到美国后，他在加速试验方面的研究成果首先在农业机械上开发和实施，后来用于其他汽车和航空航天工程应用。

20 16 24
412116 SHMA SUT
20 16 39
412116 SHMA SU
784223Z NEMA DD FS-NR. 104 20.03.92 14.31 BU
04

TESTMASH MOSKAU
Z. HD. HERRN PROF. DR. KLYATIS

SEHR GEEHRTER HERR PROF. DR. KLYATIS'

- IM INTERESSE DER ZUSAMMENARBEIT MIT ''HERAEUS-VOETSCH'' PLANEN WIR EINE REISE ZU IHNEN NACH MOSKAU.
HIERMIT BITTEN WIR SIE PER TELEX AN UNSERE ADRESSE EINE EIN-LADUNG FUER DIE AUSSTELLUNG DES EINREISEVISUMS ZU SCHICKEN.

- REISENDE: HERR MICHAEL TERMOELLEN, GEB. AM 23.05.1959
HERR JUERGEN KAISER, GEB. AM 07.02.1944
- REISETERMIN: AB 05.04.1992
- REISEDAUER: MAXIMAL 10 TAGE

- BITTE ANTWORTEN SIE PER TELEX BIS ZUM 25.03.1992'
- WIR VERSUCHEN LAUFEND HERRN DR. FLIK ANZURUFEN, LEIDER BEKOMMEN WIR KEINE VERBINDUNG (AM 19.03.92 WURDE DAS TELEFONGESPRAECH NACH 2 MINUTEN GESTOERT). WIE KOENNEN WIR HERRN DR. FLIK IN MOSKAU TELEFONISCH ERREICHEN (DATUM, UHRZEIT)?

MIT FREUNDLICHEN GRUESSEN
J. KAISER
ABT. SERVICE
HERAEUS-VOETSCH-NEMA GMBH
NETZSCHKAU

412116 SHMA SU
784223Z NEMA DD

264

注：德国卡尔·申克公司想要来莫斯科决定关于加速试验设备实施相关合作的细节。

图 6.32 Herus-Voetsch 公司（德国）关于合作的传真副本

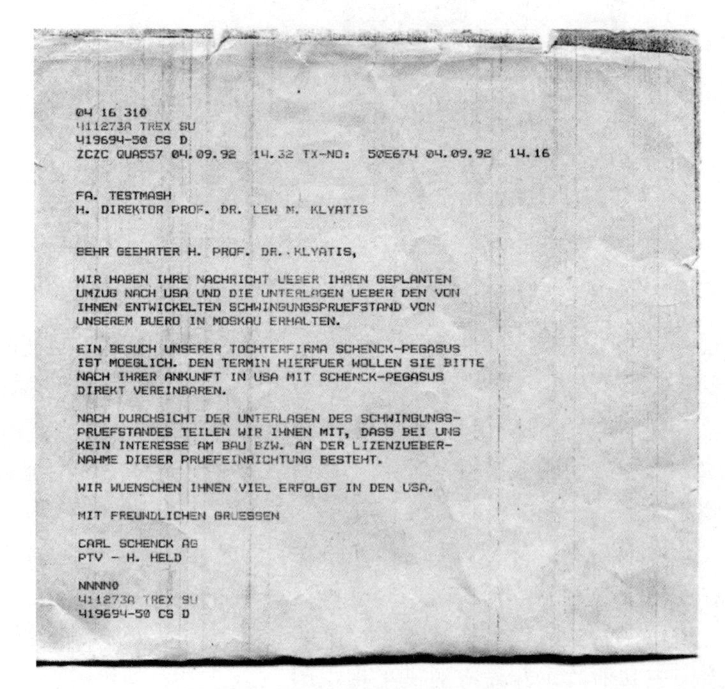

04 16 310
411273A TREX SU
419694-50 CS D
ZCZC QUA557 04.09.92 14.32 TX-NO: 50E674 04.09.92 14.16

FA. TESTMASH
H. DIREKTOR PROF. DR. LEW M. KLYATIS

SEHR GEEHRTER H. PROF. DR. KLYATIS,

WIR HABEN IHRE NACHRICHT UEBER IHREN GEPLANTEN UMZUG NACH USA UND DIE UNTERLAGEN UEBER DEN VON IHNEN ENTWICKELTEN SCHWINGUNGSPRUEFSTAND VON UNSEREM BUERO IN MOSKAU ERHALTEN.

EIN BESUCH UNSERER TOCHTERFIRMA SCHENCK-PEGASUS IST MOEGLICH. DEN TERMIN HIERFUER WOLLEN SIE BITTE NACH IHRER ANKUNFT IN USA MIT SCHENCK-PEGASUS DIREKT VEREINBAREN.

NACH DURCHSICHT DER UNTERLAGEN DES SCHWINGUNGS-PRUEFSTANDES TEILEN WIR IHNEN MIT, DASS BEI UNS KEIN INTERESSE AM BAU BZW. AN DER LIZENZUEBERNAHME DIESER PRUEFEINRICHTUNG BESTEHT.

WIR WUENSCHEN IHNEN VIEL ERFOLGT IN DEN USA.

MIT FREUNDLICHEN GRUESSEN

CARL SCHENCK AG
PTV - H. HELD

NNNN0
411273A TREX SU
419694-50 CS D

图 6.33 德国卡尔·申克公司发给本书作者的关于与美国 Schenck Pegasus 合作的传真副本

在他职业生涯的初期，他的工作很大程度上依赖于与西方国家同事的关系。但他之前的大部分出版物都是俄文的，没有英文版本。正因为如此，他作为试验领域的专家在美国几乎不为人知。为了支付费用，克利亚提斯博士开始在美国工作，起初是运送鱼（图 6.34）。这是一项体力要求很高的艰苦工作，在任何天气下都必须完成。无论是连绵的雨季，还是在夏天烈日炎炎之际，作者仍然需要按时步行把鱼送到顾客手中。

图 6.34　列夫·克利亚提斯教授和 Boris Ganelin 博士在美国的第一份工作

但是，在此期间，作者也通过在国家和国际会议上发表演讲、参加标准化委员会、与同事直接接触以及其他方式推进他的加速试验新方法。通过这样做，能够实施他的新方法，首先是在美国，然后是在全世界。

另一个关于作者如何筹集资金旅行以进一步发展他新想法的例子，可以在图 6.35 中看到他获得的研究赠款。考虑美国质量协会有超过 10 万名会员，而他们每年只颁发 8 个这样的研究资助奖，这是一项重大的成就。作者在两年的时间里，向 ASQ 报告了他的研究工作，他在美国生活的早期使用这笔奖金参加了世界大会、国际研讨会、学术交流会、先进的工业公司和大学、国际和国家委员会会议。在这些活动中，他通过在这些会议和研讨会上的演讲，教授参与者如何实施他的新方法，并开始与美国和其他国家的同事合作。

611 East Wisconsin Ave.
P.O. Box 3005
Milwaukee, WI 53201-3005
414-272-8575
Fax 414-272-1734
800-248-1946

May 29, 1998

Dr. Lev Klyatis
International Assoc. of Arts & Sciences, Inc.
17 Battery Place
7th Floor North, Rm 772
New York, NY 10004

Dear Lev:

It gives me great pleasure to inform you that the review committee has approved a grant for your ASQ Research Advisory Committee Research Fellowship proposal. Enclosed is a check in the amount of $ 5,000 which represents 50% of the total award. Another 25% will be paid upon receipt of your six-month progress report, and the remaining 25% upon receipt of the final report.

On behalf of the ASQ Research Advisory Committee, I offer my congratulations on your selection as a recipient and look forward to the resul[illegible]our work with great anticipation.

Sincerely,

Lawrence S. Aft
Chair
Research Advisory Committee

注：美国质量安全协会（ASQ）发来的关于作者 ASQ 研究咨询委员会研究奖学金计划审批通过的信件。

图 6.35　有关批准作者研究资助计划的资料

这些新想法和策略（见第 4 章）在美国的第一次实施是通过美国农业工程师协会（American Society of Agricultural Engineers，ASAE）、T-14 质量、可靠性和试验委员会。图 6.36 显示，作者被邀请作为协调员审查标准 EP-456 “试验和可靠性指南”，该标准需要更新以改进试验和可靠性技术。该标准的更新工作已经完成，更新后的标准已顺利投票通过。

作者曾被邀请担任 ECCOL 股份有限公司（美国）可靠性部门的负责人，在那里工作到 2009 年。在此期间，他开发并实施了 ART/ADT 技术，包括以下内容：

（1）发展了 ART/ADT 的理论和策略，包括新的想法。这些理论和策略通过演讲、工业公司研讨会、期刊文章（《质量工程》杂志、《可靠性评论》杂志、《系统工程中的可靠性、维修性和保障性》杂志（美国国防部）和其他）得以宣传实施。

（2）编写了最初的两本关于这些理论和策略的英文书籍，分别由纽约 Mir Collection 出版商（2002 年）和英国 Elsevier 出版商（2006 年）出版[4]。

Minutes of the ASAE T-14
Quality, Reliability, and Test Committee
Tuesday, 13th December 1994
11:30 am - 1:00 pm

Attendance:

Lawrence Ellebracht	Visitor	AGCO
David Jones	Member	Univ of Nebraska
Lev Klyatis	Member	New York
Ronald McAllister	Member	New Holland
Steve Newbery	Member	John Deere
John Posselius	Member	New Holland
David Sandfort	Visitor	J I Case

1: Meeting called to order at 11:30 am.

2: Minutes from December 1993 Winter meeting approved as submitted (noted corrections on spelling and wording on the first copy of minutes sent out last April. Corrected minutes are what was submitted to ASAE headquarters)

3: Old Business

David Jones led a discussion about T-14 sponsoring a book or monograph. It was decided that there is a need but details need to be worked out. Possible contributors may be authors making technical presentations at a technical session that T-14 may sponsor at the November Power and Machinery Conference. Immediate action was tabled for the time being.

T-14 is not sponsoring a technical session at the 1995 Annual Meeting (June 95). It was noted that there is going to be a technical session "Testing and Reliability" at the Machinery Conference to be held in Ceder Rapids, Iowa, in May 1995, further information about the program or who to talk to about getting on the program can contact committee member Steve Newbery. It was suggested that T-14 sponsor a session at the P&M conference to be held in Chicago, November 1995 by Ron McAllister (a coordinator for the program). John Posselius agreed to coordinate a session at the November meeting providing each committee member try to get a person to present a technical paper or report. If a paper is presented it would be considered for our monograph.

Lev Klyatis agreed to be the coordinator for rewriting EP-456. He will include discussions on additional testing and reliability techniques. John Posselius agreed to get help from headquarters in the form of rewrite procedures and a copy of the standard on disc to aide in the rewrite.

注：图中展示了质量、可靠性以及试验委员会 ASAE T-14 的会议纪要，主要讨论了几个旧问题：

（1）David Jones 发起了一场关于 T-14 赞助一本书或专著的讨论，与会者都认为是有必要的，但具体细节还有待解决。

（2）在 Ceder Rapids，Lowa 举行机械大会的“试验和可靠性”技术分会的具体讨论。

（3）作者同意担任重写 EP-456 的协调员。

图 6.36　ASAE T-14 质量、可靠性以及试验委员会会议纪要的第一页，可以看到作者被邀请作为协调员重写 EP-456 标准

Elsevier 的书包括了“有用的加速可靠性试验技术的发展趋势”（8 页）子章节，第 8 章“安全风险评估的基本概念”，由作者担任国际电工委员会（International Electrotechnical Commission，IEC）与国际标准化组织（International Organization for Standardization，ISO）“安全风险评估联合研究小组”专家的经验发展而成。

(3) 为 Black & Dekker, Co. , Ford Motors Co. , DaimlerChrysler 等公司担任顾问。

(4) 为美国工业公司实施 ART/ADT 技术提供循序渐进的实际帮助。

来到美国的几年后，作者在加州帕萨迪纳的 IEEE 加速应力试验研讨会上发表了题为“加速可靠性试验原理”的演讲。图 6.37 是来自研讨会上的照片。

图 6.37　从左至右：Paul Parker，IEEE 主席；IEEE 加速应力试验研讨会主席 Lev Klyatis，发言人；Kirk Gray，研讨会副主席，Pasadena，CA.

图 6.38 显示了他被任命为美国质量协会（ASQ）年度质量大会可靠性分委会的分会经理，这是对作者在可靠性和加速试验领域专业知识获得的认可。这是在他移民到美国仅仅 6 年后的事情。

在本次年度质量大会上，列夫·克利亚提斯会见了美国质量协会主席和中国质量协会主席（图 6.39 和图 6.40）。

后来，他为国际 SAE 聚焦航空航天可靠性标准化的 G-11 委员会在“可靠性试验”名下制定了一组 6 项标准。这些标准的草案版本在 SAE G-11 会议上被多次讨论。之后，作者被邀请到华盛顿特区霍尼韦尔办公室演讲。图 6.41 和图 6.42 显示了本书作者与该委员会的一组专家在该地点进行讨论后的情况。

June 8, 1999

Mr. Lev M. Klyatis
72 Montgomery St., #1311
Jersey City, NJ 07302

Dear Lev,

This letter is to confirm that you are appointed session manager for the Reliability Division's session at the 54th ASQ Annual Quality Congress, May 8-10, 2000 in Indianapolis, IN. Your task will be to find speakers for a one and one-half hour session on reliability at the conference. Speakers and yourself will receive complimentary registration to the conference, but no further expenses will be paid by ASQ or the Reliability Division.

I have attached copies of the tentative timeline for the conference. Any further information will be sent to you by ASQ headquarters.

Thank you for your participation.

Ronald L. Akers, P.E.
Chair – Reliability Division

Cc: T. Gurunatha

Headquarters　611 East Wisconsin Avenue　P.O. Box 3005　Milwaukee, Wisconsin 53201-3005　414-272-8575　Fax 414-272-1734　800-248-1

图 6.38　作者为第 54 届 ASQ 年度质量大会的可靠性部门会议指定会议经理的确认函

图 6.39　列夫·克利亚提斯博士与美国质量协会和中国质量协会主席，
美国质量协会第 56 届年度质量大会·丹佛

图 6.40　Nellya Klyatis，他多年来帮助列夫·克利亚提斯（Lev Klyatis）和 Harold Williams，担任《工程杂志》“可靠性评论”的执行编辑在丹佛第 56 届年度 ASQ 质量大会上，照片摄于美国质量协会展台

图 6.41　列夫·克利亚提斯博士是 SAE G-11 航空航天标准化可靠性委员会的与会者之一，在华盛顿霍尼韦尔国际公司的会议上发言

图 6.42　华盛顿特区航空航天可靠性和维修性专家组（SAE G-11 成员）。
左起第二名是列夫 · 克利亚提斯

由于这些以及他在航空航天工程测试开发和实践中的其他工作，作者获得了几个奖项，如图 6.43～图 6.45 所示。

SAE Aerospace
An SAE International Group
Leading Our World In Motion • 1905-2005

2004
SAE Aerospace
Awards

Presented in conjunction with the
World Aviation Congress
and the
Power Systems Conference

November 2-4, 2004
Reno Hilton
Reno, Nevada, USA

注：作者获得的 2004 SAE 航空航天大奖，该奖在世界航空航天大会和能源系统大会期间颁发。

图 6.43　SAE 航空航天大奖获奖者手册第一页

Terry C. Kessler
TK Consulting LLC

Terry Kessler is acknowledged for his work on Committee J and Chair of the OEM Subcommittee. He has led and coordinated OEM's and Manufacturers of Maintenance materials in efforts to develop improved products, standardize specifications and introduce new technologies. He has provided expertise and guidance to airline customers on many aspects of engine maintenance and inspection as a GE staff member for 30+ years. He has more recently been a member of the Engine Titanium Consortium with Iowa State University, investigating the relationships between overhaul and repair processes and is currently a member of the Centre for Aviation Systems Reliability project continuing that work.

Dr. Lev M. Klyatis
Eccol, Inc.

Lev Klyatis is recognized for his work on the Reliability, Maintainability, Supportability and Logistics (RMSL) Division (G-11) and the US TAG for IEC TC56 (Dependability) (Expert of the USA Technical Advisory Group for International Electrotechnical Commission), update and development of international standards in Dependability (Reliability, Maintainability, Availability). Klyatis developed a new approach to Accelerated Reliability Testing of mobility vehicles, accurate physical simulation of the entire complex of real life input influences on the actual automotive system, simultaneously and in a combination and accurate physical simulation of interactions among different field input influences as well as different components of the system. He also developed 11 basic steps of accelerated reliability testing technology, the methodology of specific accelerated testing such as vibration, corrosion, environmental and IEC international standards in dependability, including group of standards "Equipment Reliability Testing."

Stephen C. Lowell
Defense Standardization Program Office

Stephen Lowell is recognized for his work on the Aerospace Materials Division. Lowell took over chairmanship of the Aerospace Materials Division at a time when the committees were struggling with the proper assimilation of military specifications canceled as a result of Mil Spec reform. He led the committees through this difficult transition period, providing guidance and establishing policies to help facilitate the rapid word-for-word conversion of the documents and the subsequent adoption and full conversion to SAE standards. The new standards built on those old canceled Mil Specs reflect the latest technology and the technical excellence that is the hallmark of SAE Aerospace standards.

12

注：主要描述了作者在 SAE 可靠性、维修性、保障性和后勤（RMSL）分委会（G-11）与 IEC TC56（可信性）的美国技术咨询委（国际电工委员会美国技术咨询组专家）更新和编制可信性（可靠性、维修性、可用性）国际标准方面所做的工作而获得认可。他开发了一种新的机动车辆加速可靠性试验方法，能够精确地物理模拟整个复杂的真实输入同时和组合对实际汽车系统的影响，同时精确地物理模拟对不同外场输入之间以及系统的不同组元之间相互作用的影响。他还开发了加速可靠性试验技术的 11 个基本步骤、具体的加速试验方法，如振动、腐蚀、环境以及 IEC 可信性国际标准，包括一组“设备可靠性试验”标准。

图 6.44　SAE 航空航天大奖获奖者简介的第二页

在此期间，他在来自 TESTMASH 的同事 Yakhya Abdulgalimov 博士和 Yuriy Piatine 博士（图 6.46 讨论）继续讨论他来到美国后的新想法和 ART/ADT 战略发展。

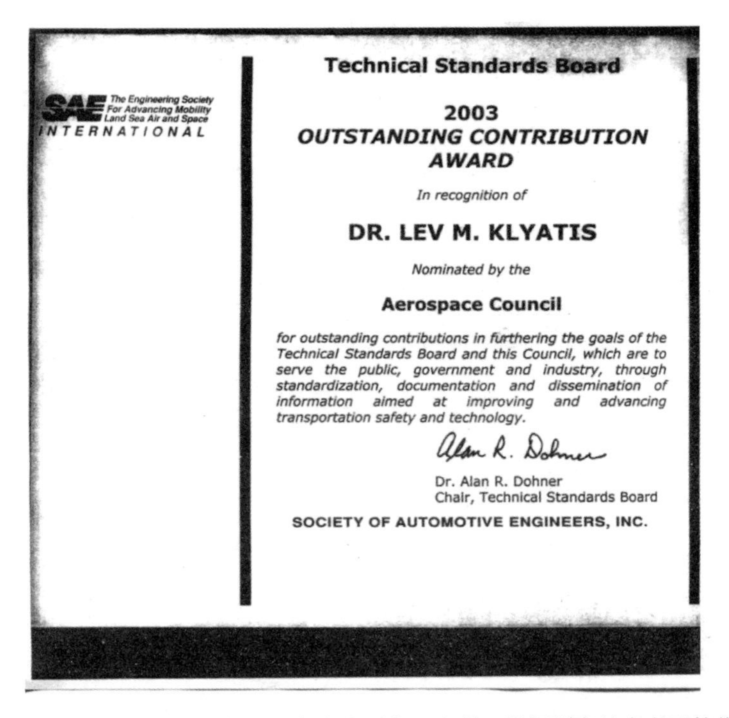

SAE The Engineering Society For Advancing Mobility Land Sea Air and Space
INTERNATIONAL

Technical Standards Board

2003
OUTSTANDING CONTRIBUTION AWARD

In recognition of

DR. LEV M. KLYATIS

Nominated by the

Aerospace Council

for outstanding contributions in furthering the goals of the Technical Standards Board and this Council, which are to serve the public, government and industry, through standardization, documentation and dissemination of information aimed at improving and advancing transportation safety and technology.

Alan R. Dohner

Dr. Alan R. Dohner
Chair, Technical Standards Board

SOCIETY OF AUTOMOTIVE ENGINEERS, INC.

图6.45　国际SAE航空航天理事会为列夫·克利亚提斯颁发的杰出贡献奖，表彰他通过标准化、文件编制和信息传播等方式，旨在改善和推进运输安全与技术，为进一步实现对公众、政府和工业服务的目标方面做出的杰出贡献

图6.46　Yuriy Piatine博士，他来自TESTMASH的同事，从加拿大来到列夫·克利亚提斯博士所在的美国去讨论发展加速试验的演变趋势。他们在观看他在美国第一年工作所获得的奖项

这种有关在发展加速试验过程中实施这些新想法的密切合作和讨论，最初是在苏联建立的，后来在美国得到进一步发展。自那以后，它们已在世界各地得到实施。本章的开头已审查了这种实施的形式。

作为美国加速试验专家，他被任命为国际电工委员会 TC-56 可信性技术委员会的美国代表（图 6.47）。

United States National Committee of the International Electrotechnical Commission
A Committee of the American National Standards Institute
25 West 43rd Street Fl. • New York, NY 10036 • (212)642-4936

FAX: (212)730-1346
(212)302-1286 (Sales Only)

24 September 2001

Mr. Lev Klyatis
ECCOL Incorporated
72 Montgomery Street, #1311
Jersey City, New Jersey 07302

Subject: Delegate Accreditation Letter

Dear Mr. Klyatis:

The U.S. National Committee of the IEC is pleased to confirm your appointment to the USNC delegation for the announced IEC/TC 56 meeting. An Accreditation and Identification Card is enclosed for your use. Also, a USNC/IEC logo pin will be mailed to you shortly.

As you know, at this meeting you will represent the USNC/IEC. The positions on the technical agenda items will have been determined by the US Technical Advisory Group. Positions on policy and administrative matters should be developed in consultation with the USNC office. This will assure a unified US position at all levels of the IEC organization. For your information also please find the website link to the booklet "Guide for U.S. Delegates to IEC/ISO Meetings."
http://web.ansi.org/public/library/intl_act/default.htm

The USNC is grateful to you and your employer for agreeing to support the voluntary standards system and for your willingness to present US positions to IEC.

Sincerely,

Charles T. Zegers
Charles T. Zegers
General Secretary, USNC/IEC

CTZ:dn

Copy to: J.A. Miller, TA
N. Criscimagna, DTA
P. Kopp, GM

注：图中展示了国际电工委员会美国全国委员会、美国国家标准协会发给作者的美国全国委员会代表资格的认可信。

图 6.47 作为在 IEC 可信性技术委员会代表美国的一个专家，列夫·克利亚提斯代表美国的资格认可信，他的方法被纳入国际标准

由于这项工作，他在发展加速试验方面的一些想法和方法通过采用国际标准化和与不同国家专家的会晤得以实施。

在他与 TC-56 技术委员会的工作期间，这项工作被美国、中国、澳大利亚、德国和其他国家所采纳，中国的代表对落实作者的想法特别感兴趣。

作者的加速试验包括与不同国家的同事进行讨论。

通过访问许多公司的试验中心进行咨询工作，并观察他们的试验技术，特别是底特律的大型工业公司，如底特律柴油公司、福特汽车公司、卡尔·申克公司、马丁·洛克希德公司、霍尼韦尔公司的试验技术，他能够细化和改进自己的理论和策略。在 SAE 世界大会期间，他担任分会主席、ASQ 会议经理，以及质量出版社的评论员，并研究技术文献，在分析工作中发挥了重要作用。在本书中，作者能够分析当前试验技术的进展速度，并将其与几十年来设计和制造技术的进展，以及不同国家和公司加速试验的趋势与发展进行比较。

这些活动帮助他更好地理解这些趋势并对其进行分析，从而建立和实施进一步发展加速试验的新想法。这些关于加速试验的结果可以在英语版参考书[1-5]，以及他在不同国家的 30 多项专利、英文文章和英文论文[8-32]及其他语言撰写的论文中找到（总计 300 多份出版物）。

实施加速试验的更有效手段之一，特别是加速可靠性和耐久性试验，是通过作者与工业公司（福特汽车、布莱克和德克等）举办的小组研讨会，以及由美国质量学会组织的研讨会（图 6.57 和图 6.58）。这些研讨会是专门用来分析这些公司用于加速试验的方法和设备的，并展示这些公司如何提高其试验的有效性。

在北京举行的 IEC 会议上，作者在发展加速试验方面获得了中国政府的杰出成就奖。这可以在参考文献［1］中看到。关于这个奖项有一些争议，因为他是美国代表团中唯一获得这个奖项的人，美国代表团团长质疑为什么他是唯一获得这个奖项的人，而没有其他人，包括代表团团长。当中国政府代表梅文华博士（IEC T-56 的中国代表，涉及航空航天领域）要求作者提交他的著作《成功加速试验》用于在中国实施时，答案变得很明显了，他也这样做了。第二年，在澳大利亚，梅文华博士通过他的同事向克利亚提斯博士展示了他的新书《可靠性增长试验》（图 6.48 和图 6.49）。

图 6.48　在北京（中国）会议期间，会上展示了他的第一本英文书《成功加速试验》

国际电工委员会	国际电工技术有限公司 委员会 技术委员会 No. 56 可靠性 工作组 2：工作方法	56/WG2/PT2.8　2001 年 1 月

项目 2.8：　IEC60300-3-1 的修订版
日期：　2001 年 1 月 20 日，费城
地点：　马里特市场街 1201 号
　　费城，宾夕法尼亚州 19107，美国
　　电话：+1-215-625-2900
　　传真：+1-215-625-6101
　　房间：406（10:00-17:00）

1. 会议开始
2. 议程批准
3. 当前的成员身份

Prof. Bobbio, Andrea	Italy	T. +39 01 1670 6742	bobbio@di.unito.it
Dr. Braband, Jens	Germany	T. +49 531 226 3231	Jens.Braband@vt.siemens.de
Mr. Jones, Jeffrey A.	United Kingdom	T. +44 / 1203 572 616	jones_j@wmgmail.wmg.warwick.ac.
Mr. Kleinrath, Peter	Austria	T. +43 5 1707 35918	peter-viktor.kleinrath@siemens.at
V Dr. Klyatis, Lev	USA	T.	lev-nellya-klyatis-1-assoc@worldnet.att.net
Ms. Krasich, Milena	USA	T. +1 508 766 1134	Milena_Krasich@bose.com
Mr. Lohmar, John William	USA	T. +1	lohmarjw@navsea.navy.mil
Dr. Masuda, Akihiko	Japan	T. +81 554 63 6956	amasuda@ntu.ac.jp
Mr. Midgette, William H.	USA	T. +1 301 443 2536 ext 12	whm@cdrh.fda.gov
Mr. Miller, John A.	USA	T. +1 714 842 4776	millerja@earthlink.net
Mr. Sateesh, Kris	USA	T. +1 / 941 739 4229	kris.sateesh@edwards.spx.com
Mr. Schwarz, Erich	Germany	T. +49 89 636 48696	erich.schwarz@mchp.siemens.de
Dr. Turconi, Giorgio	Italy	T. +39 02 4388 8195	giorgio.turconi@italtel.it
Dr. Walls, Lesley	United Kingdom	T. +44 141 548 3616	lesley@mansci.strath.ac.uk
Dr. Wild, Antonin	Canada K2H 7X7	T. +1 613 820 0410	tonywild@echelon.ca
Mr. Loll, Valter	Denmark	T. +45 20 73 01 15	Valter.Loll@nmp.nokia.com

4. 56min的确认会议的记录（WG2/PT2.8）03（洛杉矶会议）
5. 关于 IEC 60300-3-1 修订版的进一步工作
6. 修订时间表、工作分配
7. 下次会议的日期和地点
8. 会议结束

图 6.49　IEC 60300-3-1 国际标准 IEC TC-56 工作组方法会议议程第一页

这本书是用中文写的，包括一个目录如下：

第 1 章　可靠性增长简介
　1.1　可靠性增长的基本概念
　1.2　可靠性增长技术的发展历史
　1.3　可靠性增长的有效性
第 2 章　可靠性增长试验
　2.1　可靠性增长试验计划
　2.2　可靠性增长试验的准备工作
　2.3　可靠性增长试验的轨迹
　2.4　可靠性增长试验的结束
第 3 章　Duane 模型
　3.1　介绍
　3.2　Duane 模型的数学描述
　3.3　Duane 模型的绘图分析
　3.4　Duane 模型的最小二乘估计
第 4 章　AMSAA 模型
第 5 章　多产品的 AMSAA 模型
第 6 章　改进的 Compertz 模型
第 7 章　电子产品的可靠性增长工程

在澳大利亚悉尼举行的 IEC 技术委员会 T-56 会议是一个非常有趣的会议，因为它涉及来自其他不同国家的专家（图 6.50 和图 6.51）。尤为重要的是，T-56 委员会主席 Loll 先生建议本书的作者编写 IEC 可靠性试验标准草案时，这一点尤为重要。克利亚提斯博士同意起草一项标准，由 SAEG-11 航空航天设备可靠性试验委员会实施（见本书第 7 章、第 8 章和参考文献［2］）。

作者推进加速试验的正面发展趋势的另一种形式（见第 4 章）是在大型工业公司和专业协会举办研讨会，以及与福特汽车公司、NISSAN、丰田和其他公司的试验专业人员与最高管理层举行咨询会议。

例如，日本 Jatko 有限公司副总裁高桥在 2013 年世界大会上会见了克利亚提斯博士。在阅读了他的书籍和论文后，他对在其公司实施加速可靠性和耐久性试验（ART/ADT）非常感兴趣。

高桥在作者面前展示其 WILEY 2012 版著作《加速可靠性和耐久性试验技术》时，他说，他和他的试验专家都研究过这本书，并希望了解更多与这些试验相关问题的详细说明和答案。他们约好，将在第二年的 SAE 世界会议上会面。由于克利亚提斯博士不能前往日本，他为日本有限公司举办一个特别研

图 6.50　IEC TC-56 专家组来自不同几个国家（澳大利亚悉尼），右一为作者

Page 1 of 2

Main Identity

From: <mjc@iec.ch>
To: "Siegfried RUDNIK" <siegfried.rudnik@siemens.com>; "G C ALSTEAD" <alstead@gca-con.demon.co.uk>; "Yoshinobu SATO" <yoshi@e.kaiyodai.ac.jp>; "Lev KLYATIS" <lklyatis@agoron.com>; "Charles SIDEBOTTOM" <Charles.Sidebottom@Medtronic.com>; "Ron BELL" <ron.bell@hse.gsi.gov.uk>; "Friedrich HARLESS" <Friedrich.Harless@siemens.com>; "Hartmut KROSIGK, VON" <hartmut.krosigk@siemens.com>; "H HUHLE" <huhle@zvei.org>; <roger.david@cramif.cnamts.fr>; <nicola.worsell@hsl.gov.uk>
Cc: <#TC44@iec.ch>; <#TC56@iec.ch>; <#TC62@iec.ch>; <#TC65@iec.ch>
Sent: Thursday, July 29, 2004 9:29 AM
Attach: acos-jsg-iso-da-final.doc; acos-safety-risk-assessment-experts.xls
Subject: ACOS - Safety aspects of risk assessment - Joint study group with ISO - Draft agenda

Subsequent to my e-mail of 2004-06-11 inviting you to participate in the first meeting of the above mentioned joint study group with ISO organised for 2004-09-08 (for further information see document ACOS/312/AC), please find attached the draft agenda.

As the meeting documents are a series of publications, I will be sending them to you in a zip file in a second e-mail because the size of the file at 11.9 MB might block your e-mail system.

If this is the case, then a ftp server site has been created as an alternative route for downloading the meeting documents.
Details on the ftp server site are given below :
Server name : ftp.iec.ch
Members :
- username: memacjsg
- password: brighton
The procedure for using the ftp site is available in IEC's Bits&Bytes vol. 22
http://www.iec.ch/support/bbyte/vol2201/bb_vol2201.htm

You will also find attached an Excel spread sheet with the members invited to participate in the ACOS joint study group, please could you :
a) confirm your participation and obtain your NC's approval, if this has not been already done. Noting that for the IEC members, NC's approval should be sent to me directly as unfortunately ACOS groups are not incorporated in the recently, created Experts Management System.
b) confirm your participation at the first meeting again for those of you who have not done so.

If you have any questions, then please do not hesitate to contact me.

Thanking you in advance for your co-operation and looking forward to meeting you in Frankfurt on 2004-09-08.

Regards,

Michael J. Casson
ACOS Secretary
IEC CO

(See attached file: acos-jsg-iso-da-final.doc)(See attached file: acos-safety-risk-assessment-experts.xls)

8/4/2004

注：图中展示了 ACOS 公司秘书 Michael J. Casson 邀请作者参加 ISO 研究小组会议的具体事宜。

图 6.51　邀请列夫·克利亚提斯成为 IEC/ISO 安全评估安全方面联合研究小组专家成员的信函

讨会。如同次年的大会，一些出席本届大会的专业人士（其中一名见参考文献［1］中图4.28），还有柴滨山先生（图6.56）与日产的两名高级经理一起参加了研讨会，讨论了他们公司的试验改进和ART/ADT的实施。这次研讨会在大会期间举行（图6.56）。

作者对工业企业加速试验开发知识的实践应用诸多例子中的另一例是通过他为高级管理人员、工程师和管理人员准备专题研讨会并在会上做报告。

在SAE大会上，本书作者在演讲后与美国丰田技术中心汽车性能开发总经理小石一子和一群丰田经理举办了一次研讨会，他们参与了长期质量和可靠性试验和改进（图6.52~图6.54）。

	航空航天局 请求继续使用 WIP>5 年
提出申请的日期：	[04/29/2013]
咨询委员会：	第11国集团，可靠性委员会
文件编号：	JA 1009
文件名称：	可靠性测试
WIP 启动日期：	1998
WIP 类型：	新
文件发起人：	Lev Klyatis
委员会主席：	Chris Sautter

当前 WIP 状态

问题	答案/技术说明
总结最近的活动（包括日期）	在2007年秋季G-11会议上，列夫·克利亚提斯（Lev Klyatis）博士建议JA 1009可靠性试验标准作为6个标准的综合体，如同IEC和ISO针对复杂标准通常的做法那样。克利亚提斯博士在2011年秋季G-11会议上提出了以下6项标准的摘要： （1）JA 1009/A—定义（主要是以下5个标准的具体定义）。 （2）JA 1009/1—策略（通用组元和特定组元）。 （3）JA 1009/2—程序（可靠性试验技术的逐步设计）。 （4）JA 1009/3—设备（设备及其零部件的要求）。 （5）JA 1009/4—将可靠性试验结果与使用寿命期间的真实结果进行比较的统计准则。 （6）JA 1009/5—可靠性试验数据的收集和分析，提出改进试验对象可靠性和生命周期费用的建议
该文档是否已进行了投票表决？	已投票表决

图6.52　作者提出的共同标题为“可靠性试验”的6项标准组合体投票获得通过

Gmail - Minutes from G-11R Breakout session　　Page 1 of 2

lev klyatis< klyatislm@gmail.com>

Minutes from G-11R Breakout session
1 message

Lesmerises, Alan< Alan.Lesmerises@standardaero.com>　　Thu, Dec 6, 2012 at 4:46 PM

To: "Bartlett, James K AMRDEC" <james.k.bartlett@us.army.mil>, "McGill, Jennifer AMRDEC" <jennifer.r.warren@us.army.mil>, lev klyatis <klyatislm@gmail.com>, "Gorelik, Michael (MCOE)" <Michael.Gorelik@honeywell.com>, dan.k.fitzsimmons@boeing.com
Cc: Kevin Thompson <kevin.thompson@honeywell.com>

I drafted some notes on what we did during the G-11R breakout session so Kevin can compile a set of minutes for the meeting. Please take a look and let me know if I missed something significant or if you see any errors:

The G-11R Breakout Session

Attended by:
Mike Gorelik (Chairman)
Dan Fitzsimmons
Lev Klyatis
Alan Lesmerises
Jennifer McGill

The G-11R team met to discuss the latest set of edits for JA1009, prepared by Jim Bartlett & Jennifer McGill (a marked-up copy of the document had been provided prior to the start of the meeting). Before discussing specific changes made in the latest revision of the document, the team debated the overall approach for the Reliability Testing related documents being planned, including JA1009. Dr Klyatis explained his vision for having a set of related documents, each addressing different aspects of Reliability Testing (starting with a glossary, then moving onto requirements for testing, methods for accurate prediction, etc.). However, after considering a number of factors relating to the glossary (its utility to users, the cost of having a document separate from the existing list of R&M terms, the potential overlap of terms defined between the two glossaries, etc.), the team eventually agreed that folding the terms currently shown in JA1009 into a single glossary (ARP5638) would make the most sense.

The team then went through the edits in the marked-up copy (provided by Jim) and discussed the proposed changes. The team was able to review and approve the changes through paragraph 3.4 before we had to wrap up on the second day. Before we concluded, Dr Klyatis said he accepted the proposed changes in the remainder of the document (at least a few of the other team members had not yet reviewed all of the other changes).

Thanks.

Alan L. Lesmerises, MS, CRE
Reliability & Life Cycle Management Engineer
StandardAero Engineering Services
3523 General Hudnell Dr.
San Antonio, TX, 78226
United States of America
Office: +1.210.334.6187
Fax: +1.210.334.6181

https://mail.google.com/mail/?ui=2&ik=eb6487a3ec&view=pt&search=inbox&th=13b72...　06.12.2012

注：该会议纪要记载了关于G-11R小组开会讨论JA 1009的最新改动，在讨论最新版本的具体修改之前，团队讨论了计划的可靠性测试相关文件的总体安排，包括JA 1009。作者解释了他采用文档系列的想法，每个文档都涉及可靠性测试的不同方面（词汇表、测试要求、准确预测的方法等）。然而，在考虑了与术语表相关的一些因素之后，该小组最终同意，将目前在JA 1009中显示的所有术语合并成一个单一的词汇表（ARP5638）。然后，小组进行了带标记的副本编辑，并讨论了拟议的修改。在讨论结束之前，作者接受了文件其余部分中提出的修改提议。

图6.53　来自G-11R纪要，可靠性试验中的标准化

DEC 17 '01 10:35 FR SMALL CAR PLATFORM　248 576 2017 TO 61201200942　P.01/01

DAIMLERCHRYSLER

DaimlerChrysler Corporation

December 14, 2001

SAE G-11 Probabilistic Methods Award Committee
400 Commonwealth Drive
Warrendale, PA 15096

Dear Sirs:

I would like to nominate for the Probabilistic Methods Award the work of Dr. Lev Klyatis as described in the paper *METHODOLOGY OF SELECTING INPUT INFLUENCES PROBABILITY CHARACTERISTICS OF THE REPRESENTATIVE REGION FOR ACCELERATED TESTING*. The process described in the paper overcomes a significant issue with accelerated life testing that has hampered its acceptance is the design and development community, namely the ability to simulate the multitude of real life influences and their variance under field conditions. If all the proper influences are not simulated, there may be errors in the simulation process, especially with regard to the influences that have not been correlated to real data.

Dr. Klyatis's seven (7) step process provides a way of determining the representative field region under which testing or simulation may be conducted to assure the adequacy of the input variables. Such an approach would be invaluable from the standpoint of resource and time savings.

Here at DaimlerChrysler we strive not to conduct excessive testing while at the same time to be able to assure that our designs meet our customer's expectations and wants. We are constantly open to new methods of simulation and testing that will simultaneously reduce valuable resources and demonstrate that we meet design objectives. The work of Dr. Klyatis employs probabilistic methods and concepts to help us achieve this result. We feel that his work is deserving of the Probabilistic Methods Award from your committee.

Please feel free to contact me if you have any questions regarding this nomination.

Respectfully submitted,

Richard J.Rudy
Senior Manager – Product & Process Integrity
Corporate Quality
DaimlerChrysler Corporation
Phone: 248.576.2832
FAX: 248.576.2017
tjr11@dcx.com

注：戴姆勒-克莱斯勒公司给作者的一封信。其大体内容是：“我想为列夫·克利亚提斯博士提名概率方法奖。他的论文是‘选择输入的方法影响加速测试的代表区域的概率特征’。论文中描述的过程克服了加速寿命测试的一个重大难题，该难题影响了设计和开发人员对加速寿命测试的接受度，以及在现场条件下模拟众多实际影响的能力。若没有模拟所有相关的影响，则在模拟过程中可能会出现错误，特别是对于与实际数据无关的影响。克利亚提斯博士的 7 步过程提供了一种确定代表性外场的方法，在该方法下可以进行测试或模拟以确保输入变量的充分性。从节省资源和时间的角度来看，这种方法将是无价的。在戴姆勒-克莱斯勒，我们努力不进行过多的测试，但同时能够确保我们的设计满足客户的期望和需求。我们不断采用新的模拟和测试方法，这些方法将减少对宝贵资源的需求，并且能证明我们满足设计目标。Klyatis 博士的工作采用概率方法和概念来帮助我们实现这一效果。我们认为他的工作值得贵委员会颁发概率方法奖。”

图 6.54　戴姆勒-克莱斯勒公司认可新概念和加速试验方法的一封信

作者在他的实践中经历了许多类似的例子。其中之一是为福特汽车公司的专业人士举办的研讨会（图 6.55）。这次研讨会的邀请是他在可靠性和维修性年会（RAMS）上发表演讲的结果。

TRENGS IN DEVELOPMENT OF ACCELERATED RELIABILITY TESTING

(Seminar for FORD Motor Company, April 14, 2010).
Instructor Dr. Lev Klyatis (Director of Quality & Reliability ERS Corporation, Head of Reliability Department ECCOL, Inc.)

• Development techniques and equipment for more accurate simulation of real life input influences.

• Step-by-step development less expensive equipment for simultaneous combination of real life basic input influences.

•Development Accelerated Reliability Testing, which offers the possibility to obtain directly the information for accurate prediction of reliability.

• Rapid obtaining accurate information for analysis the reasons of degradation mechanism and failures.

• Development the product quality through Accelerated Reliability Testing. Its specific.

• Development of accelerated analysis of the climate influence on the new product reliability.

What is ART development? It is when you have more opportunities for:

a) rapid finding of product elements that limit the product quality and reliability;
b) rapid finding of the reasons for the limitations;
c) rapid elimination of these reasons;
d) rapid elimination of product over-design (cost saving) to improve the product quality and reliability.
e) increasing product quality and reliability, therefore resulting in a longer warranty period.

This way is less expensive and offers more opportunities for rapid product reliability improvement.

It is essential to simulate real life input influences on the product accurately for ART. If we cannot simulate real life influences accurately, we cannot perform ART and rapidly improve our product reliability.

The author working in this direction and describes below how one can use it.

One can use the above for development technology of ART

1. Determination the failures that limited the product reliability and quality.
2. Finding the location and dynamic of mechanism development of the above failures (degradation).
3. Finding the reasons of the above failures.
4. Elimination of these reasons.
5. Increasing of reliability and product quality.
6. Increasing the warranty period of the product.

For the above ART implementation one needs accurate simulation real life influences on the actual product.

注：大纲的主要内容是：

（1）加速可靠性试验的发展趋势。其包括开发技术和设备、加速可靠性试验方法、快速获取准确的信息、通过可靠性加速试验提高产品质量、气候对新产品可靠性的影响等。

（2）什么是 ART 开发？关于 ART 开发的介绍：

① 快速发现限制产品质量和可靠性的产品要素。

② 快速找到限制的原因。

③ 迅速消除这些原因。

④ 快速消除产品过度设计（节约成本），以提高产品质量和可靠性。

⑤ 提高产品质量和可靠性，从而延长保修期。

（3）对于 ART 来说，准确模拟现实中对产品的输入影响至关重要。

（4）作者是如何使用上述进行 ART 开发技术的。

图 6.55　作者为福特汽车公司参与试验领域工作的专业人员举办的研讨会大纲

除了这些已知的事件，作者不可能熟悉其技术的所有实施情况。其中的一个基本原因是，当他来到美国时，他没有为这些新发明申请专利，而是以公开形式包括在他的80多本英文出版物中。任何读过这些出版物的人都可以免费使用这些创新。这与作者之前在苏联、乌克兰和俄罗斯生活期间的情况非常不同，他在那里获得了30多项专利。这些专利在国际上得到了美国、德国、法国、保加利亚和其他国家的认可。

在准备本书时，作者从搜索互联网（Klyatis Lev M.，WORLDCAT身份）得知，这些出版物存在于1913年的大型图书馆，其中包括：

（1）《加速可靠性和耐久性试验技术》（WILEY，2012年）；作者：列夫·克利亚提斯。出版了14个版本，在全球645个WORLDCAT会员图书馆保存。

（2）列夫·克利亚提斯的《质量和可靠性加速解决方案》一书第16个英文版本（Elsevier出版于2006年），由全球356个WorldCat会员图书馆持有。

（3）由列夫·克利亚提斯和爱德华·安德森撰写的《可靠性预计和试验教科书》一书（Wiley出版于2018年）第5个英文版本，于2018年出版，出版后由全球158家WorldCat的会员图书馆保存数月。

（4）由列夫·克利亚提斯撰写的《产品性能：质量、可靠性、耐久性、安全性、维修性、生命周期费用、利润等的成功预计》（SAE国际出版）；第5版于2016年出版英文版，由522家在全球范围内的WorldCat会员图书馆持有。

图6.58~图6.66展示了有关在ASQ研讨会和SAE国际大会期间落实可靠性和耐久性加速试验的研讨会方案。从2012年开始，在这些大会期间，举办了题为“可靠性和耐久性加速试验技术发展趋势”的专题技术会议，作者被邀请担任会议主席。

作者曾多次担任世界大会、各种世界会议、国际年度研讨会的专题会议组织者和专题会议经理，以及书籍和期刊出版商的评审委员会成员、会议主席和主持人（(图6.61和图6.62）和其他书籍[1-2]），作者进一步证明了评论过程中发挥的重要作用，在发展和实施加速试验在汽车与航空航天工程的正面和负面方面。不幸的是，这些经验也表明，在这些过程中，在审查过程中发挥的基本作用往往只是定量方面，而这些活动的审查和组织对质量的关注少得多。因此，这些活动所带来的好处仍然比出席的专业人员所能得到的要少。

这一过程中的弱点对汽车和航空航天工程新解决方案的实施过程产生了负面影响，包括加速试验。

Information for the meeting with Nissan and Jatco Ltd. representatives.

A. ART/ADT implementation for accurate prediction of product quality, reliability, durability, safety, and human factors needs System of Systems approach which can be successful with using only interdisciplinary team. This is long term work for planning our collaboration. We have team of high level experts in advanced testing, prediction, medical, software, physical, design, and others who can provide consultant work for any industrial company.

B. Regarding Nissan's representatives questions:

1. Short answer see in slides 31 and 34 of "Chat with the Expert" (Keynote Speaker Dr. Lev Klyatis) at the SAE 2012 World Congress. Wide answer sees in Dr. Klyatis's whole Chat... and books published by Elsevier (Oxford, UK, 2006) and Wiley (US, 2012). These books include overview of 241 references over the word in the first book and 257 references in the second book
The above slides can be described in more detail during our meeting April 25, 2012.

2. This question relates to our expert who is Dr. of Medical Science, professor who works together with Dr. Lev Klyatis. He said that any specific problem solution in human factors and safety can be considered during detail program of our consultant work for implementation for Nissan of ART/ADT as a key factor for accurate prediction of product quality, reliability, safety, and durability.

3. Correlation of failure mode and failure mechanism is old criteria that cannot be useful for accurate prediction of the product life cycle cost, quality, reliability, and durability. One can see the results of use these criteria, for example, in a lot of recalls (relates to Nissan also) that leads to higher cost, lower safety, lost time than was predicted during design and manufacturing. For more detail understanding this problem, one needs to study real problems in automotive industry (and not this industry only) of inaccurate prediction, read carefully both mentioned Dr. Lev Klyatis's books, as well as his other dozens publications.
We can show, as examples, that many companies want to save money and time for product testing, therefore use simple vibration testing (sometimes call them "durability testing"), without calculation how much money will be loss for subsequent processes after this testing. We can show also, as examples, that many companies use vibration testing for mobile product in one degree of freedom, instead of six degrees of freedom as in real world, then loss a lot of money for improvement the low quality of their product. One more example from vibration testing: one uses sinusoidal load inputs instead of random load inputs as in real field. It is cheaper, but one does not want to understand that the companies will loss much more money for subsequent procedures. The recall is one from basic result of inaccurate simulation of real life for testing during design and manufacturing, inaccurate evaluation then prediction. This is only one from many problems from poor testing.
Finally, company has several times less profit that was predicted during design and manufacturing (see examples about above in Dr. Klyatis's books).

注：图中主要介绍了作者与日产和加特可代表会面的信息：

A. 要实施 ART/ADT 来准确预测产品质量和可靠性、耐用性、安全性和人为因素需要系统化的方法，这只能通过跨学科团队才能成功。这是规划我们合作的长期工作。我们拥有高水平的试验、预测、医疗、软件、物理、设计等方面的高级专家团队，可以为任何行业的公司提供顾问工作。

B. 关于日产代表的问题：

1. 简短回答见在 SAE 2012 世界大会上“与专家聊天”的幻灯片第 31 和第 34 页（主讲人是列夫·克利亚提斯博士）。详细的回答见克利亚提斯博士的整个谈话内容……以及爱思唯尔（英国牛津，2006 年）和 Wiley（美国，2012 年）出版的书籍。这些书包括第一本书中的 241 个参考文献和第二本书中的 257 个参考文献的概述。

上述幻灯片可以在 2012 年 4 月 25 日的会议上有更详细的描述。

2. 这个问题与我们的专家有关，他是医学博士，与列夫·克利亚提斯博士一起工作的教授。他说，在实施日产的 ART/ADT 时，人为因素和安全方面的任何具体问题解决方案都可以在我们的顾问工作详细计划中作为关键因素考虑，以准确预测产品质量、可靠性、安全性和耐用性。

3. 分析失效模式与失效机理的相关性是陈旧的手段，无法准确预测产品生命周期成本、质量、可靠性和耐久性。

人们可以看到使用这些手段的结果。例如，在许多召回（也与日产有关）中，导致成本更高、安全性更低、时间损失比设计和制造过程中预测的要高。为了更详细地了解这个问题，需要研究汽车行业（但不仅仅是这个行业）预测不准确的真实问题，仔细阅读列夫·克利亚提斯博士的书，以及他的其他几十篇著作里提到的内容。

我们可以举些例子，很多公司为了节省产品试验的费用和时间使用简单的振动测试（有时称为“耐久性测试”），而没有计算这个试验之后的后续过程会损失多少资金。我们还可以举例说明，许多公司对移动产品使用 1 个自由度的振动测试，而不是现实世界中的 6 个自由度，然后损失大量资金来改善他们产品的低质量。振动测试的另一个例子：人们使用正弦负载输入，而不是像在实际现场中那样使用随机负载输入。它更便宜，但人们想不明白公司将在后续损失更多的资金。此次召回是设计和制造过程中测试模拟不准确、评估不准确、预测不准确的基本结果。这只是不良测试造成的众多问题之一。

最后，公司的利润仅为设计和制造过程中预测的几分之一（参见克利亚提斯博士书中的上述示例）。

图 6.56 （作者）与日产和加特可株式会社的高管会面交流的咨询信息

Dear Dr.Lev Klyatis

From Nissan, 2 persons are going to attend the meeting.

Mr. Kaoru Onogawa
Expert Leader , Powertrain Engineering Division

Mr. Shigao Murata
Expert Leader , Powertrain Engineering Division

Expert leaders are the most high position as engineers in Nissan.
They report to directly to board Member , repot to Fellow (Similar to CTO ,Chief Technology Officer))

Mr Onogawa has grown in Engine Department, and Mr. Murata has grown in Drive train Department.

Best Regards

Takashi Shibayama

注：图中展示了参加会议的日本公司代表，包括动力总成工程部专家负责人小野川薰先生、动力总成工程部专家负责人村田志雄先生以及他们负责的事项。

图 6.57　日本加特可株式会社（Jatco Ltd.）副总裁 shikashi Shibayama 为列夫·克利亚提斯与该公司高管举办咨询会议方面的信息

图 6.58　美国质量协会（ASQ）组织的宣传册扉页，作者产品加速试验研讨会

ACCELERATED TESTING OF P

This one-day course will provide the foundation for designing a successful accelerated testing program (AT) so as to achieve high quality and reliability in existing products and future designs.

Seminar participants will learn:

- why current technique and equipment for AT give no more than 20-30 % of possible benefits;
- why the simulation of real life influences is usually not accurate for a high level of correlation between AT results and field results;
- how one can obtain maximum correlation;
- how engineers and managers can find and eliminate causes for failures and degradation of product quickly and at lower costs.

Course participants will also learn to apply AT to:

- shorten product time to the market,
- reduce design and product development cycle time , warranty costs, and minimize customer returns.

Accelerated testing is applicable to: mechanical, electro-mechanical, electronic, hydraulic and other devices used in Automotive, Railroad, Aerospace, Marine, etc.

Benefits of Attending:

By completing this seminar, you will know:

- Trends in development of AT.
- How to choose the successful AT method for your application.
- Proper test equipment selection for your process.
- How to utilize your existing test equipment.
- How to evaluate accelerated testing results.
- How to implement advanced and less expensive techniques to increase the product warranty period.
- Participants will receive Dr. Klyatis's new book "Successful Accelerated Testing".

Seminar Basic Content

- Introduction to successful accelerated testing (AT).
- The strategy for creating successful AT.
- Physical simulation of real life input influences on the product.
- Technology of step-by step accelerated testing.
- Conditions for accelerated multiple environmental testing.
- Accurate accelerated corrosion testing.
- Accurate accelerated vibration testing.
- Accelerated reliability testing.
- More accurate prediction of reliability.

Who should attend?

Corporate executives, quality engineers and managers, design & test engineers and technicians, reliability engineers and managers, supervisors, quality assurance managers, quality control engineers and managers, manufacturing engineers and others.

Course Schedule:

Date: 05/27/2003 - Tuesday

7:30 am – 8: 30 am	Registration
8:30 am – 12:00 pm	Course
12:00 pm – 1: 00 pm	Lunch
1:00 pm – 4:00 pm	Course

注：图中展示了产品加速试验研讨会的宣传内容，包括研讨会的内容、参加人员和时间安排等。

图 6.59 来自美国质量学会 ASQ 产品加速试验研讨会的宣传册

01-01-2011

Hello Lev Klyatis PhD,

On behalf of the entire Executive Board of ASQ North Jersey Section 0304, and all of our constituents we would like to extend our sincere appreciation for your generous offer to speak at the 2011 Spring Quality Conference (SQC).

You are scheduled to present your discourse on April 21st, 2011. Location is the Marriott Hanover, in Whippany, New Jersey, 1401 Route 10 East. Time allotment is one hour.

Conference registration and breakfast runs from 7:20 to 8:20AM. Keynote Speaker will present from 8:20 to 9:20AM. The conference will end at 4:00. It would be best if you were to arrive by 7:00 to meet our committee and get oriented. Please bring a flash drive of your presentation.

To insure there is no miscommunication we ask that you sign and return this letter as your agreement to honor your commitment to deliver a one-hour presentation at our 2011 Spring Quality Conference without compensation.

Thank you for your kind assistance in making this year's event a success.

With Sincerely Gratitude,

Lucita Kahn
ASQ Section 0304, SQC Chair

Mike Parrillo
ASQ Section 0304, SQC Program Chair

Lev Klyatis　　01/03/2011　　Lev Klyatis
Signiture　　Date　　Print Name

Mail to: Michael Parrillo, 10 Marion Court, Belleville, NJ, 07109

注：ASQ北泽西第0304分会的执行委员会邀请作者在2011年春季质量会议（SQC）上发言的邀请函，其中记载了会议的具体时间、地点等。

图6.60　本书作者在美国质量协会（ASQ）举办的春季质量会议上的演讲信息

图 6.61 列夫·克利亚提斯，美国汽车工程师学会世界大会（底特律）技术分会“可靠性和耐久性加速试验的发展趋势”的主席。发言人——Bryan Dodson 博士，SKF

图 6.62 作者在底特律美国汽车工程师学会举办的 2019 世界大会上的演讲扉页

例如：

（1）通常情况下，国会的每份论文需要两到三个审稿人。但会议组织者通常会将论文分发给 11～45 名以上的审稿人。这对新成果的发展和实施产生了负面影响。因为审稿人中会有许多人对这张纸上所包含的主题不够熟悉。此外，如果这些审阅者中的一些不推荐，尽管该论文可能包含新技术或设备的重要发展，而大会与会者将不会阅读或听到这些重要的新创新，那么它将被拒绝，论文的发表也将被阻止。

（2）另一个方面是，该论文是否有助于开发新的技术或方法，而该论文未被国会或研讨会项目接受，它从来没有提供改进的机会，反而是其实施的障碍，尤其是不熟悉新解决方案的专业人士。

2016年美国汽车工程师学会举办的世界大会和展览
技术分会时间表
4月12日，星期二
可靠性和耐久性加速试验技术的发展趋势
（会议编号：IDM300）
331C房间
本次会议介绍了推动可靠性和耐久性加速试验（ART/ADT）技术发展趋势中使用的理论、实践和技术，以及对成功性能预测的准确物理仿真。其目的是涵盖新的想法和独特的仿真方法，以模拟整个现场输入、安全和人为因素的相互作用，改进ART/ADT步骤-组元，实现开发可信性，减少召回、生命周期费用、时间等。
组织者——Bryan Dodson, SKF; Lev Klyatis, Sohar Inc.; Efstratios Nikolaidis, University of Toledo
主席—— Lev Klyatis, Sohar Inc.

时间	论文编号	题目
上午9:30	2016-01-0318	改善汽车工程中可靠性、质量和试验的工程文化 Lev Klyatis, Sohar Inc.
	2016-01-0320	评估真实世界试验可重复性的多变量分析 Tejas Janardan Sarang, VJTI, Tata Motors Ltd; Mandar Tendolkar, VJTI; Sivakumar Balakrishnan, Gurudatta Purandare, Tata Motors Ltd
	2016-01-0319	大规模生产的移动电子设备加速可靠试验期间的系统性的根本原因早期故障分析（仅书面无口头发言） David E., Verbitsky

由全球供应链委员会计划的一体化设计和制造活动

图 6.63　美国汽车工程师学会（SAE）2016 年世界大会的技术分会IDM300“可靠性和耐久性加速试验发展趋势”时间表

（3）如果一篇论文、期刊文章、书籍等包含了正面的发展趋势，但收到负面的建议，而审稿人可能在这一领域并不真正合格，那么不断发展的知识，将得不到公布。

（4）审稿人可能在某一特定领域没有足够的知识，他将对论文、文章或书籍进行审稿，并可能写一篇专注于次要区域的正式评审，而没有分析开发的真正重要方面。这种审查实际上可能得出与文件中提出的结论相反的结论。

（5）这些事件也对实施进程产生了影响，因为它们都导致无法通过阅读被认为是关于这一主题的重要出版物来获得新知识。

（6）根据作者的经验，审稿人在退稿时很少会说“我不熟悉这篇论文的技术领域”。但是作者尊重这些审稿人，并理解这方面如何能在测试这些新想法及其实现过程中起到积极作用。

但尽管如此，重要的是要认识到，一些出版物对现状的分析以及对当前方法和设备的描述实际上阻碍了该技术的进展。

我们还必须认识到，一些有潜力改进其组织中试验方法的专业人士因为恐惧而不支持改进。他们可能害怕削弱自己的地位或与其他专业人士或公司的关系，他们不明白自己的行为会对减缓世界技术进程产生负面影响。许多专家都知道，某些情况下，阻碍试验发展中的负面趋势正被专业人士所利用，而这些

美国汽车工程师学会大都会分会（Met Section）理事会会议——会议纪要草稿

会议日期：2018年5月7日　　　　编写人：Bob Santora

1.正式宣布开会

1.1 Jeff Trilling在下午5:47宣布召开月度会议。

1.2 出席成员：Jeff Trilling, Bob Santora, Dan Buckley, Ed Anderson, Steven Resch, Art Vatsky, John Anagnostos, Emil Beyer和Lev Klyatis。

1.3 Jeff宣布，大都会分会获得了Warrendale颁发的2016-2017年度金奖，祝贺美国汽车工程师学会大都会分会理事会。

1.4 Jeff报告说，John Anagnostos获得了美国汽车工程师学会颁发的60年服务奖奖章，以表彰他多年来对美国汽车工程师学会、教师职业和当地理事会的工作和奉献。祝贺你，干得好，John!

1.5在开始审查会议纪要之前，Jeff宣布Lev将在这次理事会会议上做一个发言，接下来的工作将被视为一次活动会议，这是我们今年的第三次也是最后一次会议。Lev的会议发言将基于其在今年的2018年SAE世界大会上的演讲稿。Jeff首先介绍了Lev作为汽车工程师学会大都会分会的皇冠明珠（会员）冠！详见第9节新业务项目9.1和9.2。

2.上次会议纪要

2.1 接受4月2日会议纪要的议案：编辑：第8.2项应改为巴拿马运河扩建工程，而不是"经验"。

2.2 接受经修订的2018年4月2日会议纪要的议案：议案：编辑；第二：Dan。

3.财务主管的报告

3.1 Mark缺席：Jeff和理事会一起审议了财务主管的报告。

3.2 接受财务主管报告的议案：编辑；第二：John。

4.活动会议

4.1 最近和即将召开的会议。

4.1.1 2018 Baja汽车揭幕：4月16日在新捷达纽瓦克市：由于天气原因取消。于5月9日重新召开。理事会鼓励参与。

4.1.2 新捷达电动车日：4月25日。取消：所有让所谓的车辆到达会场的可能性都落空了。对于这种失望，我们新捷达员工道歉，我们将继续为未来寻找另一种可能性。祝你在剩下的比赛中好运。

4.1.3 罗格斯日：4月28日。Jeff和Bob报告说，尽管我们尽了最大努力联系电动汽车资源，为此次活动提供车辆，那天展示了许多由个人和俱乐部提供的车辆。这也是一个很好的展示复古和运动产品，赛车的时刻。几辆过去的美国汽车工程师学会方程式赛车进行了展出，去年的赛车和今年的产品也在展出，它们跑了几圈，为今年的比赛摇下新车。几名工作人员在现场……

图 6.64　美国汽车工程师学会（SAE）大都会分会管理会议记录（第一页）。宣布作者将在这次会议上发表演讲

专业人士本应该提出策略，以改进其组织试验效能。这部分内容在本书第 4 章以及其他出版物中有所描述。因此，在这些趋势的关键方面和方法上打下良好基础对于发展更好的试验方法是非常有用的，但是没有那些愿意倡导其发展的专业人员的充分支持仍然是一个问题。

作者和许多读者都知道，有许多发明可以用来改善我们的生活，但不幸的是，它们在现实生活中并没有得到接受。

还有一些人在实施过程中拥有权力职位，但不利用他们的职位来推进过程改进。

6.1今年的第十八届工程博览会活动将于4月15日(星期日)在纽约怀特普莱恩斯的怀特普莱恩斯高中再次举行。请访问www.Beanengineer.org了解更多细节。考虑我们没有赠送礼物的时间，以及部分由于美国汽车工程师学会设计竞赛占用了学生的时间和董事会成员的家庭活动而导致的人员短缺，我们决定今年取消该活动，并计划明年进行更强有力的展示。

6.2 Bob和Jim 将尝试继续拓展吉姆早期的海报创意。

7.成员

7.1 Dan报道说，美国在线在某个时间不会发送批量电子邮件。我们向其他人请求帮助，看看他们是否有同样的经历。

8.旧业务

8.1 Stan缺席；伍德布里奇指挥中心的联邦/州交通事故管理和统一指挥计划活动会议/指导没有更新。

8.2 新的董事会成员名单到期。新的一届从2018年6月1日开始。

8.3 以前的年度报告现在按照中心银行程序的新格式进行。

9.新业务

9.1 Lev在2018年世界大会上做了"对可靠性预计当前实践的分析"的演讲，其在5月某晚上7点20分在Vitale的理事会会议上又讲了一遍。作为一次活动会议，它配有PA-NYNJ提供的投影仪和笔记本电脑。感谢公共行政人员提供的工具使Lev在理事会上分享他在这些主题上非常有趣和重要的经验。

9.2Lev把一个WCX程序带到会议上，交给理事会展示。他的演讲主要涉及汽车召回，重点是如何防止召回事件发生。要点：召回反映质量；事故造成的召回和死亡；制造商更多地依赖计算机模型试验，而不是实际的物理（真实）试验。召回的基本原因：制造商无法预测产品如何内置质量，以及为什么他们无法预测。Lev列出了一家排名前三的汽车制造商，也是召回名单上的第三名：他们没有在项目上投资1亿～2亿美元来提高质量，而是因为召回和法律诉讼每年损失数十亿美元。演讲持续了一个多小时，Lev回答了相关问题。这是一次很好的会议。再次感谢，Lev。

10.未来的理事会会议

10.2 6月11日下午5:30在维塔莱——新年。

10.3 7月：没有会议——暑假。

10.4 8月13日下午5:30在维塔莱。

10.5 9月10日下午5:30在维塔莱。

10.6 10月1日下午5:30在维塔莱。

图 6.65　美国汽车工程师学会大都会区管理理事会会议纪要（第 3 页）。关于列夫·克利亚提斯的演讲

新过程的成功实施，尤其在航空航天和汽车工程领域，也需要组织高层和中层管理人员的支持。作者描述了 KAMAZ 公司总经理 Bekh N. N. 如何在这家大型汽车工业公司推进加速试验新技术。根据作者的了解，有许多专业人士了解并致力于实施加速可靠性和耐久性试验，如戴姆勒-克莱斯勒公司的 Richard Rudy 先生、RMS 伙伴公司（DoD）的 Russel Vacante 博士、纽约和新泽西港务局的 Edward Anderson 先生、奥克兰大学的 Zissimos Mourelatos 教授以及许多其他人。

作者在加速试验方面的研究是成功预测产品效率的一个组成部分，在作者实施其在加速试验的研究成果时，他收到了许多信件，如注明以下日期的电子邮件。

图 6.66　技术分会“加速可靠性和耐久性试验发展趋势”的主席列夫·克利亚提斯和该技术分会的共同组织者 Alexander Klyatis，美国汽车工程师学会 2018 世界大会和展览，底特律

2019 年 2 月 5 日：

亲爱的列夫·克利亚提斯

您好！

据了解，您在美国汽车工程师学会技术论文集中发表了一篇题为《对可靠性预计当前实践的分析》的论文，该论文的主题给我们留下了深刻的印象。

它引起了相关领域研究人员和学者的广泛关注和兴趣。

为了推进科学界的发展，各领域的专家和专业人员可以从《美国应用科学研究杂志》上获得最前沿的科学研究成果。考虑到您的研究成果的先进性、新颖性和潜在的广泛应用，我们真诚地邀请您为该期刊贡献其他相关领域未发表的论文，也欢迎您对这篇文章的最新研究。

单击下面的链接以了解更多信息：

http://www. ajasr. org/submission

我们代表杂志编委会，非常荣幸地邀请您加入我们的团队，担任《美国应用科学研究杂志》的编委会成员或审稿专家。考虑您在这个领域的学术背景和丰富的经验，编委会认为您可能是最适合担任这个职位的候选人。我们相信，这个机会将促进国际研究的合作。

如您有兴趣加入我们，请单击以下链接：

http://www. ajasr. org/joinus.

请让我们知道您的想法。

敬上

Jessie Wright

《美国应用科学研究杂志》编辑助理

而且，有些情况在地方或区域一级很重要，而不仅仅是在世界、国际或国家一级。例如，美国汽车工程师学会国际大都会分会组织了一个作者为世界大会准备的地方演讲。这次演讲是在大都会分会理事会会议上（图 6.64 和图 6.65）完成的。作者还在纽约举行的两个专业学会：SAE 协会和全国机队管理员协会（National Association of Fleet Administrator，NAFA）的一次活动会议上发表了演讲[1]。

正如在参考文献［1］中所提到的那样，作者作为美国国际汽车工程师学会派往埃尔默·斯佩里颁奖委员会的代表。该奖项提供了研究和表彰杰出贡献的机会，包括在可靠性和耐久性加速试验技术实施领域的贡献。该理事会由来自 6 个最大的机动性相关工程学会的代表组成。克利亚提斯博士为这个奖项做了几次演讲。图 6.67 展示了该理事会 2018 年 10 月会议记录的第一页。

埃尔默•斯佩里颁奖委员会
会议纪要
2018年10月17日
ASME总部
6楼会议室
公园大道2号
纽约，NY 10016-5990

出席

AIAA	IEEE	
Richard Miles	Thomas Hopkins	
	Harvey Glickenstein	
ASCE	SNAME	ASME STAFF
Joseph Englot	James Dolan	David Soukup
	Naresh Maniar	
	Eugene Sanders	
	George Williams	
ASME	SAE	
George Hud	Ed Anderson	
Elizabeth Lawrence	Lev Klyatis	
	Art Vatsky	

I正式宣布开会：Hopkins主席宣布在上午11点召开会议

II工作整理：

a.2018年3月21日的会议纪要被批准了。

b.审查了目前的理事会成员。

c.Soukup讨论了财务报表，详见附件一。

d.Maniar介绍了即将于2018年10月25日向巴拿马运河管理局颁发的2018年斯佩里奖。

III旧业务：

a.有效候选方

i轴承（Shaft Bearing）

这是2019年奖项的候选方。Maniar是这方面的领导者。

ii特斯拉

图 6.67　2018 年埃尔默·斯佩里颁奖委员会会议纪要的第一页

习　题

1. 加速试验（AT）的发展具体有哪些积极趋势？

2. 哪些领域已经实施了加速可靠性和耐久性试验（ART/ADT）？

3. 如书中所述，请描述与 ART/ADT 相关的已发表文献的基本内容。

4. 请描述实施 ART/ADT 的战略考量和基本步骤。

5. 请描述一些在 Iscar 公司以及其他公司实施 ART/ADT 的结果。

6. 请描述一些成功实施加速试验新的积极概念的例子。

7. 一些美国和德国公司是如何实施或部分实施 ART/ADT 的？

8. 美国质量协会是如何参与到作者加速试验方法的开发和实施中的？

9. 在航空航天工程中，Klyatis 博士的加速试验开发方法是怎样实施和被认可的？

10. 请描述，通过国际标准化实施加速试验开发的积极趋势是怎样的。

11. 请描述 Klyatis 博士为福特汽车公司和日产公司举办的加速试验开发研讨会的基本内容。

12. 请描述美国质量协会组织的“产品加速试验”研讨会的基本内容。

13. 请描述戴姆勒-克莱斯勒公司是如何评估加速试验开发工作的。

14. 请描述日产、丰田、Jatko 公司和其他公司是怎样展示其对实施 ART/ADT 的兴趣的。

15. WorldCat Identities 的数据列出了大约有多少图书馆收录了作者关于加速可靠性和耐久性试验的书籍？

参考文献

[1] Klyatis LM, Anderson EL. Reliability prediction and testing textbook. Wiley; 2018.

[2] Klyatis L. Successful Prediction of Product Performance: quality, reliability, durability, safety, maintainability, life cycle cost, profit and othercomponents. SAE International; 2016.

[3] Klyatis LM. Accelerated reliability and durability testing technology. Wiley (John Wiley & Sons. Inc.); 2012.

[4] Klyatis LM, Klyatis EL. Accelerated quality and reliability solutions. Elsevier; 2006.

[5] Klyatis LM, Klyatis EL. Successful accelerated testing. New York: Mir Collection; 2002.

[6] L. Klyatis. The reliability/maintainability integrated with quality. 2007 RAMS (reliability and maintainability symposium.

[7] Kononenko AF, Klyatis LM. Accelerated testing agricultural machinery. In: Paper for the

committee for the agricultural problems economical commission for Europe. Geneva: United Nations; 1969.

[8] Klyatis L. Why separate simulation of input influences for accelerated reliability and durability testing is not effective? . In: SAE 2017 World Congress. Paper#2017-01-0276. Detroit; April 2017.

[9] Klyatis L. Successful prediction of product quality, durability, maintainability, support ability, safety, life cycle costrecalls and other performance components. The Journal of Reliability, Maintainability, and Supportability in Systems Engineering. RMS Partnership 2016: 14-26.

[10] Klyatis L. Improving engineering culture for reliability, quality & testing in automotive engineering. In: SAE 2016 World Congress and Exhibition. Paper 2016-01-0318. April12-14, 2016. Detroit; 2016.

[11] Klyatis L. The role of accurate simulation of real world conditions and ART/ADT technology for accurate efficiency predicting of the product/process SAE 2014 world congress and exhibition. Paper 2014-01-0746. Detroit.

[12] Klyatis L. Non-traditional solutions for current reliability, maintainability, and support ability problems. The Journal of Reliability, Maintainability, and Supportability in Systems Engineering RMS Partnership 2013: 6-12.

[13] Klyatis L. Development standardization "glossary" and "strategy" for reliability testing as a component of trends in development of ART/ADT. Detroit, MI. In: SAE 2013 World Congress and Exhibition Paper 2013-01-0152; April 16-18, 2013.

[14] Klyatis LM. Why current types of accelerated stress testing cannot help to accurately predict reliability and durability? In: SAE 2011 world congress and exhibition. Paper 2011-01-0800. Also in book reliability and Robust design in automotive engineering (in the book SP-2306). Detroit, MI, April 12-14, 2011; 2011.

[15] Klyatis L. Accelerated reliability testing as a key factor for accelerated development of product/process reliability. In: IEEE Workshop Accelerated Stress Testing. Reliability (ASTR 2009). Proceedings on CD. October 7-9, 2009. Jersey City; 2009.

[16] Klyatis L. Specifics of accelerated reliability testing. In: IEEE Workshop Accelerated Stress Testing Reliability (ASTR 2009). Proceedings on CD. October 7-9, 2009. Jersey City; 2009.

[17] Klyatis L, Vaysman A. Accurate simulation of human factors and reliability, maintain ability, and supportability solutions. The journal of Reliability, Maintainability, Supportability in Systems Engineering. RMS Partnership 2007/2008.

[18] Klyatis L. Reliability testing standardization. In: 2007 SAE AeroTech Congress & Exhibition. Reliability, Maintainability, and Probabilistic Technology G-11 Division Fall 2007 Meeting. Los Angeles, CA: SAE International; September 19, 2007.

[19] Klyatis L. Anew approach to physical simulation and accelerated reliability testing in avion-

ics. In: Development Forum. Aerospace Testing Expo 2006 North America. Anaheim, California; November 14-16, 2006.

[20] Klyatis L. Elimination of the basic reasons for inaccurate RMS predictions. In: A governmental-industry conference "RMS in A systems engineering environment" . San Diego, CA: DAU-West; October 11-12, 2006.

[21] Lev K. Introduction to integrated quality and reliability solutions for industrial companies. In: ASQ World Conference on Quality and Improvement Proceedings. May 1-3, 2006, Milwaukee, WI; 2006.

[22] Klyatis L, Walls L. A methodology for selecting representative input regions for accelerated testing. Quality Engineering 2004; 16 (3): 369-75. ASQ & Marcel Dekker.

[23] Klyatis LM, Klyatis E. Accelerated reliability testing problems solving. SAE Transactions 2004; 113: 684-91. Section 6: Journal of Passenger Cars: Mechanical Systems Journal.

[24] Klyatis LM. Climate and reliability. In: ASQ 56th Annual Quality Congress Proceedings. Denver, CO; May 20-22, 2002. p. 131-40.

[25] Klyatis LM. Establishment of accelerated corrosion testing conditions. In: Reliability and Maintainability Symposium (RAMS) Proceedings. Seattle, WA; January 28 - 31, 2002. p. 636-41.

[26] Klyatis LM, Klyatis E. Vibration test trends and shortcomings. Part 2. Reliability review. The R & M Engineering Journal (ASQ). Part 2 2001; 21 (4): 19-27.

[27] Klyatis LM, Klvatis E. Successful correlation between accelerated testing results and field results. In: ASQ 55th Annual Quality Congress Proceedings. Charlotte, NC; May 7 - 9, 2001. p. 88-97.

[28] Klyatis LM, Teskin OI, Fulton JW. Multi-variate Weibull model for predicting system reliability, from testing results of the components. In: The International Symposium of Product Quality and Integrity (RAMS) Proceedings. Los Angeles, CA; January 24 - 27, 2000. p. 144-9.

[29] Klyatis LM. A better control system for testing of mobile product -Part 2. Reliability review. The R & M Engineering Journal (ASQ) 1999; 19 (3): 25-9.

[30] Klyatis LM. Step-by-step accelerated testing. In: The International Symposium of Product Quality and Integrity (RAMS) Proceedings. Washington, DC; January 18 - 21, 1999. p. 57-61.

[31] Klyatis LM. Conditions of environmental accelerated testing. In: The International Symposium of Product Quality and Integrity (RAMS) Proceedings. Anaheim, CA; January 19 - 22, 1998. p. 372-7.

[32] Klyatis LM. One strategy of accelerated testing technique. In: Annual Reliability and Maintainability Symposium (RAMS) Proceedings. Philadelphia, January 13- 16, 1997; 1997. p. 249-53.

[33] Klyatis LM. WorldCat Identities. worldcat. org/identities/lccn-no2003091937.

第7章　加速试验设备的发展趋势

摘要

本章讨论了测试设备的发展趋势，包括：

（1）开发更简单的测试设备，主要用于汽车和航空航天工程中的材料与机械细节。

（2）演示测试设备的营销如何主要与电子行业相关。这包括设备、仪器、材料和机械细节。

（3）演示通用测试设备市场的全球性质，主要包括通信领域、示波器领域和美洲市场。

（4）测试设备发展的一般趋势。

（5）测试和测量行业的增长与发展。

（6）电子测试和测量设备的主要趋势。

（7）汽车测试设备市场概述。

（8）亚太地区（中国、印度等）趋势分析。

（9）航空航天仿真设备和材料测试设备的发展趋势。

7.1　引　　言

正如第4章所讨论的，加速试验的虚拟方法在增加，而加速试验的物理方法在减少。由于试验的基本技术由方法和设备组成，物理试验开发新方法的速度在下降，物理加速试验所需设备的开发速度也在下降。

为了说明这一点，我们只需要对现在和20年前汽车工业的试验展览做一个比较。

现在通常可以看到，那些过去试图通过开发更复杂的设备来开发更精确的外场条件物理仿真设备的公司，正在退回开发更简单的设备和不太复杂的仿真。但这一趋势也降低了现实生活仿真的准确性。

如果你看看WEISS Technik、Instron Schenck、Advanced Test equipment Corporation、WestTest、LDS、RENK、HORIBA等公司生产的加速可靠性和耐久性

试验测试设备，你会发现几乎看不到新模式的物理试验测试设备，但你会看到很多用于材料和细节试验与虚拟试验编程的设备。

事实上，虽然你会经常看到“耐久性试验”这个词，其中大部分是试验场试验或疲劳试验，或其他一些类型的试验，但将其称为“耐久性试验”并不准确。

出现这种情况的原因不是设计和制造测试设备的公司，而是他们的客户，他们的兴趣往往主要是在试验测试领域节约资金。由于虚拟试验成本较低，汽车和航空航天领域的许多公司都希望向虚拟试验过渡。虽然他们认为简单且成本较低的试验将得到对外场条件的精确仿真，但他们没有考虑结果，这些结果通常包括设计和制造后续过程的更多费用，以及造成损失的产品召回增加。简单试验的最终结果往往会降低质量、可靠性、耐久性、维修性、利润，并增加生命周期费用。

从下面可以看出，虽然测试设备市场总体上呈现增长趋势，但经过仔细分析，这种增长主要与下列因素有关：

（1）电子工业不断发展。

（2）仪器仪表的不断发展。

（3）增加材料和产品细节的开发。

但是，用于整个汽车、卡车、公共汽车、飞机、空间研究站和其他机械的测试设备市场情况如何呢？

作者在第4章“加速可靠性/耐久性试验技术设备”（参考文献［2］74页）中对此进行了部分分析。从那时起一直到今天，大多数变化都发生在试验控制设备领域，而这些设备主要与电子技术的发展有关。

其中，许多电子元件是汽车和航空航天工程控制与信息系统的组成部分。

工程技术试验开发的其他方面正在做些什么？目前正在做些什么来开发用于试验单元和完整产品（如汽车、卡车、卫星等）加速试验的设备？

人们真正需要的是这些新技术中更有效、更成功的测试设备，尤其是需要这些新技术中的成功预测能力。

如何获得成功预测新产品的质量、可靠性、安全性、耐久性、维修性、生命周期费用以及许多其他性能组分和特性所需的初始信息？作者在本书和其他出版物中详细考虑了这些问题。

不幸的是，许多工业公司的管理层并不了解这样一个简单的事实：为更复杂的产品开发新产品需要相应更复杂的测试设备。

7.2　测试设备开发的一般趋势

本节将总结作者对世界市场上测试设备发展总趋势的研究结果。

Technavio 关于全球通用测试设备市场的最新报告分析了预计将影响 2017—2021 年市场前景的最重要趋势。Technavio 是全球领先的技术研究和咨询公司[6]。公司每年开发 2000 多项研究成果，涵盖 80 个国家的 500 多项技术。Technavio 在全球拥有约 300 名分析师，专门从事最新前沿技术的定制咨询和业务研究工作。Technavio 分析师利用一级和二级研究方法来确定广泛的市场规模和供应商前景。分析师除了使用内部市场建模工具和专利数据库，还综合使用自下而上和自上而下的方法来获取信息。

他们利用从各个市场参与者和整个价值链上的利益相关方（包括供应商、服务提供商、分发商、转销商和最终用户）那里获得的数据来证实这一数据。

通用测试设备（General-purpose Test Equipment，GPTE）包括不同的测试和测量（Testing and Measuring，T&M）设备，如示波器、频谱分析仪、信号发生器、功率计、逻辑分析仪、电子计数器和万用表。Technavio 预测，到 2021 年，全球通用测试设备市场将增长至 65.8 亿美元，预测期内复合年增长率接近 5%。

7.2.1　全球测试设备市场总体趋势

2017—2021 年影响全球通用测试设备（GPTE）市场的三大新兴趋势：

（1）通信行业：2016 年，通信行业以 27.84% 的市场份额主导了全球 GPTE 市场。

（2）示波器部分：到 2021 年，全球示波器市场预计将达到 21.1411 亿美元。

（3）美洲市场：2016 年，美洲 GPTE 市场价值为 20.3448 亿美元。

全球市场增长

2016 年价值	51.9 亿美元	13.9 亿美元
2021 年价值	65.8 亿美元	递增增长

Technavio 发布了一份关于 2017—2021 年全球通用测试设备（GPTE）市场预测的报告。该报告对 2017—2021 年预计影响市场的最重要趋势进行了分析。

Technavio 对 2017—2021 年全球通用测试设备市场的研究不仅提供了基于产品（示波器、频谱分析仪和信号发生器）、最终用户（通信、航空航天和国防以及机械行业）的详细产业分析，而且也包括地理区域（美洲、亚太地区和欧洲、中东和非洲）分析。在这项分析中，Technavio 确定了他们认为有可能对市场产生重大影响并促进其增长或下降的新兴趋势。这些趋势包括：

1. 外包检测活动增加

从 2G 技术到 LTE 和 LTE-A 等更先进技术的进步，对频率和频谱的持续维护和质量检测产生了需求。各供应商将质量检测外包给外部实体，以确保提高客户的产品质量。

2. 测试测量（T&M）设备互操作时代

T&M 设备供应商提供的设备设计用于准确测试各种产品。客户通常自行安装产品，并青睐于具有更高互操作性的设备。用于家庭网关、视频监视器、家庭网络/自动化和烟雾报警器的 T&M 产品都是使用 GPTE 设备来确保互操作性的产品。Technavio 分析师预测，随着既定标准的采用，GPTE 市场将得到提振，以确保互操作性。

Technavio 的首席分析师 Anju Ajaykumar 专门研究测试和测量行业。他说：“建筑业正在全球范围内大规模扩张。预计在预测期内，发达国家和新兴市场的建筑业将呈指数级增长，尤其是亚太地区国家。中国是最大的钢铁消费国和生产国。[6]”

7.3 测试和测量行业趋势

7.3.1 未来的转型转变

近年来，电子测试与测量（T&M）行业掀起了一场风暴，出现了物联网（Internet of Things，ZOT）、毫米波、5G 等发展趋势。这些趋势表明，对测试设备的要求发生了重大变化，从而为供应商提供了机会，特别是在射频/微波测试和测量设备领域，如信号发生器和网络测试设备。看来在不久的将来，电子测试和测量设备的研发将有一个稳健的市场[8]。

测试和测量仪器对于确保产品性能和缩短上市时间（Time to Market，TTM）至关重要。它们贯穿于产品的整个生命周期，从研发（Research and Development，R&D）到制造和部署，甚至到售后服务，尽管这些领域的设备需求可能有很大差异。

通过 2015 年在全球创造约 20 亿美元的收入，新的通用测试市场的研发部门预计将在未来 5 年见证个位数的增长率，并将稳步加速，到 2021 年，市场将达到 24 亿美元。研发 T&M 市场将受益于高速数字趋势和重新活跃的误码率测试仪（Bit Error Ratio Tester，BERT）市场。随着 400 千兆以太网（GbE）技术和复杂调制信号（如脉冲幅度调制（Pulse Amplitube Modulation，PAM））的出现，数据中心的发展将推动这一进程。尽管研发和测试市场传统上严重依赖示波器市场，但射频/微波（RF/MW）测试设备对收入的贡献，特别是对信号分析仪的贡献，预计 5 年后会更大。射频/微波测试和测量设备，如信号发生器、网络分析仪和功率计，也将受益于向更高频率和更宽带宽的转移，这是由于 5G 等颠覆性技术的出现，但也得益于在航空航天和国防（Aerospace and Defense，A&D）、汽车雷达以及其他行业向更高频率的转移。如今，实验室中使用的测试和测量设备的市场收入有一半以上来自频率范围高达 6GHz 的仪器。到 2021 年，来自频率范围超过 26.5GHz 的仪器的收入份额预计将比 2015 年高出约 5 个百分点。

在制造应用中，测试和测量设备供应商面临着更严峻的环境，与研发部门相比，由于技术要求较低，竞争激烈。虽然该市场在过去几年受到了挑战，2015 年仅产生约 16 亿美元的收入，但预计该市场将呈现复苏趋势，到 2020 年将达到 18 亿美元。最大的挑战之一是使毫米波频率的测试在大规模生产环境中具有成本效益。随着 802.11ad（WiGig）和 5G 等技术的部署，这一挑战将变得越来越重要，并且更加显著。从短期来看，物联网给制造商带来了很多挑战。许多公司正在努力为以前从未连接过的设备添加连接能力。他们缺乏射频和相关领域的专业知识。来自消费者的巨大价格压力也会影响整个价值链。因此，制造商正在寻找 T&M 原始设备制造商提供的具有成本效益的解决方案，他们必须提供此类解决方案，同时解决导致成本上升的更复杂技术。各种各样的物联网制造商也需要提供广泛能力和灵活性的解决方案。受这一系列挑战的困扰，制造业环境为 T&M 的创新提供了重大机遇。

除了提供更快、更便宜、更高性能的仪器，T&M 供应商在制造环境中的关键机会之一是提供技术专长。

各行业都强烈希望利用制造运营产生的大量数据来提高生产利润，以及其他传统指标。

7.3.2　测试不仅仅是新设备

虽然预计 2016 年电子测试设备市场将疲软，但主要是由于人们高度集中于新的测试设备市场。与测试设备市场相关的大量机会存在，参与者应该利用这些机会。市场参与者必须拓宽对测试市场的视野，抓住临近的增长机会，同时解决其核心业务市场的需求领域。

7.3.3 WiseGuy 报告预测“电子测试和测量市场”

WiseGuy Reports 在其报告“2018—2023 年电子测试和测量市场全球分析、增长、趋势和机遇研究报告预测”中补充道。

本报告对“电子测试和测量市场”进行了深入的研究，对组织的优势、劣势、机会和威胁（Strength，Weakness，Opportunities，Threat，SWOT）进行了分析[8]。他们的电子测试和测量市场报告也对市场中的主要参与者进行了深入调查。

该报告基于对一个组织的各种目标的分析，如概况、产品概要、产量、所需原材料和组织的财务状况。

测试和测量设备是用于测试与测量各种电子和机械产品整个寿命周期的设备。这些设备贯穿于产品的整个寿命周期，从各种电子和机械产品的最初设计到开发、验证、维护和修理。测试和测量设备用于测试和测量各种电子设备，如手机、数码相机、MP3 播放器和太阳能逆变器。此外，除了这些电子产品，一些机械产品也使用测试和测量设备，包括涡轮机、汽车悬挂系统和飞机推进系统。

推动这一增长的一些主要因素是汽车行业生产和消费的增加、IT 和电信行业 5G 解决方案的技术进步、行业利益相关方的日益关注以及智能应用。

市场部分按应用可分为通信和电子制造、航空航天和军事/国防、工业电子、汽车和其他行业。

7.3.4 汽车测试设备市场概述[9]

汽车测试设备行业是最具挑战性的行业之一。汽车产品的新设计、汽车上市时间的缩短以及政府越来越多的规章条例，尤其是在排放控制领域，都给汽车工业带来了新的挑战。

为了应对这些挑战，汽车制造商越来越有必要引进新的和更先进的汽车测试设备，从而推动测试与测量（T&M）市场的增长。

汽车设备测试市场在流变学、耐火力学、介质阻力和表面性能等领域获得发展。汽车上越来越多地配装了现代系统和复杂的电子安全装置及系统，这对采用汽车测试设备产生了更大的需求。电子设备在汽车产品中所占的比例正以非常快的速度增长，许多机械部件正被电子部件所取代。

这导致对适用技术的需求相应增加，以确保这些新的汽车部件在纳入汽车之前得到充分的测试。

罗伯特·博世股份有限公司（德国）、霍尼韦尔国际公司（美国）、西门子公司（德国）、ABB 有限公司（瑞士）、德尔福汽车有限公司（英国）、Actia S. A. 公司（法国）、Advantest 公司（日本）、Horiba 有限公司（日本）、Softing 公司（德国）、Actia 集团（法国）、EM TEST 公司（瑞士）、Freese Enterprises 公司（美国）、Moog 公司（美国）、Sierra 仪器公司（美国）和泰瑞达公司（美国）是未来市场研究（MRFR）分析领域的知名公司，在全球汽车测试设备市场的竞争中处于领先地位。其中，Freese Enterprises Inc. 是汽车测试设备市场的专家。他们提供用于测试应用的设备，如安全气囊控制器、汽车油漆和涂料、照明系统、保险杠刚度、电动马达、电子油门、多功能开关和仪表盘簇表等。

7.3.5　行业/创新/相关新闻

市场上一个引人注目的进展发生在 2017 年 9 月，当时 Advantest 公司将其 V93000 平台与通用模拟引脚模块出售给 TDK-Micronas，用于测试全系列汽车传感器。通过收购这一灵活的系统，该公司获得了一个集成解决方案，用于汽车和工业应用的传感器与控制器的最终测试。

另一个引人注目的进展是在 2013 年 5 月，Moog 公司在 2013 年欧洲汽车测试博览会上展示了其电动和液压仿真台[10]。Moog 还提供了一系列其他汽车测试设备和系统，包括电动仿真台、轮胎耦合仿真系统、电动和液压执行器、伺服阀、测试控制器和多轴测试系统的测试软件。

然后，在 2008 年 12 月，EM TEST 推出了其汽车测试设备，其中包括用于汽车测试的新 ISO 控制软件。该软件为用户提供了一些功能，如结构化的用户界面，允许轻松设置测试、脉冲窗口，告诉用户所选的试验台位置，它还集成了用于 DUT 监测和自动脉冲验证的外部测量设备。

此次采购帮助该公司快速扩大了排放测量和动力系统研发活动，使其成为汽车行业的整体系统供应商。

7.3.6　汽车测试设备市场——细分

为了便于分析和增强对市场的了解，汽车测试设备市场可以划分为以下关键部分。这些关键部分是：

（1）按产品类型细分，如车轮定位测试仪、发动机动力计、底盘测功机、车辆排放测试系统等。

（2）按车型细分，如轻型商用车、重型商用车、客用轿车等。

（3）按应用程序细分，如基于移动设备的扫描工具、手持扫描工具、基于 PC/笔记本电脑的扫描工具以及其他。

(4) 按区域划分，如北美、欧洲、亚太地区和其他指定区域。

7.3.7 汽车测试设备市场——区域分析

简单地看一下这些关键的细分领域之一“区域细分”，亚太地区预计将主导全球汽车测试设备市场。这是由于印度和中国等发展中国家的存在，这些国家的汽车工业正在快速增长。亚太地区的市场也在增长，这主要是由于生产成本低、生产能力增加，以及对轻型和重型车辆的需求增加等因素。

北美地区是一个成熟的汽车测试设备市场。该地区的原始设备制造商主要致力于提高生产质量和交付优质产品。北美地区对汽车测试设备的大部分需求是由严格的排放要求驱动的，特别是关于二氧化碳和氮氧化物的排放。然而，北美原始设备制造商正在墨西哥和加拿大建立新的发动机和组装工厂，这增加了对新的汽车测试设备的需求。

7.3.8 EMC 及场强测试方案的历史视角[10]

世界市场领导者 Rohde & Schwarz 的 EMS 和 EMI 测试解决方案提供了一系列电磁兼容（EMC）和场强测试设备，从独立的仪器到定制的交钥匙测试室。

EMI 和 EMS 测试仪器与系统的设计目的是确定电磁干扰的原因和影响，并确保符合相关的 EMC 标准。EMC 测试解决方案支持所有相关的商业、汽车、军事和航空航天标准，以及针对辐射杂散排放和音频穿透测量的 ETSI 和 FCC 标准。

在过去的 10 年中，一些技术趋势已经开始显著影响新的测试和测量市场产品的设计与功能。2013 年，参考文献［11］表示预计这一趋势预计将继续加速。FPGA 和 DSP 的进一步发展将使制造商能够快速开发越来越先进的产品，因为他们的处理能力在持续增长。这使得新产品能够应对以前需要更先进、更昂贵的基于 ASIC 仪器的应用问题。在过去的几年里，这一趋势与仪器中内存增加的趋势相一致。这一趋势在 2013 年当价格低于 1000 美元的示波器存储能力被测量为几千万点时可以看到改变[10]。而且，随着这些仪器提供的数据的增加，仪器也将随之改进，这将开始趋向于更先进的分析和仪器所包含的功能。以前只能在基于 Windows 的工具上使用的计算类型将直接在工具上变得简单和直接，而无须单独的 PC 和操作系统，也不需要成本和开销。这些功能的例子包括对大型数据集进行更高级的统计通过/通不过分析，以及将直接在仪器上创建和执行的可定制用户公式。

这一趋势的证据可以从一些行业领导者的声明中看到。

Charles Sweetser 在参考文献［11］中写道：“业界一直在寻找确定电力变压器状态的更好方法和技术。人们一直在仔细审查和反复评估维修实践与理念，希望最大限度地提高诊断价值和平衡经济效率。传统上，我们的行业采用传统的离线测试，这依赖于以单一频率、恒定电压或恒定电流进行的单一测量。

“通常，只对常规的测试数据进行审查会导致不确定的分析，这往往会导致更多未回答的问题。工业界需要能代表最佳可能状态估计的可靠的诊断信息。2013 年，新兴的趋势是通过对现有程序应用更智能的先进方法和技术来提取尽可能多的额外诊断信息。这将需要使用具有先进属性的多功能测试仪器。其思想不是创建新的测试并增加测试开销，而是通过改变常规测试的参数，如频率，为分析提供新的途径。基于研究、实际经验和测量仪器的进步，现在可以提取过去无法获得的深度信息。这些先进的诊断方法或‘扩展’提供了有关变压器状态的新的关键信息。这种扩散，再加上现代仪器，已经改变了诊断应用和决策所需的深入信息。”

Mark Schrepferman 在参考文献［12］中写道：“测试和测量系统设计师将面临提供更快、高度可重复、坚固耐用和一流测试环境的挑战。测试设备预计将在几代产品推出后仍能使用，这意味着测试设备中使用的 RFICs 的性能要求必须比被测试设备要好几代。此外，使用高阶调制方案的下一代通信系统，如具有较高的峰值平均比率的正交频分复用（Orthogonal Frequency-Division Multiplexing，OFDM），具有较高的峰值平均比，推动了测试设备信号链中使用的元件具有更高的线性度的需求。此外，将引入更多的频带，从而推动更宽的带宽和更高的工作频率的需求。这种新的、拥挤的频谱将需要额外的滤波，因此滤波器组开关有望推动对更低损耗元件的需求。

“最后，尽管测试解决方案的复杂性在不断增加，但最终客户将继续期望降低每个单元的总体测试成本。”

而且，正如 Mike Fox 在参考文献［13］中所写的那样：“一种有关测试和测量的全新思维方式正在出现。展望 2013 年，我们正在利用加速和提高诊断/修理/审批工作流程与流程效率的技术转型进行测试和诊断，形成真正的‘诊断生态系统’。除了模仿如今的个人电子产品，使用带有直观菜单控制的触摸屏，一些热成像设备还利用 Wi-Fi 技术和移动应用程序与安卓或苹果 iOS 系统的平板电脑和智能手机连接。”电子读数可以直接印在图像上，而且无线数据流 DMM 可以与 PC 共享读数。也可以寻找智能手机/平板电脑的连接。诊断生态系统的长远目标不仅是通过利用相关工具的准确和协调的读数，以及快速和可操作的通信，改进诊断设备和通信设备之间的沟通，还包括技术人员、客户和管理人员之间的沟通。”

另一个有趣的历史反映是西门子公司在 Schaltwerk Berlin 的测试实验室[14]。这些是1928年开始的中高电压电工设备试验实验室。表 7.1 追溯了它们的历史重点。

表 7.1 德国柏林 Schaltwerk 测试实验室历史上的里程碑，超过 80 年的测试专长

1928 年	大功率、高压实验室的启用
1940 年	高功率测试实验室的容量升级到 1200MVA
1954 年	战后重建的测试实验室的启用
1960 年	新建高压测试大楼
1961 年	共建佩拉实验室
1975 年	一个最大容量为 3200MVA 的新型大功率测试实验室启用
1982 年	用 5MV 脉冲电压发生器升级露天试验区
1985 年	高功率测试实验室的容量升级到最大 6400MVA
1992 年	根据 ISO/IEC 17025 之前的标准认可测试实验室
1994 年	新建 50/60Hz 最高至 6000A 温升试验区
1995 年	振动测试系统启用
2005 年	将合成测试电路升级至 1150kV 的最高电压
2011 年	机械测试实验室的扩建采用了新的、独立的机械耐久性试验大厅

如前所述，汽车测试设备[15]是测试和测量市场的一个重要组成部分。汽车测试设备主要用于测试和评价汽车的性能。

各种汽车测试设备，如加速度计、速度计和制动测试仪等用来量化与调整车辆的性能特性。

7.3.9 市场规模及预测

在预测期内，全球汽车测试设备市场预计将以 5.2%的复合年增长率增长。新车销量的增加和民众对车辆预防性维修的重要性和必要性的认识不断提高等因素，预计将在未来几年内促进测试设备市场的增长。

就区域平台而言，全球汽车测试设备市场分为北美、亚太、欧洲、拉丁美洲、中东和非洲地区。其中，亚太地区的汽车测试设备市场很可能在预测期结束时主导全球汽车测试设备市场。这主要是由于车辆的增加产量在亚洲国家，如印度和中国，由于生产成本低和存在汽车制造厂的大型基地，预计这将提振未来几年亚太地区汽车测试设备市场的增长。根据国际汽车制造商组织（International Organization of Motor Vehicle Manufacturers）的数据，2016 年中国新车产量增长了 14.5%，而 2015 年为 3.3%。

此外，在同一预测期内，欧洲汽车测试设备市场也将呈现大幅增长。这是由于欧洲国家的汽车产量不断增长，特别是电动汽车的产量，预计这将是增加欧洲地区汽车测试设备市场增长的主要因素。例如，2016 年芬兰的新车产量增长了 53.3%。

2018 年发生的两件事也很有启发性。

首先，“2018 汽车测试博览会”宣传册[17]包括：

（1）S. Himmelstein 提供的数字和直流扭矩传感器，并设计和生产传感器技术测试设备。

（2）伯克-波特集团（Burke Porter Group）提供的自动驾驶校准解决方案，提供了测试仪器和装配系统。

（3）北极星成像公司的自动 X 射线检测系统。

（4）超小以太网 DAF 系统。

（5）力控行业的创新油剪切技术。

（6）Navistar 试验场提供的一站式购物试验场，并提供支持全新车辆开发项目所需的车库设施、设备、仪器仪表、计算机化数据采集系统和人员。

（7）新的损伤测试模块（Head Acoustics 发布了最新版本的 Artemis Suite 数据采集和分析软件）。

（8）传感器信号调节器。

（9）GE 测量和控制解决方案公司采用贝克休斯公司可信的 Druck 系列产品提供可靠的压力测量解决方案。

（10）dSpace 的自动驾驶汽车仿真硬件设计。

（11）试验设施运营合作伙伴。

（12）微型高速摄像机。

（13）现代驾驶概念试验台（面向未来通用汽车，制造商和供应商的现代备选驾驶概念。Kratzer Automation 为电池供电和混合动力概念提供的试验台解决方案）。

（14）手持式振动噪声数据分析装置。

（15）先进的数据记录器。

（16）测量校准和诊断解决方案。

（17）供租用的研究工具。

（18）电动车电池性能（E-mobility）试验台。

（19）冬季轮胎试验设施。

（20）自动车辆测试系统（LaunchPad 是 AB Dynamics 公司的一个自行推进平台，可以对所有 VRU 目标进行复杂而精确的控制）。

（21）电子友好型试验箱制冷剂（weiss Technik 的特殊试验箱）。

（22）高性能力和扭矩传感器。

（23）Tenney/Blue M 的温度和湿度试验箱。

（24）Team Corporation 的冲击和振动测试解决方案。

（25）新一代材料测试软件和平台。

（26）最先进的振动测试硬件和软件。

（27）循环腐蚀试验箱。

（28）人体工程学汽车移动装置。

（29）模块化、高性能驱动和 DC/DC 转换器系列。

（30）快速响应的压力成像传感器。

（31）高速轮胎轨迹分析系统。

（32）红外温度传感器。

（33）先进的车辆雷达测试系统。

（34）便携式排放测量系统。

（35）坚固的在线流量计。

MTS 测试系统带来了一系列工程测试解决方案。首先是新的 AWIFT Evo 车轮力传感器系列，在 MTS 收购 PCB 压电后引入市场。在诺维展出的其他提高生产率的产品组合包括全电动轮胎耦合道路模拟器、新型持久高效的 Dura-Glide 制动器和 echo 智能实验室连接性解决方案。

其次，6 月 5 日至 8 日在斯图加特举行的 2018 欧洲汽车测试博览会（Automotive Testing Expo 2018）以及中国和韩国的车展也出现了类似的情况。

在与世博会同时举行的第二次活动中，举行了自动驾驶汽车测试与开发研讨会。

研讨会包括 34 个专题报告。其中，以下 8 项与测试领域直接相关：

（1）美国西门子公司董事 Tony Gloutsos。使用先进的仿真来测试和训练人工智能算法。

（2）Ram Mirvani，全球业务发展总监。美国康拉德技术公司 ADAS 基于传感器融合人在环（HIL）进行自动驾驶定制传感器测试。

（3）Usami Yoshiguki，日本神奈川大学副教授。日本两个最大城市之间的自动驾驶测试。

（4）Dierk Arp，德国 Messing Systembau MSG 执行董事。ADAS 测试先进：6D 目标移动装置。

(5) Craig Shankwittz 博士，美国 MTS 系统公司首席研发工程师。用于 AV/ADAS 测试与开发的混合仿真。

(6) Alexander Noack，德国 b-plus GmbH 汽车电子部门负责人。基于原始摄像机和雷达数据的传感器 HIL 测试——下一个挑战是什么？

(7) Alanna Quail，美国 FEV ADAS 和网络安全经理。汽车应用程序的自动网络安全测试。

(8) 爱德华·莱斯利。美国 Leids 高级电气工程师。利益相关者考虑在管理车道设施上进行 CAV 测试。

但是从以上可以看出，工业界和学术界对测试开发领域的重视还不够。

7.4　航空航天仿真设备

Weiss Envirotronics 公司现在是北美 Weiss Technik 公司[19]，它为世界各地的客户提供产品和服务解决方案。该公司计划通过提供产品解决方案、服务支持和行业领先的知识，以满足客户测试要求的定制和预工程环境试验箱，继续成为当地的合作伙伴。该公司的试验箱示例如图 7.1 所示。

图 7.1　真空温度和真空气候试验箱（Weiss Technik 北美公司）

7.4.1　航空航天/高度/空间模拟

Weiss Technik 北美公司的高度试验箱允许在如下所述的各种模拟高度和温度条件下进行寿命应力试验。这些试验箱是专门为航空航天、军事和空间仿真行业设计的。

他们的 WT/D 和 WK/D 真空温度和真空气候试验箱提供了一种在高应力环境下对航空航天工业部件进行重复测试的方法。这些舱室允许根据相关标准模拟极限飞行程序。多年来，它们已应用于研究、开发、生产和质量控制领域：

(1) 真空系统用于连续稀释试验空间的大气，直至达到所需的真空。

(2) 外壳由耐腐蚀的镀锌钢板制成，涂有环保涂层。

(3) 试验箱箱门在整个试验空间横截面的左侧铰接。

(4) 试验箱箱门关闭时具有最佳压力。

(5) 方便维修的位置。

(6) 整个电力电子装置位于试验箱右侧壁上的开关柜内。

(7) 断开相关功能电路和/或整个试验箱的安全装置。

(8) 试验空间采用优质不锈钢制作，并采用真空、气密焊接。

(9) 不管温度控制系统如何，分离传感器，以保护样品。

(10) 侧板上提供了额外的管道，用于从外部进行试件的电气连接。

7.4.2 标准版本

航空航天仿真设备的标准版本包括：

(1) 温度和真空联合测试≥400mbar。

(2) 低/高温安全切断器，符合 EN 60519-2 (1993)，带有单独的传感器，热安全等级 2。

(3) 触碰面板。

(4) 以太网接口。

(5) 4 个无电位开关输入和输出。

(6) 加热板的非接触开关。

(7) 右侧面板上 50mm 入口。

(8) 水冷式冷凝器。

7.4.3 选项

航空航天仿真设备的选项包括：

(1) 适用 Windows 的软件包 Simpati*。

(2) 附加的无电位开关输入和输出。

(3) 测量数据记录系统用于 Pt 100 和电压信号±10V。

(4) 温度扩展。

(5) 模拟输出的设定值和实际值。

（6）额外的 Pt 100 传感器/热元件。

（7）带窗的门。

（8）架子，高度可调。

（9）法兰端口。

（10）用于极限组合试验的温度调节面板。

（11）端口直径 50mm。

（12）其他主要电源及频率。

（13）风冷冷凝器。

（14）使用除湿器防止冷凝，防止样品上的冷凝。

（15）隔音。

Element 14 是为全球航空航天测试部门提供材料和产品认证服务的供应商。他们与所有航空航天公司及其供应链合作伙伴合作，开发更好的产品，及时将产品推向市场，以节省时间和资金，并通过产品开发活动将业务风险降至最低。

Element 14 支持产品整个生命周期从研发到制造、延寿到处置。当与 29 个 Nadcap 认可的实验室结合在一起时，这些实验室拥有 41 个不同的 Nadcap 认证、全球和当地质量证书以及许多航空航天客户相结合时，他们的国际能力、足迹和地理范围在航空航天测试、检验和认证行业是不可低估的。

他们提供航空航天测试，帮助向航空航天主供应商（Aerospace Prime）及其供应链交付确定性。他们的航空航天测试专长使他们能够提供金属、聚合物、复合材料和陶瓷材料方面的全方位力学测试、化学测试、磨损性能测试、粒度测试、结构、失效分析服务以及无损检测和检验服务。他们还提供了一系列电磁兼容（EMC）测试（符合 RTCA DO-160 标准）和所有主要部件及系统的测试。

7.4.4　航空航天材料测试

Nadcap 认可的全球网络和航空航天供应商认可的航空航天材料测试实验室，以及一个经验丰富的航空航天材料测试专家小组，提供全方位的材料测试服务。这些测试包括金属、镍和钛合金、铝、高温合金、陶瓷基复合材料、聚合物基复合材料、弹性体、塑料和黏合剂的疲劳测试与断裂力学、拉伸和压缩测试、冲击和硬度测试、应力断裂和蠕变测试。

常见的被测材料与部件包括金属和合金、陶瓷和聚合物基复合材料、塑料和聚合物、紧固件、管道和配管、焊接样品和结构、工业部件及分组件和设备。

7.4.5 疲劳试验功能

Element 的疲劳测试实验室可以执行一系列金属和合金、聚合物和组件的高周疲劳、低周疲劳和专业程序。

Element 的材料测试实验室提供 ASTM E606 的测试，应变控制疲劳测试的标准测试方法。本规范通常用于低周疲劳试验，其中，部件受到机械循环塑性应变，在短周期内导致疲劳失效。

利用拉压疲劳试验机进行低周疲劳试验。首先将被试材料机加工、纵向打磨或研磨成具有均匀截面的圆柱形或扁平试样。其次将样品加载到测试框架中，按照 ASTM E606 的要求在恒定的应变速率下进行重复应力测试。引伸计通过测量试样截面的变形来控制应变范围。

典型的低周疲劳试验的目标是运行不超过 100000 次循环。根据材料和要求，测试频率通常在 1~5Hz。通过在不同应变水平下测试多个试样，可以得到材料的 S/N 曲线或应变寿命曲线。

E606 建议至少测试 10 个样本，以获得应变寿命曲线的统计置信度。

美国材料与试验协会（American Society for Testing and Materials，ASTM）E606 还概述了应变控制疲劳测试的报告要求，其中包括测试目标、材料和样本的描述、测试环境和条件、初始和稳定或半衰期数值、循环应变范围、失效循环次数和失效模式。

7.4.6 磨损及磨损试验

当摩擦是导致材料劣化的主要因素时，磨损和磨损试验将提供数据来比较材料或涂层。

磨损试验用于测试固体材料的耐磨性。金属、复合材料、陶瓷和厚涂层（焊接覆盖层和热喷涂）可以用这些方法进行测试。磨损试验的目的是产生数据，这些数据可重复地对材料在特定条件下的抗刮擦磨损性进行排名。

标准的磨损试验方法不应该用来评价特定环境中给定材料的耐蚀性。相反，它的价值在于将材料按照在磨蚀环境中可能会出现类似的相对值排序。

另外，可以配置定制的磨损测试程序，以接近模拟实际工作条件，包括温度、流体和磨损方向。这种定制的方法将导致磨损试验数据与有问题的具体工作环境更相关。

Element 公司的磨损试验能力包括销磨损、橡胶轮磨损、Taber 磨损、叶片块式磨损和销盘式磨损试验等。

（1）销磨损试验（ASTM G132）：使用主体材料和参考材料两个销试样进

行。一个销垂直于一个磨料表面，该磨料表面安装在一个平面上并由一个平面支撑。销磨损试验机允许磨料表面和销表面之间的相对运动。销钉的磨损轨迹是连续的、不重叠的。在试验过程中，销绕轴旋转。磨损量是由销的重量损失决定的。ASTM G132 要求在计算中包含一个参考样品，以纠正磨耗变化。

（2）橡胶轮磨损试验（ASTM G65）：是通过在旋转橡胶轮上加载一个矩形试验样品，并在它们之间沉积可控粒度、成分和流速的沙子来进行的。在进行测试之前和之后记录测试样品的质量。为了建立一个比较表来对不同的材料进行排序，有必要将质量损失数据转换为体积损失，以便解释材料密度的差异。

（3）Taber 耐磨试验（ASTM D1044 和 ASTM D4060）：是通过将一个方形或圆形的平面试样安装到一个转盘平台上，转盘平台上的两个磨料轮以固定的速度和压力在试样上旋转来完成的。一个轮子向外摩擦试件的外围，另一个向内摩擦试件的中心。样品质量（ASTM D4060）或雾霾（ASTM D1044）在试验前、后进行测量，以便于材料性能的比较。根据项目目标的不同，有各种各样的磨轮可供 Taber 磨耗测试。

（4）叶片块式磨损试验：通常使用一个物体（块），在承受恒定的法向载荷时，在一个固定的试样（叶片）上来回运动。当试件需要非标准环境条件或比销盘（Pin-on-Disk）测试更大的载荷力时，叶片块式试验尤其有用。

（5）销盘式磨损试验（ASTM G99，ASTM G133 和 ASTM F732）：涉及对两种材料的磨损：一种材料加工成销，另一种材料加工成盘，以确定各种属性，包括磨损率和摩擦力系数。销盘可以在高温或水中环境下进行，以更准确地模拟“真实”的磨损情况。

7.4.7　静电放电试验

卫星设备需要对飞行中可能发生的静电放电（Electrostatic Discharge，ESD）免疫。

因此，航天器设备对静电放电的耐受性（susceptibility）测试是 EMC 试验方案的重要组成部分。根据航空航天工业中常用的 ECSS-E-ST-20-07C[21] 的试验方法，对如何进行试验留下了不期望的自由度，而这些自由度又会影响注入的电流，从而影响试验结果。

由于 ESD 与电路的间接耦合，试验过程中施加的电流波形及其可重复性是非常重要的。在 ESTEC 研究合同（4000109887/13/NL/GLC）的框架内，对 ECSS-E-ST-20-07C 进行了关键审查，以确定对试验可重复性的影响因素。

为了符合未来待定的气体规章，环境模拟试验箱将作为标准模型或根据用户需求定制。新的气候 Excel 系列环境模拟试验箱具有良好的性能，并符合将逐步引入的新的含氟气体（F⁻气体）规章，直至 2030 年[22]。该系列试验箱使用更环保的气体，并具有一个更紧凑的新型压缩机以及其他功能，如扩展的温度范围。

7.4.8 含氟气体的合规性

2015 年 1 月 1 日生效的含氟气体规章（BC）No 842/2006 禁止购买某些制冷机，这些制冷机使用的气体或技术会因其全球变暖潜能而对环境造成危害。全球变暖潜能值（Global Warming Potential，GWP）是一种相对于温室气体效应的有害气体的指标，在一段时间内相当于一个碳分子的二氧化碳。实际情况下，1kg（2.3 磅）的二氧化碳即代表 1GWP 的全球变暖潜能值。这个数值越高，流体或气体的 GWP 就越有害。

虽然这一欧洲标准的实施尚未完成，但计划到 2030 年，立法将完全禁止使用全球变暖潜能值高于 2500 二氧化碳当量流体的机器维护。目前正在接受实践检验。

在面临这个期限之前，谨慎的做法是投资那些已经符合甚至超过极端环境模拟领域新规定的设备。气候公司已经为自己定位了使用 R449A 气体的新 Excel 机器。在相同数量的情况下，该气体具有超过 99% 的 R404 规格，但 GWP 降低了 65%。

对用户来说，这样做的后果是双重的。首先，使用这种气体可以遵守新规定。其次，R449A 气体的 GWP 为 1397，在维护方面具有优势。根据规定，那些最高收费门槛低于相当于 50T 等效二氧化碳的机器只需要进行年度检查。因此，与使用 R404A 制冷剂相比，Excel 生产线的机器可以保持相同的发热量负荷，而不会产生任何额外的检查。

试验条件的安全性、可靠性和准确性是通过有限元分析优化气候舱设计可以满足的关键准则之一[23]。

2015 年，哈迪科技位于重庆的技术设计部门从中国政府的第三方测试机构收到了一份容积为 55m^{3}的高空气候试验箱的订单。在庆祝这次中标的同时，设计师们开始思考如何产生一个优化的设计。基于对安全性和可靠性的考虑，他们决定该设备应采用一个增强型内部框架设计。然而，所需的更厚的钢板和更强的肋也会增加设备的热负荷，从而影响加热和制冷速率，进而增加在运行中的能源消耗，导致低效率。

此外，高空稀薄的空气减少了试验空间中的循环空气，这将延长达到所需均匀温度的时间，并减少实际试验的可用时间。

根据建议的解决方案，哈迪的设计部门完成了设计，设备已顺利交付给客户并通过了相关测试。设备内壁采用 304 不锈钢材料，厚度 6mm。当内部压力为 1sun 光照强度时（1sun = 1000W/m^2），减压速率是精确的，需要 25min 将腔室降至 50kPa（0. 5bar），而系统偏差小于±1kPa。

7.5　综合试验设备

7.5.1　航空航天试验设备

在建造航天器和相关的空间飞行硬件时，设计过程通常需要一套全面的试验。试验的目的是验证设计在设计载荷下生存的能力，并鉴定设计的飞行资格。这些试验通常包括静态载荷、模型、振动、声学和冲击试验。但这些试验的一个影响是，将硬件送入太空所需的时间延长和成本增加。组合试验测试的想法在最近几年得到了发展，并取得了一些真正的成功，但它在技术媒体上很少受到关注。

其中一个例子是伯克·波特机械公司（BEP）[24]，它已经与车辆测试系统公司联合工作。作为第一台全电动 DVT 辊/制动机的制造商，BEP 已经为汽车和重型车辆测试的创新铺平了道路。为全球所有主要 OEM 公司提供终端设备、测功计、轮胎和车轮装配测试系统。

“阳光动力”1 号（Solar Impulse 1（HB-SIB））的制造：风洞试验慢慢开始。

“阳光动力”1 号太阳能原型机已在欧洲的演示飞行以及成功穿越美国的飞行中证明了自己。

这些成就为创新的阳光动力号（Solar Impulse）项目的下一个里程碑铺平了道路，即开发和制造远程与更大的“阳光动力”2 号（Solar Impulse 2），设计瞄准环球飞行[25]。虽然 Solar Impulse 2 最初设计目标是 2015 年环球飞行，但现在 Solar Impulse 2 的试验阶段预计将于 2019 年完成。该飞机于 2013 年底制造完成，飞行试验于 2014 年初开始[26]。为了确保新设计的可靠性，需要进行广泛的试验，包括风洞试验。试验活动是在 RUAG Avia 公司位于埃曼的大型亚声速风洞（Large Subsonic Wind Tunnel Emmen，LWTE）中进行的。

位于埃曼（瑞士）的 RUAG 大型亚声速风洞是欧洲最大的基础设施之一，用于各种试验，包括飞机开发、汽车研究、雨水试验和船舶空气动力学试验。对于 Solar Impulse 2 试验，将使用一个木制的模拟驾驶舱，封闭在聚氨酯泡沫外壳中，外表面有覆盖材料。这些试验旨在验证整流罩和座舱门的适航性，并仿真材料在飞行过程中的属性。

该试验的一个关键要素是确认在紧急情况下甩脱驾驶舱门的能力。另一个关键因素是评价从不同角度吹风过程中结构的整体属性。在撰写本书时，这项试验估计将在2019年完成。

7.5.2 环境试验和试验设施

欧洲试验服务公司（European Test Services，ETS）[23]正在通过管理和运营位于荷兰诺德维克的欧洲宇航局（European Space Agency，ESA）的环境试验中心，为欧洲工业维护和提供试验设施服务。ETS积极提供力学试验、EMC试验、热真空试验、高度仿真等。除了对航天器和空间应用的试验，ETS还成为铁路、海洋和电力工业试验服务的主要供应商[23-24]。

7.5.3 ETS力学数据处理设施

ETS的力学数据处理设施为振动、声学和冲击试验提供数据采集、减少和显示。它们的采集系统可以处理各种模拟输入，由4个移动/模块化的128通道机架组成，通过移动配线板与试样连接。除了此采集硬件，ETS还可以为其客户提供加速度传感器和测力装置（Force Measurement Device，FMD）。该FMD由通过求和单元连接到数据采集系统的负载单元组成。这样，振动筛和试样之间的界面力是在控制/开槽试验期间可用，在响应分析和模型识别试验后立即可用。

7.5.4 ETS的维护、管理和试验设施服务

ETS签订合同，维护荷兰欧洲宇航局（ESA）欧洲航空航天研究与技术中心（ESTEC）试验中心的设施。这些设施分为力、热、EMC数据处理和基础设施：

（1）力学试验设施/服务包括振动/冲击、噪声、平衡和物理性能测量。

（2）热设施由热真空设施组成，可模拟空间环境（包括日照和寒冷），还包括高度模拟/减压。

（3）EMC设施可提供军用标准EMC试验。

（4）数据处理设施包括500+通道移动/模块化力学采集系统和1000通道移动热采集系统。

（5）力学数据处理设施的主要参数如下：

① 可用的采集通道：

a. 压电式传感器　　3×128#

b. 电压信号　　128#

c. 应变计通道　　60#

② 电荷放大器的特性：

a. 输入的范围　　±25～±51200pC

b. 频率带宽　　96Hz

c. 动态范围　　>80dB

d. 振幅精度　　0.2%

③ 电压放大器的特性：

a. 电压输入范围　　±100～±10V

b. 频率带宽　　96Hz

c. 动态范围　　>92dB

d. 振幅精度　　0.2%

e. ICP 电源　　4mA

④ 桥式放大器的特性。

全桥、半桥和 1/4 桥：

a. 频率带宽　　20kHz

b. 动态范围　　>90dB

c. 振幅精度　　0.2%

d. 桥路供电电压　　0.5V、2V 和 5V

e. 桥路最大值，供电电流 30mA

⑤ 连接器：

a. 压电式传感器　　微粒，10/32

b. 电压传感器　　BNC

c. 应变计　　LEMO/焊接材料

ESCO 技术公司。ETS 林格林（Lindgren）（子公司）。用于测试和测量的腔室、外壳和测试单元解决方案。ETS-林格林[29-30]正在致力于开发用于检测、测量和管理电磁能、磁能和声能的系统与部件。该公司改进技术，并应用行之有效的工程原则来创造增值解决方案。

该公司成立于 1995 年，当时 EMCO、Rantec 和 RayProof 公司整合其资源，创建了一个称为 EMC 测试系统的新实体。在这次收购后，该公司更名为 ETS-Lindgren。

2000 年，假日工业公司也被收购。该公司的测试技术用于当今的电磁场传感（Electromagnetic Field Sensing，EMF）系统的测试和测量，以及健康和安全应用。

2002 年，ETS-Lindgren 继续发展，收购了声学系统公司，该公司是声学测试和测量、听力学和广播应用的供应商。

ETS-Lindgren 如何允许客户实现定制解决方案的示例如下：

（1）无线服务提供商需要能够测试被引入本地客户服务中心的无线电话的可操作性。ETS 开发了一种带有集成天线的台式测试单元，使供应商能够在客户的服务中心快速、准确地诊断手机。

（2）大型汽车制造商需要一个能够测试以高达 112km 全速运行的实验室，并且需要一种特殊天线来进行测试。ETS-Lindgren 为车辆设计了一个带有组合测功计、空气冷却和排气系统的设施，而他们的射频专家则设计了独一无二的天线和定位系统。

（3）一家知名的集成电路制造商需要测试其产品的 EMC 发射和声学性能。ETS-Lindgren 建造了一个实验室，可以在不影响 EMC 或声学测量结果情况下同时做这两件事情。

从这些示例中可以看出，ETS-Lindgren 可以提供工程和制造资源来创建自定义解决方案。

ETS-Lindgren 制造射频测试所需的大部分设备或附件，包括天线、EMC、微波、无线测试、EMF 传感器、宽带电场、激光供电、电池供电、按形状的响应、FCC 要求、ICNIRP 要求、定位设备、天线塔、设备（DUT）转盘、多轴 DUT 定位器、射频加固的闭路电视摄像头、电源线和射频信号线滤波器、射频屏蔽照明设备、射频蜂窝式通风口、射频隔板引线和专用设备。

7.5.5 实验室、围场和测试单元产品库：EMC 暗室

自由空间消声室试验（Free-space Anechoic Chamber Test，FACT）代表了最先进的 EMC 测量技术，使用可拆卸的模块化面板、消波吸收器、铰链门或滑动门、摆动门。FACT 实验室提供的试验环境满足了大多数发射和耐受性国际标准，如 CISPR、IEC、VCCI、ANSI、FCC 和 SAE。

7.5.6 统计模式平均混响室

统计模式平均混响试验（Statistical Mode Averaging Reverberation Test，SMART）室为执行辐射耐受性和发射测试提供了电磁环境。IEC 61000-4-21 标准草案将混响室作为试验环境。

SMARTTM 80 环境如下：

（1）80MHz～18GHz 频率范围。

（2）连续或步进调谐器旋转。

（3）SMART 80 实验室的典型尺寸：13.44m×6.09m×4.87m（内部）。

7.5.7　军用车辆联合环境试验设备

位于密歇根州沃伦的美国陆军坦克、汽车研究、开发和工程中心（Tank Automotive Research Development and Engineering Center，TARDEC）的地面系统动力与能源实验室（GSPEL），提供在各种条件下开发、试验车辆系统和部件及故障排除能力，从而使地面车辆更加高效和机动。

GSPEL 的核心是动力和能源车辆环境实验室（Power and Energy Vehicle Environmental Lab，PEVEL），它提供专门的试验箱。2007 年，陆军与雅各布斯工程公司（雅各布斯）签订合同，执行 PEVEL 设施的设计/建设。该环境实验室在各种环境条件下提供完整的任务剖面试验，包括温度从 60℉ 至 160℉，相对湿度高达 95%，风速高达每小时 60 英里[31-32]。

试验箱的湿度控制在每磅干燥空气 0.5 粒湿度内，而周围环境空气每磅干燥空气含有超过 100 粒水分。该试验箱也被设计用于模拟每磅干燥空气中含有超过 250 粒水分的高湿度环境。

除了湿度模拟，试验箱还能够模拟各种太阳能荷载，并能够为箱内规定的太阳能强度设置提供对太阳的模拟。

PEVEL 还能够仿真轮式和履带式车辆的道路负载。这可以适用于从单个驱动轮到 10 个驱动轮的任何情况。每个车轮的负载和速度都可以独立控制，从而实现全道路负载仿真。

除了环境和负载试验，PEVEL 还可以容纳混合动力汽车和燃料电池车辆，使陆军能够针对未来的地面动力系统对具有备选燃料源的车辆进行试验。

RENK 系统公司[33]已经为重型和越野车辆建造了许多试验台：卡车、公共汽车、叉车、其他材料搬运设备和农业设备，包括拖拉机和收割机。该公司设计了在气候实验室中联合试验的双轴测功机（图 7.2）。

图 7.2　气候实验室中的两轴测功机（MAN 半拖拉机）[33]

图 7.2 中显示了气候实验室中的双轴测力仪（MAN 半拖拉机）[33]。ESPEC 公司设计和制造了组合试验设备[34]和装机设备，通常是电子设备。虽然该公司不准确地宣传这是“可靠性试验”，但他们的工作很有趣，因为它展示了加速可靠性试验的一步。该公司设计并生产了多轴振动、温度、湿度组合仿真及试验设备。

MIRA 公司[35]的组合环境设施能够根据客户的确切要求运行循环温度、湿度、太阳能负荷和冲击/振动的组合试验。通过组合这些条件，可以在实验室中重现真实环境和损失机理。

许多设施配备了最先进的灭火系统和灵活的接口，旨在根据可配置的触发条件提供设备的安全关闭。这些系统有助于对需要立即断电的设备进行安全测试，如锂离子电池及其管理系统。

所有这些设施都有接入端口，允许供能，包括电力、液压、气动等。其现有的综合环境试验能力包括：

1. 气候能力

（1）最高温度范围：70~180℃。

（2）最大腔室尺寸：3m×3m×4m。

（3）湿度范围：10%~95%RH。

（4）太阳能负载可编程高达 1200W/m^2。

2. 振动能力

（1）5 个电磁减振器系统和两个多轴 EH 系统。

（2）最大推力：62kN。

（3）频率范围：1Hz~3kHz。

3. 振动的类型

（1）正弦（包括共振搜索、跟踪和停留）。

（2）随机。

（3）冲击波。

（4）正弦加随机、随机加随机、枪声（混合模式试验）。

（5）时间历史记录复制（道路负载数据等）。

E-Labs 公司[36]提供组合环境试验设备，可以灵活地将三个振动系统中的任何一个转换为组合环境，将温度/湿度箱与电动振动筛结合起来。

这些试验箱可以执行快速的温度变化速率，而振动设施可以产生 18000 磅力，频率高达 2000Hz。

试验产品的范围从测试样品、元器件和部件到成品。气候试验服务的行业包括航空航天/航空电子、电器、汽车、暖通空调和工业机械。

韦斯-焊接技术有限公司是全球最著名的环境仿真标准试验箱和系统的生产商之一[37]。他们的试验系统将具有可变温度和空气湿度的气候试验箱与符合标准 DIN EN ISO 9227（DIN 50021）的盐雾试验结合在一起。

该系统适用于循环盐雾和气候试验，符合汽车行业的相关标准，如 VDA 621-415 B。

SC 1000/15-60 IU 型腐蚀气候试验舱的温度范围在+10~+60℃，在空气湿度为 10%~95%的情况下，气候试验的温度精度为±0.5℃，相对湿度为±3%。

其试验舱适用于仿真试验标准中规定的数值：

（1）典型设置为+50℃/10%相对湿度（干燥气候）和+50℃/95%相对湿度（潮湿气候）。

（2）露点范围+6~+59℃。

（3）温度试验（无须控制湿度）可在-15℃下进行。

（4）根据进一步的腐蚀试验标准，作为一个选项，这些工作范围可以通过控制气候和冷冻来扩展。

（5）试验空间容积大于 1000L。

（6）内部的试验空间几乎可以完全供试样使用。因此，大尺寸的部件，如完整的车身零件，可以放置在试验空间中。

（7）试验舱地板的设计可承受 100kg 的最大载荷。

他们的产品系列包括温度和气候试验系统，用于模拟暴露于天气、温度冲击、腐蚀环境的试验系统，以及在各种容积的试验舱中进行长期试验的试验系统。根据客户规范设计、生产和安装用于环境仿真与生物的步入式/驶入式舱室和过程集成装置。Weiss Umwelttechnik 根据 DIN EN ISO 9001 认证。

他们的试验系统结合了具有可变温度和空气湿度以及符合标准 DIN EN ISO 9227（DIN 50021）的盐雾试验的试验箱/舱。

他们的系统适用于循环盐雾和气候试验，符合汽车行业的相关标准，如 VDA 621-415 B。

Weiss 产品系列包括用于温度和气候试验的各种容积试验箱的试验系统[37]，仿真暴露于天气、温度冲击、腐蚀以及研究、开发、质量控制和生产中的长期试验。步入式系统和在线装置的设计、生产和安装符合客户规范。其主要特点包括尘土和喷水试验、防爆测试系统符合 ATEX、菲特龙植物生长室和房间、锂离子试验箱、移动交流电系统、有毒气体、辐射和风化、太阳能技术试验。

相关环境系统（Associated Environmental System，AES）[38]提供了一系列预制的、紧公差环境步入式房间，易于运输和安装。其主要特点包括：

(1) 强制空气循环系统，均匀、持续地分配空气再循环，保持均匀的温度和湿度。

(2) 温度范围为-73～+85℃。

制冷系统满足室内载荷要求，并可以持续处于制冷模式。单级机械式机组在-35℃及以上温度下运行，两级复叠式机组在-35℃以下温度下运行。

(3) 电加热系统提供了非常准确的直线温度控制。该系统可靠且使用寿命长。

(4) 湿度系统的选择是经过调节的细雾系统或蒸汽发生器系统。可提供不同的湿度范围，包括特殊的除湿范围为5%的相对湿度。

(5) 预制房结构由模块化夹层面板组成内外都有金属蒙皮。面板易于运输和组装。

(6) 可定制多个不同尺寸的视窗。

(7) 白炽灯或荧光灯是防蒸汽和密封的。

(8) 仪表由单通道或双通道微处理器编程器组成，传感器的精度为±0.25℃或更高。其他选项包括 RS-232C、RS-422A、IEEE-488 接口。

(9) 安全属性包括一个带有自我控制器的冗余控制电路和故障保护接触器。

(10) 还有许多其他的选择。

7.5.8 制冷系统

AES 提供了一个制冷包，支持步入式环境室。它包括：

(1) 单级机械制冷系统，在-35℃及以上。

(2) 两级复叠制冷系统（风冷或水冷）低于73℃的操作。

科学气候系统有限公司（Scientific Climate System，SCS）[39]设计和建造驶入式试验舱，用于测试任何类型的车辆（如汽车和拖拉机），能够仿真极端高温和湿度到亚低温的天气环境。

环境构造公司（Environmental Tectonics Corporation，ETC）[40]试验与仿真系统组（Testing and Simulation System，TSS）自1969年以来一直在为汽车和暖通空调行业设计与制造环境仿真系统。ETC 在环境仿真系统的设计、制造、安装和维护方面的经验包括以下方面的专业开发。

7.5.9 其他汽车试验设备

其他汽车试验设备包括汽车空调系统试验台、HVAC 部件热量计和耐久性试验台、部件风洞、海拔模拟系统、空调送风系统、蒸发测定用密封外壳

(Sealed Housing for Evaporative Determination，SHED)、可驶入整车试验舱、全天候风洞和整车腐蚀室。

其中，全天候风洞包括：

(1) 可调喷嘴 7~13m^2和长试验段，以适应各种车辆尺寸和类型，从小型轿车到 8 级卡车和公共汽车，风速超过 240km/h。

(2) 温度从-40℃到+60℃，湿度从 5%到 95%相对湿度 (RH)。

(3) 流动品质卓越，可以进行先进的空气动力学仿真和热力学试验。

(4) 低背景噪声级 (50km/h 时为 64dBA)，用于检测车辆驶出异常情况，如打不着火、传输迟滞等。

(5) 底盘测功机上的独立动力辊，带有一个转盘，可以进行侧风试验。

(6) 太阳仿真系统，强度高达 1100W/m^2，可以模拟日出日落。

(7) 吹雨、落雪和吹雪仿真。

(8) 客户车辆操作的全套辅助系统，包括氢气和电动汽车的兼容性。

(9) 暖通空调/工业试验设备。

(10) 环境控制室。

(11) 气流测量隧道。

(12) 压缩机和其他子部件热量计。

(13) 均衡的环境和校准热量计。

在过去的几年中，环境仿真系统的设计已经取得了很大的进展，这主要得益于技术上升级的测量设备、基于 PC 的计算机数据采集系统，以及实时数据评估系统。这些变化便于更准确的测试，并便于对现有试验设施实现更全面的自动化。

此外，TSS 集团还对设计和操作进行了大量修订，增强了设备与最近“绿色”倡议的相容性。并已经开发了各种车辆测试应用程序来应对不同的试验环境，包括模拟炎热的道路和阳光照射条件。

Soufflerie Climatique Ile de France (SCIDF)[41]是一家法国公司，为汽车业提供全天候风洞试验，他们现在已经安装了弗劳德·霍夫曼测功机系统。

他们的测试系统是专门设计的定制 4×4 布局，以使公司能够测试各种各样的车辆，从小型轿车到大型卡车。弗劳德·霍夫曼声称，控制系统提供了一个独特的 4×2 独立布局的控制模式，能支持风洞中两种不同车辆 (相互跟随) 同时进行试验。

该风洞能够测试温度-35~+55℃，湿度 10%~98%，太阳辐射强度 0~1200W/m^2，风速 0~250km/h。

1.6m 滚动 4×4 底盘测功机是根据 SCIDF 的严格要求而定制的。

为了适应在 SCIDF 测试的各种车辆，4×4 布局的特点是：轴距可从 2m 调整到 7m，每轴载重量高达 6500kg，速度高达 250km/h，底板设计运载 18t 卡车。

实时数据监督可在支持每个测量的参数图表和表格上进行。每个通道还提供警报或警告。

7.6 车辆部件的联合测试

Link 工程公司[42]是一家致力于设计和制造测试设备的跨国公司，是一家为各种各样车辆部件提供全面测试服务的供应商。

他们特别关注的是为发动机后面的部件提供测试解决方案，包括变速箱、制动器、离合器、干摩擦和湿摩擦材料、车轮、轮胎、轮毂、弹簧、转向系统、车轴及相关材料子系统。该公司还提供了一系列电机的测试系统，包括交流发电机、起动马达和转向系统测试仪。

这家公司服务于运输业的各个细分市场，如客运汽车、卡车、拖车、公共汽车、摩托车、飞机、铁路车厢和越野车车辆。

7.6.1 车轮和轮毂试验系统

车轮和轴承试验台有多种系统配置与能够通过各种负载输入测试性能和特性。此外，辅助系统可用于创建温度、湿度、泥浆和盐浆试验参数的不同极限条件。

双轴车轮试验系统专为汽车和轻型卡车车轮的先进设计和研制试验、全面验证、产品验证和磨损测试而设计，其外倾角控制系统旨在模拟实际道路荷载。它们的能力包括：

（1）径向疲劳试验机：通过轮胎接口和公路车轮系统测试汽车车轮的性能与特点。

（2）车轮碰撞试验台：提供模拟侵蚀性路缘对车轮和轮毂组件影响的方法。

（3）轴承剥落测试系统：提供轮毂轴承的径向和轴向加载测试。

随着对车辆燃油效率的日益重视，汽车制造商目前比以往任何时候都在努力研究减少轮毂阻力的方法。

7.6.2 变速箱和传动系统测试系统

作为一家多方面的工程开发商和综合制造商，Link 为变速箱以及传动系组件和部件的评价提供完全集成的测试系统。

Link 测试设备提供从简单部件到完整车辆系统的测量。

它们的设备与变速箱和传动系统一起工作，包括：机油和摩擦，反作用盘，齿轮接口，皮带和链条，外壳，扭矩变矩器、活塞、花键轴、输出轴、车轴、差速器、车轮端部，安装配件、完整和部分系统以及组件。

Link 工程开发和制造的变速器与传动系统的测试系统例子包括高速自动变速器测试系统、SAE 2 号湿摩擦试验台、手动离合器耐久性试验系统、变速器扭矩循环耐久性系统、T0-4 试验系统和四方形测试系统。

SERVOTEST 公司[43]设计和制造用于汽车球铰测试的多轴多工位系统。SERVOTEST 在设计和制造测试系统方面拥有丰富的经验，该系统用于对汽车球铰在整个使用寿命内所经历的负载反复进行实验室仿真。

汽车球铰通常要持续使用到车辆的整个使用寿命。

多轴运动结合与连续和瞬时路载条件下产生的复杂加载模式相结合，只是这些部件的设计者所面临的众多挑战中的两个。这些球铰通常还承受高温和低温热负荷，以及其他具有挑战性的环境条件的影响。

SERVOTEST 开发了多种布局的多轴球铰试验台，以满足球铰试验界的不同需求。根据待测球铰的大小，这些试验台可以是单工位的，也可以是多工位的。

最常见的布局是双工位式三轴试验台，它将垂直和水平载荷与球铰旋转和摇摆运动结合起来。这种设计的衍生体包括用于较大球铰的单工位设计，结合温度循环热试验箱，以及仅用于横向负载测试的单轴试验台。

另一种备选的重型布局提供了同时独立的三轴加载，并结合摇摆和旋转，用于一对球铰试样。如果需要，这种布局还可以提供热调节。

辛辛那提 Sub-Zero 公司的 AV/CV-系列振动箱能提供快速的温变率和组合的温度、湿度和/或振动[44]。设计的所有型别都与消费者选择的电动或机械振动系统兼容。

这些振动箱可以与现有的振动台一起使用，也可以作为单独的温度/湿度循环箱使用，从而实现更大的投资回报。

7.6.3 AV 系列 AGREE 振动舱

AV 系列 AGREE 振动舱提供振动试验结合温度变化率。

这些试验舱可用于温度和振动试验或温度、湿度和振动试验。所有型别的设计都与电动或机械振动系统相兼容。两用试验舱也可用作振动试验舱，或利用实心地板塞作为无振动的温度循环试验舱。

AV 系列 AGREE 型别具有可选的功能，可与水平和垂直工作模式的振动系统连接。虽然每个型别都是按照标准设计制造的，但它们也可以定制附加功能，如双开门、双边门、带高度调节的垂直升降机、后部滑动门等。

1. CV 系列振动舱

CSZ 提供驶入式组合环境试验舱，用于模拟各种道路条件和气候。这些舱室设计用于整车试验。根据客户的要求，可使用模块化/镶板箱或全焊接步入式箱来建造驶入式试验舱。

他们的驶入式试验舱可以模拟振动和各种气候条件，包括太阳模拟或红外照明。它们可用于不同类型的试验。每个试验舱都可以进行定制设计，以满足各种要求和规格，包括与振动系统的集成用于四通道道路仿真。

2. 驶入式试验舱特征

1）仪器

（1）CSZ EZT-570i 触摸屏控制器提供“7 或可选 10”触摸屏和最新的试验箱编程，易于使用。它标配数据记录、通过记忆棒或 PC 访问数据文件、以太网控制和监控、通过电子邮件或电话文本发出警报通知消息、数据文件备份、全系统安全、线上帮助和提供多种语言的语音辅助等。

（2）仪器包括温度限制和警报，以保护测试对象。

2）通信

（1）RS-232/485 串行通信、以太网控制和监视提供了通信选项中的一个选择。

（2）EZ-View 可选软件允许用户控制和监视多达 20 个任何位置的试验舱。

3）机柜

（1）加固型地板，以支撑重物。

（2）无雾视窗和内部照明，使查看工作空间变得轻松。

（3）不锈钢内衬由 304 型拉丝不锈钢制成，易于清洁并彻底密封，以防止水分迁移。

（4）白色浮雕或铝耐刮擦的外表。

4）制冷

（1）压力计允许连续监测工作压力，并提供预警指标。

（2）CSZ 试验舱使用环境安全的制冷剂，不易燃、不爆炸，且臭氧消耗潜能（Ozone Depletion Potential，ODP）为零。

CSZ CV 系列振动室提供快速的温度变化率，以及温度、湿度和/或振动的组合环境。设计的全部模型都与电动或机械振动系统相容。虽然每个模型都是按照标准设计制造的，但它们可定制以满足各种试验要求。

他们的 CV 系列温度/湿度和振动舱只能在垂直工作模式下与振动系统集成。振动室也可使用实心地板插塞用作没有振动的温度循环室。

Cincinnati Sub-zero 还开发了一种用于测试整车的试验箱。

宝马气候试验综合体[46]由 3 个大型全天候风洞、2 个较小的试验舱、9 个浸泡室和支撑基础设施组成。风洞和试验舱的性能是多种多样的，总的来说，给宝马提供了测试在世界范围内，其车辆可能经历的几乎所有情况的能力。风洞试验段设计满足严格的空气动力学规范，包括轴向静压梯度和低频静压波动的限制。

7.7　可靠性和耐久性加速试验设备

图 7.3 展示了一个计算机控制的通用设备试验舱，用于不同类型发动机可靠性/耐久性试验，包括温度、湿度、振动、测功机、化学污染、力学污染和输入电压[47-48]。

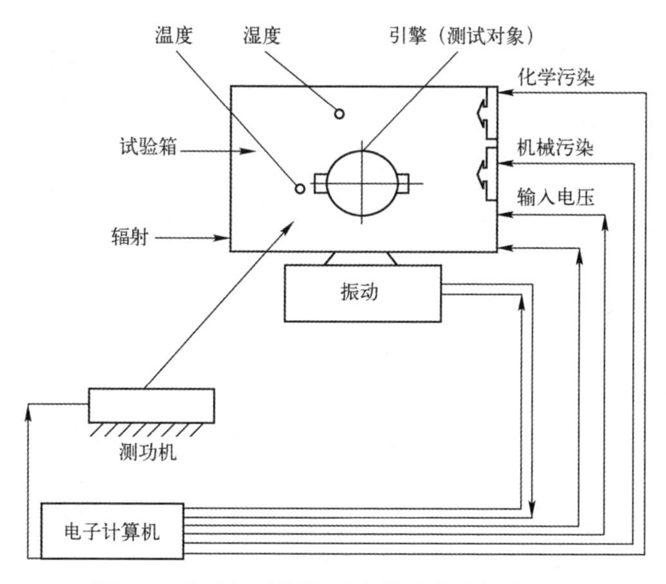

图 7.3　发动机可靠性/耐久性试验设备示意图

与发动机设计和制造公司用于发动机试验的其他设备相比，这种试验设备的一个特殊之处在于其可以将振动试验与其他负载结合起来。这使得对可靠性和耐久性加速试验更接近真实情况，也更加准确。

俄罗斯国有企业 TESTMASH 开发了一个类似于上述方案的试验舱，用于变速器可靠性/耐久性试验。本书作者参与了一组可靠性/耐久性试验设备试验舱的研发，其中包括特定振动设备、工艺过程仿真设备、驱动仿真设备、机械和腐蚀过程仿真设备。为了接近真实条件，所有施加在试验对象上的载荷都是随机的。

国有企业 TESTMASH 开发了一种通用设备驶入式试验舱，用于可靠性和耐久性加速试验[47-48]。

如图 7.4 所示，该试验舱仿真了以下完全集成的输入影响，即振动测试设备、功率测试设备、化学空气污染仿真设备、机械（粉尘）空气污染仿真设备、太阳辐射仿真设备、输入电压仿真设备、各种温度仿真设备和湿度仿真设备。

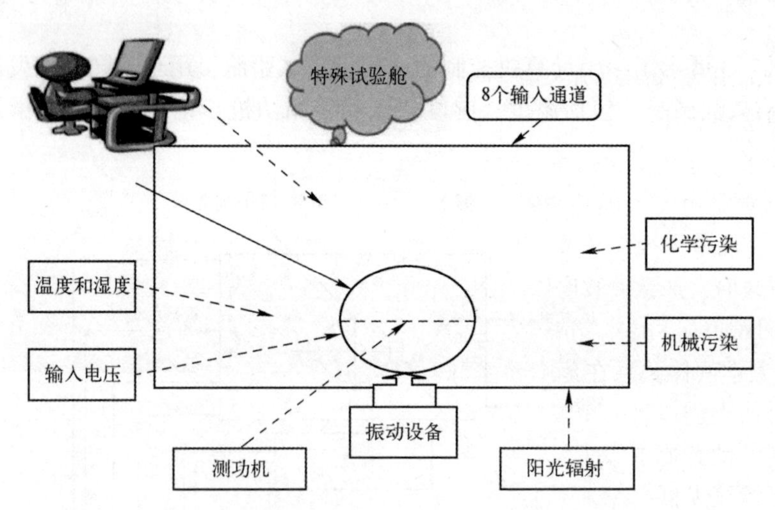

图 7.4 可靠性/耐久性加速试验（ART/ ADT）（TESTMASH）试验舱方案（8 个输入）

通过在一个系统中使用多个试验舱（图 7.5），可以显著降低可靠性/耐久性加速试验的成本。与使用试验箱测试一个试验对象（车辆或其部件）相比，这种系统的优点包括能够在一个系统中同时测试多个试验对象、单一电源系统用于 N 个试验舱、单一的计算机化数据采集和控制系统、用于测试多个试验对象的单一排气系统、单个输入系统影响 N 个试验舱的仿真。

安大略大学汽车卓越技术中心（ACE）在 21 世纪初创建、收购并运营了一个全天候风洞。该风洞旨在为汽车制造商、分包商、供应商和其他各种规模的行业提供试验能力，以在一系列仿真的现场条件下核查原型产品，并在未来进行必要的开发后，用于可靠性/耐久性加速试验[47-48]。

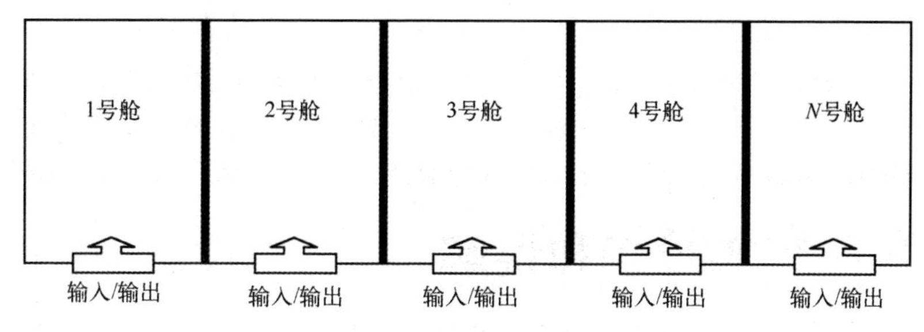

图 7.5　一个系统中多个试验舱的方案

ACE 与政府和一所大学合作开发试验设施的项目为许多互相关问题提供了解决方案，这些问题如可靠性和耐久性加速试验设施的成本、利用率和可用性。但是，这样的项目需要战略上的长远考虑、各合作伙伴的合作和各方投入的资源。

ACE 开发的解决方案遵循了本书中提出的想法，对于其他人在未来落实这些想法很有用。

为了更好地了解这个有趣的项目，下面将提供汽车卓越中心（ACE）的简史。ACE 是由安大略省理工大学（University of Ontario Institute of Technology，UOIT）、加拿大通用汽车有限公司（General Motors of Canada Ltd. GMCL）、安大略省政府、加拿大政府以及协作工程教育促进会（Partners for the Advancement of Collaborative Engineering Education，PACE）合作建立的。这一创新的政府-产业-大学伙伴关系在范围和视野上都是非凡的，并具有卓越的包容性。它的创始合伙人创造了一个友好的环境，在这里，每个人都可以参与到对汽车和制造创新的动态追求中来，可以让每个人拥有一个伟大的想法，渴望学习，并致力于可持续发展。ACE 是加拿大乃至世界上第一个此类试验和研究中心。

ACE 的初始资金是通用汽车“灯塔”项目的一部分，该项目于 2005 年 3 月 2 日与加拿大和安大略省政府合作宣布。25 亿美元的 CDN 灯塔项目包括对通用汽车加拿大业务的战略投资，以及在 UOIT 建立 ACE，通过更好地联系公司、供应商、大学、研究人员和学生来推动汽车创新工程。

2005 年，“灯塔”项目拨款 5800 万美元用于 ACE。根据 UOIT 在 2006 年进行的市场分析，该大学选择扩大气候试验设施的计划，包括更大的风扇、更灵活的试验单元设施、更大的综合研究和培训设施（Integrated Research and Training Facility，IRTF）。这些变化将允许风洞同时应用于卡车和公共汽车以及轻型汽车，从而有助于 ACE 及其独特设施具备潜在的广泛市场吸引力。

随着 ACE 项目的发展，大学合作伙伴承诺了超过 1 亿美元的资金，其中包括安大略省政府、加拿大政府、UOIT 和加拿大通用汽车公司通过其 PACE

伙伴关系提供的捐款。

三个主要承包商是 Diamond and Schmitt 建筑事务所（安大略省多伦多）、Aiolos 工程公司（安大略省多伦多）和 Vanbots 建筑公司（安大略省 Concord）。

设计和工程工作于 2007 年开始，2008 年 6 月 5 日开始施工。

5 个国家参与了 ACE 设施的建设。

CRF 提供全尺寸试验舱，提供完整的气候状况和生命周期，包括最大和最复杂的全天候风洞。在这个试验舱内，风速可超过 240km/h，温度在 -40 ~ +60℃，相对湿度可在 5% ~ 95%。全天候风洞具有独特的可变喷嘴，可以在 7 ~ 13m^2（及更大）的范围内优化气流，允许一系列前所未有的车辆和试验资产规模（图 7.6 ~ 图 7.8 是该风洞的组成部分）。实现这一功能的是一个集成到一个 11.5m 转盘的大型灵活的底盘测功机。

图 7.6　全天候风洞[46]

现在，这是第一次在任何地方，车辆和试验资产可以在全工况下进入气流中，以便在侧风条件下进行分析。这个大的开放式试验舱有一个易于重构的太阳能阵列，可以复制太阳的影响。它还具有氢的能力，便于替代燃料和燃料电池开发。

全天候风洞的特点将包括一个 7 ~ 14.5m^2 的可变喷嘴，能够实现各种车辆的尺寸和风速组合。带有底盘测功机和振动设备的转盘能够实现车辆偏航测试。测功机组件设计为从试验舱移除，并包括一个电梯组件和空气轴承运输系统。

ACE 全天候风洞亮点：

（1）气候控制。

图 7.7　测试产品电磁兼容发射和声学特性的试验箱[46]

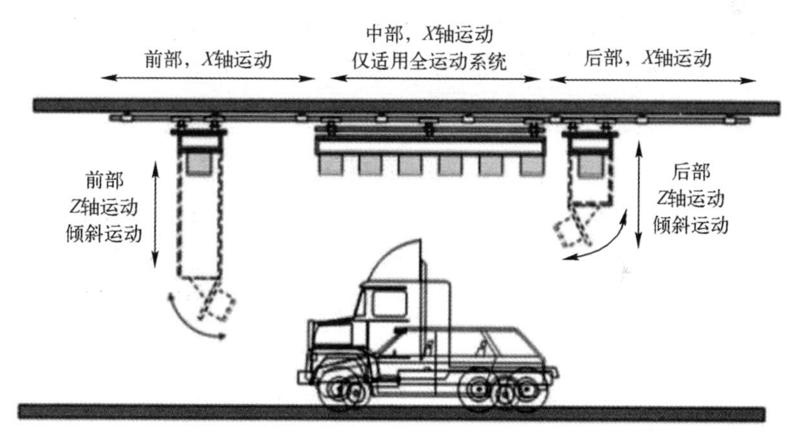

图 7.8　太阳仿真系统（A & B）的试验截面[46]

（2）尺寸：L20. 1m×W13. 5m×H7. 5m。

（3）日间太阳能阵列。

（4）燃料分配（包括氢能）。

（5）雪、雨、干旱的沙漠。

（6）温度和湿度（-40~60℃，湿度 5%~95%）。

（7）带有底盘测功机的转台，使车辆能够进行偏航测试。

（8）可变喷嘴（7~14.5m^2），促成各种车辆尺寸和风速组合。

（9）风速超过240km/h。

风扇和电机系统：

（1）气流-航空888m^3/s。

（2）气流-大/小喷嘴293/470m^3/s。

（3）膨胀/振动隔离。

（4）电机转速610r/min。

（5）额定功率2500kW。

（6）转子/叶片质量6000kg。

（7）6s内0%~40%，15s内40%~100%，15s内100%~0%。

气路观景台（地面层）：

建筑结构5.5层以上，从上到下。

最终的共同结论是：加速试验设备的数量在增加，但质量在下降。

对于加速试验，特别是在空间领域，传感器的问题仍然非常重要。

表7.2展示了实验室中日常使用的一系列传感器的列表。开发解决这个问题的程序的第一步是决定需要精确地监控和测量什么。本书的第3章演示了如何做到这一点的常见方法和示例。参考文献［1］中给出的一个例子显示了关注的工作特性是如何被包括在内的。

表7.2 可使用的特性和典型传感器[1]

特　性	使用的典型传感器
声音和振动	加速度计或电容探头
温度	热电偶和热敏电阻
速度	磁性或光学传感器
扭矩	应变计或压电传感器
滑动或滚动	电接触电阻或声音传感器

表7.3列出了在实验室中日常使用的一系列传感器。

表7.3 待测特性和实验室常用的典型传感器

典型传感器	待测特性
温度传感器	热电偶、热敏电阻和红外探测器
位置传感器	涡流或电容探头、LVDT传感器、激光和超声波靶场探测器
振动传感器	加速度计、应变计、电容探头
速度传感器	磁性传感器、光学编码器、转速表

续表

典型传感器	待 测 特 性
力或压力	压电或压阻传感器
金属对金属接触检测器	电阻或压降传感器
化学传感器	介电常数
光学传感器	密度计、红外、紫外荧光、分光镜、光电电导电池、光电二极管
声发射	超声波和声波探测器

习　　题

1. 关于测试设备的当前状态，参考 TestExpo 的关键发现是什么？
2. 描述测试设备市场的具体状况，请参考“Technavio”。
3. 描述三个全球测试设备市场。
4. 请描述 2016—2021 年测试设备全球市场的预期增长。
5. 介绍一些用于电子产品测试的具体测试和测量设备。
6. 电子测试和测量的一些主要趋势是什么？
7. 描述汽车测试设备市场的一些基本方面。
8. 描述亚太地区测试设备市场的具体方面。
9. 描述军用车辆综合航空航天测试设备的一些例子。
10. 讨论军用车辆综合环境试验设备的一些特点。
11. 描述一些组合环境试验的例子。
12. 描述车辆部件的组合测试设备。
13. 描述用通用设备设计的用于发动机测试的试验舱的一些基本部件。
14. TESTMASH 开发的用于可靠性和耐久性加速试验箱模拟了多少种以及哪些类型的输入？
15. 描述汽车卓越中心（加拿大 ACE）的一些具体功能。

参 考 文 献

[1] Frank Murray S, Hestmat H, Fusaro R. Accelerated testing of space Mechanisms. April 1995. MTI Report 95TR29.
[2] Klyatis LM, Klyatis EL. Accelerated quality and reliability solutions Elsevier; 2006.
[3] Klyatis Lev M. Accelerated reliability and durability testing technology. Wiley; 2012.
[4] Klyatis L. Successful prediction of product performance: quality reliability, durability safety,

maintainability, life-cycle cost, profit and other components. SAE International; 2016.
[5] Klyatis LM, Anderson EL. Reliability prediction and testing Textbook. Wiley; 2018.
[6] J. Cavazos, Industry Director. Frost & Sullivan. www. frost. com.
[7] Business Wire, A Berkshire Hathaway Company. Global general purpose test equipment market to grow to USD 6. 58 billion by 2021, at a CAGR of nearly 5%. Global general purpose test equipment market to grow to USD 6. 58 billion by 2021, at a CAGR of nearly 5%. Graphic: Business Wire. May 17, 2017. https://www. businesswire. com/...Top-3- Emerging-Trends-Impacting-Global-General.
[8] Electronic test and measurement market 2018 global trends, market share, industry size, growth, opportunities and forecast to 2023. "WiseGuyReports. com adds" electronic test and measurement market 2018 global analysis, growth, trends and opportunities research report forecasting to 2023. October 16, 2018.
[9] Automotive test equipment market 2018 global emerging technologies, top key leaders, recent trends, industry growth, size and segments by forecast to 2022. September 12, 2018.
[10] C. Armstrong, North America for Rigol Technologies USA. What trend or new technology will drive the test instrument market in 2013?. www. rigolna. com.
[11] C. Sweetser, Omicron. www. omicron. at.
[12] M. Schrepferman, Peregrine semiconductor corporation. www. psemi. com.
[13] M. Fox, FLIR test & measurement. http://www. flir. com.
[14] SIEMENS. The testing laboratories at the Schaltwerk Berlin.
[15] Automotive test equipment market overview. New York, United States—October18, 2018. MarketersMedia.
[16] Show Preview. Automotive testing expo 2018. Novi, Michigan. October 23-25, 2018.
[17] Novi, Michigan. In: Autonomous vehicle test & development symposium; October 23-25, 2018.
[18] WT-D/WK-D. Aerospace testing industry leader Weiss Technik weiss-na. com Adwww. -weiss-na. com.
[19] Element. Aerospace-testing-exova. com. Adwww. exova. com.
[20] Pelissou P, Daout B, Romero C. Critical review of the ECSS-E-ST-20-07C ESD test set-up for testing spacecraft equipment. 2016. ESA Workshop on Aerospace EMC (Aerospace EMC).
[21] Perraux R. Environmental test chambers: extreme environments testing with F-gas compliance. Aerospace Testing International 2018. Showcase.
[22] Chen L, Zhao F, Wang L. Accurate test chambers. Aerospace Testing International 2018. Showcase.
[23] Deleted in review.
[24] Burke Porter Machinery Company. www. bepco. com.

[25] Aerospace Testing International Solar impulse into the tunnel. April 2014.
[26] Solar impulse-building a solar airplane. www. solarimpulse. com/en/our/building-a- solar-airplanel/.
[27] Test Center-European Test Services (ETS). www. european-services. net.
[28] European Space Agency. PepiColombo. Mercury composite Spacecraft. Sci. esa. int/.../50, 547-sunshield-being-omstalled-on.
[29] ESCO technologies. ETS-Lindgren. Automotive chambers. www. ets-lindgren. com.
[30] ESPEC Technology Report. Special Issue: Evaluating Reliability. No. 3. 1997.
[31] Ground Systems Power and Energy Laboratory. U. S. Army. www. army. mil/standto/archive/issue. php?issue.
[32] Jacobs. Environmental testing for military vehicles. Automotive Testing Technology International 2012: 78-9.
[33] RENK Systems Corporation. www. renksystems. com/.
[34] ESPEC Technology Report. Special Issue: Evaluating Reliability. No. 3. 1997.
[35] Combined Environment Testing. MIRA. www. mira. co. uk. Defense Vehicle Engineer.
[36] E-labs. Industrial testing laboratory. Frederickburg. Virginia.
[37] Weiss Umwelttechnik GmbH www. compositesworld. com/suppliers/weissumw/DIR.
[38] Associated environmental svstems (AES) www. associatedenvironmentalsystems. com/.
[39] Scientific Environmental Testing, Ltd. www. scs-usa. com.
[40] Environmental Tectonics Corporation (ETC). https//www. etcusa. com/.
[41] Chassis dynamometer system. Automotive Test Technology International June 2013. La Soufflerie Climatique Ile de France, www. soufflerie-climatique. fr.
[42] Link Engineering Co. www. linkeng. com.
[43] Servotest-Test and Motion Simulation. www. servotestsystems. com/.
[44] Cincinnati Sub-Zero Chambers. All types and sizes made for you. www. cszindustrial. com/Environmental.
[45] Klyatis LM. Accelerated evaluation of farm machinery. Moscow: AGROPROMISDAT; 1985.
[46] UOIT-ACE-Automotive centre of excellence. ace. uoit. ca/.
[47] Gary M. Elfstrom and Greg L. Rohrauer. 8 design and construction of the UOIT Climatic Wind Tunnel. University of Ontario. Institute of Technology.
[48] Klyatis L. Test Centers "Testmash" . Journal Automotive Industry. 9/1992. Moscow, Russia.
[49] High quality equipment for test service of Farm machinery. Interview with Chairman of engineering center TESTMASH Dr. Lev Klyatis. Journal tractors and agricultural machines 1990: (11). Moscow, Soviet Union.
[50] Bender T, Hoff P, Kleemann R. The new BMW climatic testing complex—the energy an environment test Centre. Paper 2011-01-0167. 2011. Detroit.

第8章 如何利用加速试验发展的正面趋势，避免行业中普遍存在的负面趋势和误解

摘要

本章旨在为举办可靠性和耐久性加速试验（ART/ADT）的培训课程、研讨会、讲座、工程教育的师生们以及其他方面的人员提供帮助。它主要包括两个关注领域。

首先，分析加速试验的现状，以便了解在使用和发展加速试验的正面趋势，以及认识和减少试验中普遍存在的负面趋势过程中需要采取什么措施。

其次，如何逐步推进加速可靠性和耐久性试验（ART/ADT）技术正面趋势的发展。

8.1 引　　言

撰写本章的想法来自一位评论家对作者为汽车工程师学会（SAE）2018年世界大会准备并发表的论文的评论。这位评论者注意到，需要为专业人员和学生提供详细的指南与示例，以提高他们在开展加速试验方面的知识。

在讲解这些教学内容之前，人们必须首先知道：

（1）各种类型的实验室和试验场的试验，以及高强度的现场/飞行试验，都是加速试验。这是因为获得试验结果比正常的现场/飞行条件下更快。

（2）产品的寿命与性能，包括质量、可靠性、耐久性、安全性、维修性、保障性、生命周期费用、利润、召回、投诉、其他接口部件和研究结果，这在很大程度上取决于试验的有效性。

（3）有效的试验需要准确地模拟真实的现场/飞行条件。

（4）过去十几年来，产品召回量有所增加。这是因为在产品变得更加复杂，设计过程的技术进展正在快速增长的同时，试验进步的速度要慢得多。在电子、汽车和航空航天领域尤其如此。

（5）产品召回导致了数十亿美元的损失。第2章提供了一些例子（图2.2、图2.3和文字描述）。

（6）目前，大部分试验，无论是在实验室、试验场或通过强化的现场/飞行条件，都未能成功地预测产品在现实条件下的长期效能。这往往会导致无法预见的召回、客户不满、质量下降、可靠性差、安全问题和比设计与制造阶段预测的更高生命周期费用等问题。

以上的结论是，产品的效能高度取决于在试验中模拟实际现场/飞行条件的精确程度。

8.2　加速试验的现状分析

为了实现加速试验的正面趋势，首先有必要认识到在当今许多试验环境中普遍存在的负面趋势。

对加速试验的正面和负面的详细描述可以在作者的书中找到，包括在本书的绪论、引言和参考文献［1］的第 1 章，参考文献［2］的第 2 章现代模拟和试验方法的分析，以及本书的第 3 章和第 6 章[8]。

虽然这些书籍对这一主题做了深入讨论，但它们并没有充分说明最近加速试验发展的趋势。因此，下面将对先前提供的一些材料进行了简要回顾，还增加了有关试验领域较新发展的详细信息。

虽然在现实世界中，许多现场/飞行输入同时相互作用并结合在一起，但最常用的加速试验仍然使用独立离散的或最多使用许多因素中的几个。这并不能真正代表真实世界的产品性能，并会产生不准确的加速试验。

举例来说，即使是该领域的一些专业人员也错误地认为加速试验是：

（1）对以下输入进行单独的模拟，即实验室内的振动、试验场产生的振动、输入电压、化学污染、机械污染、温度、空气中的波动、具有爆炸性的环境、阶跃应力、恒定应力、温度冲击作用、机械冲击作用和其他。

（2）模拟以下组合，但大多数不是真实的组合输入，包括温度+湿度、温度+振动（HALT，HAAS）、温度+湿度+振动装置+输入电压等。

该试验并没有完全反映产品在实际使用中的情况，即许多输入影响同时联合作用，而不是单独或少数影响因素的联合作用。

其结果导致试验模拟提供的预测不准确。根本的问题在于：该产品并没有暴露在实际所经历的各种变化的交互作用中。

此外，这些实际的输入影响通常都没有准确地模拟出来，因为识别真实世界的影响过程研究不足或没有被完全理解。

因此，这样的加速试验得出的结果并不能为长期预测提供所需准确的初始信息，包括产品的技术方面（质量、可靠性、安全性、耐久性、维修性、保障性等）和经济方面（生命周期费用、利润、召回费用等）。

而且，准确的加速试验所必需的模拟，无论是在现实世界条件的物理模拟还是虚拟模拟，这个问题都很普遍。

正如上述参考文献证明和分析了当前加速试验中存在的许多正面和负面方面，这些方面在本书中没有再述，但应该由参与试验的教师、学生和专业人员参阅，以获得对这些问题完整的理解。

最后，本章重点介绍了与汽车和航空航天工程密切相关的加速试验的发展。

8.3 加速可靠性和耐久性试验技术发展的正面趋势

本节将重点介绍让读者了解如何运用在加速可靠性和耐久性试验（ART/ADT）领域发展的重要正面趋势。正确使用 ART/ADT 概念的其他例子可以在 8.2 节以及其他关注加速试验开发方向的出版物中找到。虽然许多公司在试验中仍然在使用单个因素，或者最多仅使用几个组合因素，但他们很少从第一步到最后一步使用完全集成的加速可靠性试验技术。由于试验不完整或不适当，ART/ADT 对方法和设备的投资经常评估为投资回报不佳、费用过高。但是，一个组织可以通过包括 ART/ADT 技术的以下组成部分，来使得从这些试验投资中获得的好处显著增加。

下面介绍的步进加速可靠性/耐久性试验技术的第一种方法，已简要发表在参考文献［3］中。在此基础上，作者开发并制定了如下 11 个步骤：

8.3.1 步骤 1：从现场收集初始信息

该步骤正式明确了在现场/飞行作业对产品产生的输入影响。必须确定输入影响如何起作用，并选择必须在实验室中模拟的适当输入影响，以提供准确的 ART/ADT。如果没有这些信息，就无法选择出正确的 ART/ADT 参数和方法。

为了完成这一步，需要获得：

(1) 影响产品的可靠性、耐久性、维修性和保障性的现场实际输入，即温度、空气污染、空气波动、湿度、全太阳辐射（紫外线、红外线、可见光）、输入电压、气压、道路全特性（类型、表面、密度等）以及产品在各种现场条件下受到的其他各种影响的数值变化范围、特性、速度以及极限。为了做到这一点，我们需要研究每个输入影响的所有参数。图 8.1 是温度影响参数的一个例子。

（2）应注意，如图 8.1 所示的这些参数，它们以一个或一次和同时组合的方式作用于产品，还包括它们的相互作用，就像在现场实际所经历的那样。

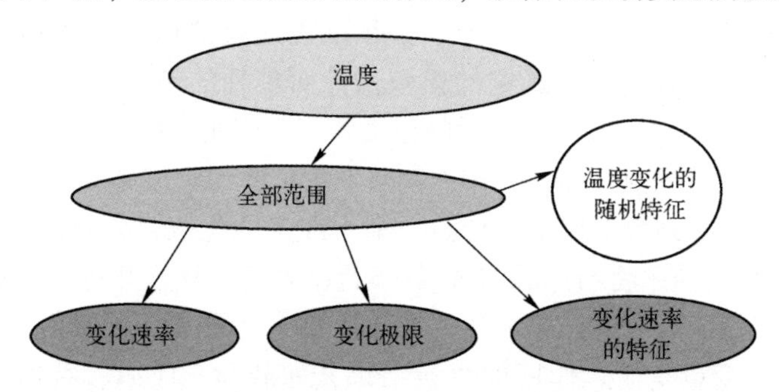

图 8.1　温度相关参数分析示意图，作为研究现场/飞行状态下输入对试验对象影响的示例

（3）图 8.2 描述的是输入的影响作用在设备的所有层次结构，即整个系统上。

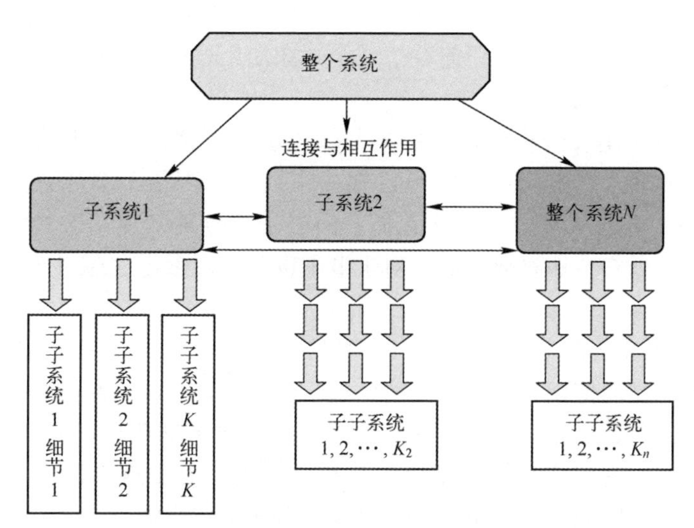

图 8.2　作为试验对象的整个产品及其部件的全部层次结构的描述

需要注意到“所有层次”一词是指现实生活中作为试验对象（系统）是一个完整产品，由参与一系列交互的 N 个单元（子系统）组成。子系统（单位）还包括 K 个细节（子子系统），它们也参与一系列相互作用。因此，现实生活中的每个子系统和子子系统都与整个产品的所有其他子系统和子子系统进行连接与产生相互作用。

因此，系统（完整的产品）、子系统（单元）和子子系统（详细信息）都必须实现其必要的功能，才能使系统正常工作。因此，为了准确地模拟 ART/ADT 期间实验室对产品的真实影响，必须准确地模拟这些连接和相互作用的完整层次。如果对现场输入影响的模拟仅针对单独的单元（子系统）或细节(子子系统)，且不考虑与其他单元的连接和相互作用（细节），这个模拟则不能作为加速可靠性或耐久性试验作为完整系统试验的组成部分。未能将系统视为其子系统和子子系统的层次结构是一个不准确的模拟，会导致 ART/ADT 不准确。ART/ADT 结果将与产品的现场/飞行结果有差异，并将导致对试验对象的生命周期费用、可靠性、耐久性、维修性和质量的预测不准确。

(4) 输出变量是输入作用的直接结果，如载荷、应力、磨损、阻力、输出电压、退化保护的降低、范围、特性、速度以及各种现场条件下的值和变化速率限制，包括气象条件（见第 3 章）。对于开发的产品，这些研究可以是简短的，因为可以使用从前几代产品获得的数据。还必须认识到，根据研究人员的设施、研究的目标、试验的条件和研究的主题等将会有一些变化。

(5) 部件或试验对象的退化机理，包括退化参数、退化值、退化速度和这些参数的统计特征，其中任何一个或全部在使用过程中可能随时间发生变化等，见参考文献［4］。

(6) 数据采集和分析的输入影响与输出参数。这包括对退化和故障过程有重大影响的输入影响类型。如果已知一个或多个因素不会导致产品的退化(故障)，那么可以从考虑中排除它们。但必须充分地知道，这些因素的重要性足够低，可以安全地忽视它们。对于电子设备，在参考文献［5-6］中详细描述。

(7) 试验对象在不同条件下工作时的统计分布。这是一个重要的因素，因为大多数产品的使用条件、不同的负载、载荷循环等都不相同。这些使用条件会影响输出参数的值。此外，这些使用结果将导出推断和了解 ART/ADT 结果所需的分布。汽车拖车和施肥机的分布示例见参考文献［7］。如果试验对象在不同的气候区域使用，也可能会对这些分布造成影响。

(8) 作为系统一部分的具体试验对象的相互作用，该系统由子系统（单元）和子子系统（细节）之间的连接与相互作用组成（图 8.2）。

8.3.2 步骤 2：将现场/飞行初始信息作为随机过程分析

对于产品，特别是对于移动类产品，现场输入影响和输出参数最可能具有随机概率特性。为了考虑这些影响的随机性质，必须得出所研究参数的统计特征，包括平均值、标准偏差、相关性（归一化相关性）或功率谱，以及输入影响和输出的分布。

8.3.3　步骤 3：建立输入对产品影响的物理模拟方案

现场/飞行输入影响，必须包括安全和人为因素，然后必须在实验室通过定期现场试验进行精确模拟，以获得更高的加速可靠性/耐久性试验结果与现场/飞行结果的相关性。做到这一点就可以在 ART/ADT 的真实结果中准确地预测可靠性、耐久性和维修性。实践表明，一般情况下，如果所有输入影响的每个统计特性[μ、D、$\rho(s)$、$S(w)$]与现场条件的差异不超过 10%，就可以认为对输入影响进行了最精确的物理模拟。

如参考文献［1］中的图 4.25 给出的试验结果相关性归一化和拉应力数据功率谱集合的例子，传感器 1 记录了不同现场（作业）条件下汽车结构点的情况。该概率分布可用于上述过程的更详细评估。

对于每个具体工况，应使用统计标准来对加速可靠性/耐久性试验中测量的可靠性（耐久性、维修性等）与现场/飞行实测的可靠性（耐久性、维修性等）进行比较。

ART/ADT 方法以及其他加速试验方法中的一个重要概念是“加速系数”。“加速系数”是产品使用的预定时间（年、小时、次数等）作为分子与试验时间作为分母之比。因此，加速器系数为 1 表示试验时间等于实际时间。因此，所有加速试验的加速系数均大于 1。实验室中和现场中相似的降解过程是决定加速程度实际极限（加速系数）的一个因素，见图 5.3。

ART/ADT 最常见的方法是将运行时间的间隔减少到最小；但是，虽然每天 24h 连续的试验可以让试验加速进行，但这种加速方法减少或者排除了停机时间或者很小或最低负载下的工作时间。因此，该方法是基于再现整个运行工况范围的原则，这要求保持重负载和轻负载的比例正确。而且，对于模拟，包括环境因素，需要在实验室内进行试验。根据作者的经验，这种加速方法对于使用周期低或存储时间长的产品特别有效。

这种加速方法具有以下主要优点：

（1）现场/飞行结果与 ART/ADT 结果之间高度相关。

（2）产品每个小时的实际工作都与试验应力计划很接近。试验应力的破坏效果与正常工作条件下每小时的应力几乎相同。

（3）在这种加速试验方法中，没有必要增加试验设施的大小和施加的应力比例。

通常，这种 ART/ADT 方法比产品在现场的工作时间快 10~18 倍。此外，ART/ADT 结果与实际的现场/飞行结果通常具有很好的相关性。加速系数的计算是通过将实际的现场使用时间除以加速试验时间，即 t^1/t_1^1 来完成的。存储时间加速虽然更难进行模拟，但通常是通过使用在实验室中环境参数（温度、湿度、污染等）的加速应力来模拟的。然而，计算这些实验室试验结果与现场结果之间的相关性更为复杂。因此，它需要通过定期现场试验，作为 ART/ADT 的一部分进行，特别是当我们考虑人为因素和安全问题时。

作为一般原则，将试验应力水平提高到大于最大实际现场/飞行条件的水平，会导致与实际工况的相关性降低。所以，这种相关性的降低也意味着模拟精度的降低，以及现场/飞行领域中产品可靠性和耐久性准确预测的概率降低。因此，在使用这类试验时，限制加速系数非常重要，见图 5.4。

这种相关性的降低也使得我们很难找到故障（退化）的根本原因和实际原因，以及解决它们的正确方案。因此，在确定适当的加速程度（加速系数）时，有必要具体确定每种产品最有效的方法。

ART/ADT 的加速实验室试验必须始终由同时组合的不同相关试验组（机械、多环境、电气等）来提供。例如，如果对产品进行振动试验，除非同时施加其他适当的应力因素，否则该试验就不能准确评估产品的可靠性或耐久性。温湿度条件的模拟也是如此。仅对一两项参数进行试验不是真正的环境试验，因为它不能准确地模拟产品在实际运行中所经历的全部环境影响。

与正常使用相比，加速（应力）因素是加速产品退化过程的因素。加速现场/飞行条件有多种方法，其中包括：

（1）更高的化学污染和气体的浓度。

（2）更高的大气压力。

（3）更高的温度、雾、露水和其他凝结物。

（4）更高输入影响因素的变化率。

还有一种广泛使用的试验方法，只模拟现场输入影响很少的组合。例如，温度湿度环境仓可用于仅在两种同时影响的环境下试验，尽管我们已经知道这些只是影响产品的许多环境因素中的两种。当高水平的加速与 ART/ADT 中使用的现场输入影响结合起来时，必须小心，因为这会降低试验结果与现场性能之间的相关性。

有关 ART/ADT 概念的更多详细信息和深入讲解，请读者参阅参考文献［1］。

8.3.4 步骤 4：在加速可靠性和耐久性试验中，用来模拟现场/飞行输入对实验室里实际产品的影响所需试验设备的开发和使用

本步骤讨论了分析现场/飞行输入组合对产品影响的结果（$X_1^1, X_2^1, \cdots, X_M^1$）所需试验设备的一些专门设计问题。

因此，当振动试验非常必要的时候，就需要有振动试验设备。市场上可用的许多试验设备要么是通用的试验设备，要么是针对特定影响的试验设备。通用试验设备的设计可用于各种类型的产品。这些类型的试验设备被许多公司用于设计和制造各种各样的产品，也有特定的应用。例如，几乎所有类型的移动产品和静止机械的许多部件都会发生振动。

选择合适的试验设备非常重要，因为它对 ART/ADT 结果的准确性有很大影响。例如，试验设备的用户可购买单轴、多轴振动试验设备（Vibration Test Equipment，VTE）。对于许多类型的静止产品和所有移动产品，单轴 VTE 不能准确地模拟真实的振动。这个领域的现代解决方案是多轴 VTE。

VTE 振动输入可以由 3~6 个自由度产生。1~3 个线性运动（垂直、横向和纵向）以及 1~3 个角度的旋转运动（俯仰、横滚和偏航）都可同时产生振动。

环境试验舱的情况也类似，它可模拟各种类型产品的环境影响和环境影响的组合。市场上有许多类型的环境试验舱，但对于可靠的 ART/ADT，建议采用多种环境影响的试验舱。目前市场上有各种不同类型的试验舱，一些其他类型的通用试验舱见参考文献［1］的第 5 章。

特别是设计和制造系统级总成或整机的公司、供应商，通常都有许多类型的专用试验设备。

为了进行有效的 ART/ADT，这些公司投资于通用的和特定的试验设备，这些设备通常用于其产品的开发。根据产品类型，需要配备特定的试验设备。许多试验设备都是由公司自己设计的。

但在自己设计试验设备时，应记住，开发试验设备的基本原因是要提供对现场/飞行情况的精确模拟。

8.3.5　步骤 5：确定在 ART/ADT 试验期间进行分析的试验参数的数量和类型

本步骤的目标是能够通过比较 ART/ADT 和现场/飞行试验结果来准确预测上市产品的可靠性、耐久性、维修性和其他性能方面而确定最少数量的试验参数。

为了确定试验状况的最佳数量，首先有必要确定可引入所有工作状况的各种影响的基本范围。这可以表示为

$$E>N$$

式中：E 为现场输入影响 $X_1, X_2, \cdots, X_a$的数量，见参考文献［1］的图 3.1；N 为模拟的输入影响 $X_1^1, X_2^1, \cdots, X_b^1$的数量，见参考文献［1］的图 3.1。

而且模拟输入影响的允许误差为 $M_1(t)$：

$$M_1(t)=X_1(t)-X_1^1(t)$$

式中：$X_1(t)$ 为现场/飞行的输入影响；$X_1^1(t)$ 为模拟输入的影响。

选择影响范围的基本步骤，以确保纳入现场/飞行情况下存在的所有基本影响。这些基本步骤包括：

（1）确定待研究的随机过程的类型。例如，仅通过多个变量差的相关性确定静态随机过程。得出该过程的基本特征。在随机过程中，这些特征包括平均值、标准差、归一化相关性和功率谱。

建立该过程的基本特征。例如，在静态随机过程中，这些特征包括平均值、标准差、归一化相关性和功率谱。

（2）定义每个区域的遍历性，即从一个过程中对该过程做出判断的可能性。当时间 $\tau\to\infty$ 而相关性趋于零时，就会发生这种情况。

（3）检查该过程是否满足正态的假设，可以使用皮尔逊或其他准则。

（4）计算影响区域的大小。

（5）选择不同区域中基本特征之间差异的大小。

（6）选定的散度度量最小化，并找到引入现场操作的所有影响区域。

遵循这些步骤将得出需要模拟的现场/飞行输入影响的数量和类型。分析这些影响对产品退化（故障）机理作用的结果将揭示这些影响是怎样与产品退化相关联的。

8.3.6 步骤6：为加速可靠性试验选择一个具有代表性的输入区域

这一步骤的内容在前面的章节中有详细介绍。简而言之，要完成此步骤，首先必须从指定的现场条件下大量的输入影响（或输出变量）中识别出一个具有最小偏差的代表性区域。其次，模拟该代表性区域的特性，以提供所需的加速可靠性和耐久性试验。正态过程的求解可以通过使用 Pearson 准则来确定，但对于其他类型的过程，可以使用随机过程分析。参考文献［11］对此进行了完整描述。

8.3.7 步骤7：制定实际加速可靠性/耐久性试验流程

制定 ART/ADT 试验流程的工作应包括以下内容：

（1）安排产品技术流程的进度，包括所有领域和使用条件（工作时间、储存、维护等）。

（2）确定传感器的要求和配置。

（3）确定在待分析的每个现场条件下发生的输入影响和输出变量的性质。

（4）确定需要测量的速度、生产率、输出速率等。

（5）确定现场/飞行条件和范围的典型测量值，以及加速可靠性/耐久性试验的模拟值，并与实际现场/飞行值进行比较。

（6）确定拟定试验的价值。

（7）执行试验。

（8）维持和更新试验计划。

（9）获得试验结果并进行分析。

8.3.8　步骤 8：使用统计判定标准对 ART/ADT 结果和现场/飞行结果进行比较

确定退化机理的一致性是比较现场/飞行结果与 ART/ADT 结果的基本标准。通过使用统计准则来比较加速可靠性/耐久性试验结果和实际的运行结果。

使用这些准则可以帮助决定是否使用当前的 ART/ADT 方法，还是需要进一步开发这种方法，直到在 ART/ADT 期间的可靠性/耐久性和其他必要功能分布与实际运行之间的差异不超过希望的固定限值。

本书中提供的统计准则应用于以下三个试验阶段：

（1）在 ART/ADT 过程中，提供输出变量的比较，或提供退化过程与实际退化过程的比较。

（2）在 ART/ADT 期间，就适当的时间、费用、频率和其他因素，如维修过程时间间隔的要求，和正常现场/飞行条件下实际情况作比较。

（3）在 ART/ADT 之后，比较预测的可靠性/耐久性指标（故障时间、故障密度等），以及维修性和其他指标与实际现场/飞行相应的指标。本步骤可通过分析故障的和未故障的试验对象而获得其他信息。

实际结果与 ART/ADT 结果之间的差值不应超过由事先确定的固定限值。实际结果与 ART/ADT 之间差值的极限应由期望的精度水平决定，如最大许可差为 3%、5%或 10%。

另一个可用于考查 ART/ADT 结果与现场/飞行试验结果差值的分析为

$$[(C/N)_{\mathrm{ART/ADT}}-(C/N)_{f/f}]\leqslant\Delta_1$$
$$[(D/N)_{\mathrm{ART/ADT}}-(D/N)_{f/f}]\leqslant\Delta_2$$
$$[(V/N)_{\mathrm{ART/ADT}}-(V/N)_{f/f}]\leqslant\Delta_3$$
$$\cdots\cdots$$
$$[(F/N)_{\mathrm{ART/ADT}}-(F/N)_{f/f}]\leqslant\Delta_i$$

式中：Δ_1、Δ_2、Δ_3、…、Δ_i 为根据 ART/ADT 的结果和现场/飞行试验的结果

计算的偏离；ART/ADT 和 f/f 为 ART/ADT 和现场/飞行状况；C、D、V 和 F 是对输出参数的度量，如腐蚀；聚合物、橡胶、木材的破坏等（D）；振动（V）或应力等，以及故障（F）；N 为在现场/飞行（f/f）或 ART/ADT 中的暴露等效年份的数量（月、小时、周期等）。

图 8.3 表示使用上述方法，在现场/飞行和 ART/ADT 中，汽车拖车架应力归一化的相关性数据 $\rho(\tau)$ 和功率谱 $S(w)$ 的示例。

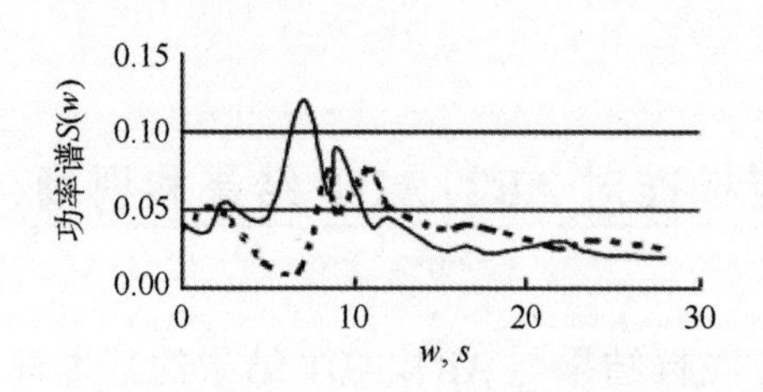

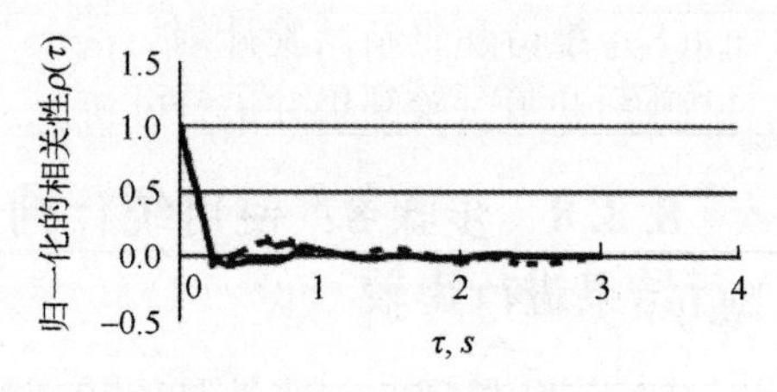

图 8.3　汽车拖车架张力数据的归一化相关性数据 $\rho(\tau)$ 和功率谱 $S(w)$[3]。直线表示现场/飞行，虚线表示 ART/ADT

作者在参考文献［1］中更详细地描述了 ART/ADT 结果和现场/飞行结果相关性准则的实施。

对于汽车拖车的这些准则的实施结果也列在表 8.1 和表 8.2 中，它们也可以在本书的第 6 章中看到。

表 8.1　施肥机轮轴应力计算结果[10]

组别	各组故障次数		各组故障次数累计		累计占比		累计占比之差
	N_i	N_j	$\sum N_i$	$\sum N_j$	$\frac{\sum N_i}{N_i}$	$\frac{\sum N_j}{N_j}$	max丨D丨
1	10	16	10	16	0.020	0.040	0.020
2	18	10	28	26	0.070	0.065	0.050
3	20	14	48	40	0.121	0.100	0.021
4	32	32	80	72	0.202	0.180	0.022
5	39	50	119	122	0.303	0.305	0.002
6	84	68	203	190	0.512	0.476	0.037
7	68	72	271	262	0.680	0.655	0.025
8	49	63	320	325	0.808	0.812	0.004
9	30	36	350	361	0.884	0.900	0.016
10	24	16	374	377	0.994	0.940	0.004

续表

组别	各组故障次数		各组故障次数累计		累计占比		累计占比之差
	N_i	N_j	$\sum N_i$	$\sum N_j$	$\frac{\sum N_i}{N_i}$	$\frac{\sum N_j}{N_j}$	max∣ D ∣
11	10	12	394	389	0.969	0.971	0.002
12	12	11	396	400	1.000*	1.000*	0.000
其中：i 是指现场/飞行时；j 是指 ART/ADT 时。 * 译者注：原稿计算疑似有误（原稿为 1000）							

表 8.2　施肥机某总成应力计算结果[7]

编号	现场/飞行 n_i	ART/ADT n_j	差值 n_i-n_j	据平均值 $[(n_i-n_j)x]$	据均方值 $[(n_i-n_j)x]^2$
1	1	1	0	-32.5	1056.25
2	5	4	-1	-33.5	1122.25
3	18	8	-10	-42.5	1808.25
4	20	25	-5	-27.5	756.25
5	121	66	-55	-87.5	7658.25
6	223	174	-49	-81.5	6642.25
7	270	201	-59	-101.5	10302.25
8	217	107	-110	-142.5	20302.25
9	105	40	-55	-97.5	9506.25
10	37	11	-26	-58.5	3422.25
11	13	4	-9	-41.5	1722.25
12	3	1	-2	-34.5	1190.25
$\sum_{n_i} = 1033, \sum_{n_j} = 642, \sum_{n_i-n_j} = 391, \sum_{[(n_i-n_j)-x]^2} = 65489.5$					

利用试验结果也可以发现相关性。图 8.5 显示了现场和 ART/ADT 试验中汽车拖车的轴上（传感器 1）、车架上（传感器 2）、底盘系统上（传感器 3）的应力幅值或频率的试验分布。参考文献［1］的图 3.12 也有介绍。

基于传感器 1 数据的计算结果见表 8.1。对数据的比较表明，偏差非常小，有

$$\lambda = \max|D| \cdot \sqrt{\frac{\sum N_i \cdot \sum N_j}{\sum_i + N_j}}$$

如果 λ 小于 1.36，那么就可以接受两份样品同属于一个统计总体这个假设，也就是说现场的载荷和 ART/ADT 的载荷十分接近。这里的 $\lambda=1.36$ 是 5%水平的斯米尔诺夫（Smirnov）准则值。

表 8.2 显示的是使用学生氏分布来计算平均值的示例。

由传感器 2 获得了以下结果。在本例中，平均值等于 1.4。

因此，1.4<1.8，其中 1.8 是来自学生氏标准表中 5%的自由度水平的值（关于这项理论的更多的信息可在概率方面的书籍中找到）。

因此，在这个例子中，假设被证明是正确的。

现场和 ART/ADT 中随机应力数据的比较结果如图 8.4 所示。其中，传感器 1 收集了汽车拖车架受力数据的归一化相关函数和功率谱数据。相关时间在 0.09~0.12s，衰减时间相同，功率谱对应频率的最大值等于 8~12s，频率间隔基本相同（从 0 至 16~18s）。功率谱差异的最大值在较小速度下。

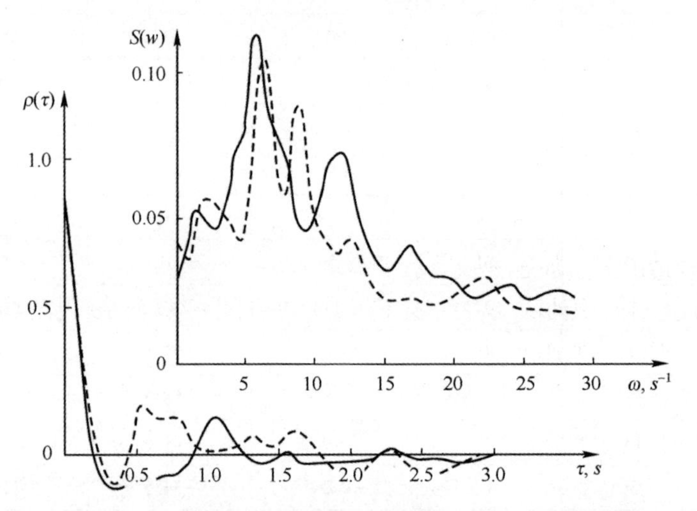

图 8.4 汽车车架张力数据的归一化相关性 $\rho(\tau)$ 和功率谱 $S(w)$。实线表示现场数据，虚线表示加速（实验室里）试验

在本例中，结论就是在实验室中对汽车拖车的厢体和运行齿轮系统的总体试验方案与现场的试验方案密切相关。

8.3.9 步骤 9：加速可靠性/耐久性试验数据的收集、计算和统计分析

数据是准确的产品可靠性、耐久性、质量、生命周期费用、安全、利润和维修性分析与模拟的基础。

数据包括以下因素，如总运行时间、故障次数和每个子系统故障时间、部件故障以及每个部件故障时间、维修（修理）时间、故障表现方式、故障原因、故障和退化机理等。收集和使用试验中的退化与故障数据的系统通常称为故障报告和纠正措施系统（Failure Reporting and Corrective Action System，FRACAS）。该步骤包括试验期间的试验数据收集、基于故障（退化）类型和试验方案对该数据的统计分析、导致试验对象最终故障的劣化原因以及加速系数。图 8.5 显示了实验室内油漆保护层加速损失的一个例子。

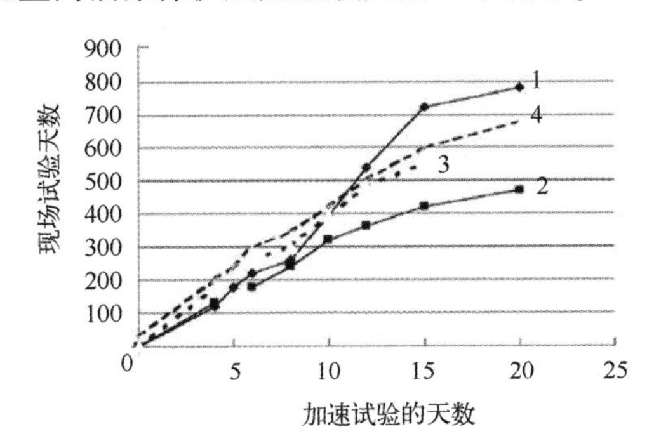

图 8.5　实验室油漆保护层的加速劣化（两种油漆）。第一种防护类型（油漆 A）：1—防护质量；2—冲击强度；3—弯曲强度。第二种防护类型（油漆 B）：4—冲击强度。

在这种情况下，加速度系数易于确定，解释如下。

5 天加速试验中油漆 A（曲线 1）的保护能力损失与 90 天现场暴露时相同。这种情况下的加速度系数为 18。

与大多数加速应力试验（AST）一样，油漆老化数据包括收集和分析许多数据点，因此数据由计算机监控并自动收集。使用计算机数据收集的另一个重要好处是，它还可以用于确保在试验期间维持试验条件，并可以监测和警告偏离预期条件的任何情况。参考文献［6］中详细讨论了此数据收集步骤的重要性。

8.3.10　步骤 10：预测试验对象在其使用寿命内可靠性、耐久性和维修性的变化规律

加速可靠性和耐久性试验并不是最终的目标。它应该是确定质量、可靠性、维修性预测和解决方案，以及解决其他产品问题初始信息的来源。这些初始信息可用于分析试验工况下的问题，或预测在现场条件下将出现的问题。

参考文献［2，8］提供了关于预测这些条件的进一步信息。

8.3.11 步骤11：使用加速可靠性/耐久性试验结果对试验对象进行快速和经济有效的开发与改进

如果加速可靠性/耐久性试验结果与现场结果有足够的相关性，就可以快速找到试验对象退化和故障的真实原因。这些原因可通过分析受试件在使用期间的退化，以及找到退化的初始位置和退化的扩散过程来确定。知道了这一点，就有可能迅速纠正退化的原因。这是作者使用的方法，并在此推荐，因为这种方法既减少时间又节约费用。图8.6说明了使用此方法加速产品可靠性/耐久性/维修性改进的策略过程。

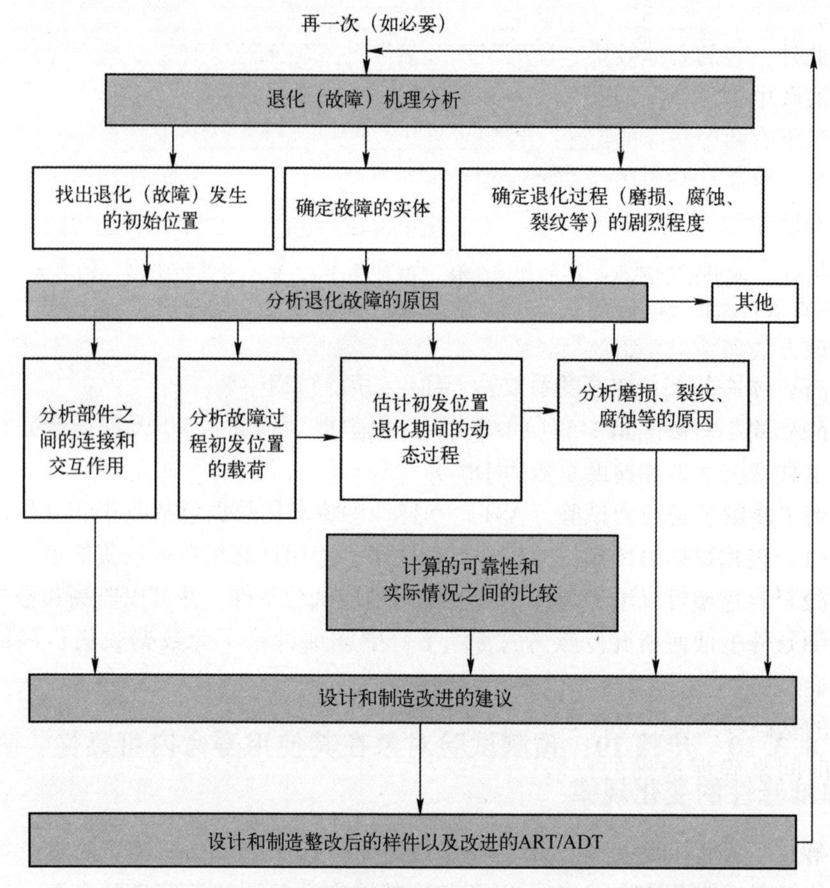

图8.6 在系统、子系统或部件的ART/ADT期间及以后快速提高可靠性/耐久性整改过程的方案

如果相关性不足，那么试验对象退化的真正原因和加速可靠性试验中退化

的特征通常与现场发生的退化不一致。从加速可靠性或耐久性试验中得出的结论可能是不正确的，这将导致改进和开发试验对象的费用和时间增加，而不能实现所期望的加速开发。

在这种情况下，设计师和可靠性工程师通常认为他们理解了故障（退化）的原因，然后更改了设计或制造过程。但这些更改是基于错误的信息。只有在他们知道了在现场使用时“改进”不成功之后，才能明白他们的解决方案是不正确的。然后，他们必须重新审视这个问题，并寻找导致退化或其他故障的其他原因。

这种情况下产品就无法实现快速改进或试验对象可靠性（质量）的快速改进。

此外，它的总体效果是增加了试验对象的开发和改进费用和时间。这是一种在实践中很常见的情况。

以下有两个实际的例子，说明了利用作者的 ART/ADT 方法来快速提高产品质量、可靠性和耐久性的可能性。第一个例子是收割机的可靠性和耐久性问题，即使经过几年的现场试验和数据收集，设计师也没有解决这个问题。在作者的指导下，他们开发了一个专门的 ART/ADT 方案，以准确预测收割机的可靠性/耐久性/维修性。该方案有为期 6 个月的试验，详情见参考文献［1］。

该方法和结果介绍如下：

（1）两台收割机样品接受了相当于 11 年运行时间的评估。

（2）对一台样品单元的三个变更版本和另一台样品单元的两个变更版本进行了试验，结果数据表明，基于等效运行 8 年寿命的性能令人满意。

由于使用了新的加速试验方法，通过以下方法消除了快速退化：

（1）根据试验结果得出的结论和建议，改变收割机的设计。

（2）将这些设计变更应用到样品上，然后对改进后的样品进行现场试验。

（3）降低收割机开发所需的费用（3.2 倍）和时间（2.4 倍）。

通过现场实际运行确认可靠性增加了 2.1 倍。此外，对以前限制收割机可靠性的基础零部件的设计变更也得到了验证。通常，这项工作至少需要花费两年的时间来确保准确的比较，但在这种情况下，上述改进完成的速度快了 4 倍。

第二个示例涉及机器工作头中皮带的可靠性问题。

几年来，从设计阶段开始，一直持续到制造阶段，人们认识到皮带的低可靠性限制了机器的可靠性。

设计师们试图提高皮带的强度，但即使几年后，他们也不能提高 7%以上，而且还把皮带的费用翻了 1 倍。

我们根据 ART/ADT 方法开发了专用的试验设备，以准确模拟皮带的现场输入影响。经过几个月的试验和研究，发现导致可靠性低的原因不是皮带，而是辊轮。设计师随后改进了皮带/辊轮系统的设计，使这个问题迎刃而解。

对整改后机器的现场试验表明，新机器中皮带的耐久性提高了 2.2 倍。实施这些变更的费用只增加 1%的机器费用，其中包括试验设备的费用和查找问题的实际原因所涉及的所有费用，提高了皮带和整机的可靠性工作。

如果没有来自 ART/ADT 的准确初始信息，可靠性预计的各种尝试将毫无用处。

在结束本章之前，应指出，还有另一种可靠性预计方法。这是使用数学模型，可以将产品可靠性与制造过程中的应力因素或产品可靠性与现场运行条件的关系联系起来。同样重要的是，不要忘记在定期现场试验中考虑其他因素，如操作人员的影响和可能对产品可靠性产生重大影响的管理方面的影响。这些影响也可以使用数学模型来评估。

可惜的是，这些模型至今还不能准确地模拟复杂的实际现场条件。

根据预期的试验目标，还必须调整加速系数。作者建议使用已知的公式来预计故障时间和维修时间。

最后，还应该提到的是，另一种方法是使用多参数威布尔模型，该模型利用部件的加速试验结果来预计系统的可靠性。该方法可以缩短试验时间并降低试验费用[9]。

这些结果对于新产品尤为重要。对于新产品，试验结果只能显示少量故障，并且在难以或无法估计产品的可靠性时尤其重要。

习　　题

1. 描述为了讲授和/或学习如何提高加速试验方面的知识，必须首先知道什么？

2. 为什么在加速试验中单独考虑模拟是不正确的？

3. 举出一些不能反映现场/飞行条件下真实输入的、模拟输入组合的例子。

4. 列出作者提供的进行 ART/ADT 的 11 个步骤。

5. 进行 ART/ADT 之前，需要采集现场/飞行的哪些初始信息？

6. 为什么需要将现场/飞行信息作为一个随机过程进行分析？

7. 确定输入对产品影响的物理模拟需要建立哪些概念？

8. 现场/飞行输入的物理模拟，需要使用哪些现场/飞行条件的加速方法？

9. 说明作为 ART/ADT 一部分的实验室试验所需的一些试验设备类型。

10. 描述可用于确定最佳试验工况数量的过程。

11. 说明作者提供的选择适当影响区域的基本步骤，这将确保在现场/飞行情况下引入所有基本影响。

12. 进行 ART/ADT 的准备工作应该包括哪些内容？

13. 列出应该使用本书提供的统计方法的三个试验阶段。

14. 哪些分析可用于确定 ART/ADT 结果与现场/飞行结果的相关性？

15. 哪些数据因素是产品可靠性、质量、耐久性和维修性准确分析的必要基础？

16. 说出 ART/ADT 数据收集、计算和统计分析的方法。

参考文献

[1] Klyatis LM. Accelerated reliability and durability testing technology. Wiley; 2012.

[2] Klyatis L. Successful prediction of product performance. Quality, reliability, durability, safety, maintainability, life-cycle cost, profit, and other components. SAE International; 2016.

[3] Klyatis LM. Step-by-step accelerated testing. In: Annual reliability and maintainability symposium (RAMS); 1999. Washington DC.

[4] Klyatis LM, Klyatis EL. Accelerated quality and reliability solutions. Elsevier; 2006.

[5] Alion Science and Technology. Accelerated reliability test plans and procedures. System Reliability Center. http://alionscience. com/consulting.

[6] Chan HA, Parker PT. Product reliability through stress testing. In: Annual reliability and maintainability symposium (RAMS). Tutorial notes. Washington, DC; 1999.

[7] Klyatis LM. Accelerated evaluation of farm machinery, Moscow: Agropromisdat; 1985.

[8] Klyatis LM, Anderson EL. Reliability prediction and testing textbook. Wiley; 2018.

[9] Klyatis LM, Teskin OI, Fulton W. Multi variety Weibull model for predicting systems reliability from testing results of the components. In: The international symposium of product quality and integrity (RAMS) Proceedings. Los Angeles; 2000.

[10] Klyatis LM, Klyatis EL. Successful accelerated testing. NewYork: Mir Collection; 2002.

[11] Klyatis L, Walls L. A methodology for selecting representative input regions for accelerated testing. Ouality Engineering 2004; 16 (3): 369-75. ASO & Marcel Dekker.